21 世纪全国高职高专土建立体化系列规划教材

钢筋混凝土工程施工与组织

主　编　高　雁

副主编　倪占东　柴恩海　蒋敬伟

北京大学出版社

PEKING UNIVERSITY PRESS

内 容 简 介

　　本书选取的内容，主要是根据钢筋混凝土工程施工工艺进行疏理和编排的，以此把学习与工作联系起来，实现理论与实践的对接，知识与应用的融合。本书将传统教材中的章节改为学习情境，并按照工作过程中的典型工作任务进行整体设计。本书共5个学习情境，其中前4个学习情境分别是脚手架搭设、模板安装、钢筋制作、混凝土浇筑，与施工顺序和作业内容相匹配。最后一个学习情境为取样与检测，它本是贯穿整个施工过程的一项工作，为了方便教学而把它作为一个独立的学习情境。

　　按照钢筋混凝土工程施工这条主线，本书重点描述了常用脚手架和模板的分类、应用范围、设计方法、操作规程以及验收标准。钢筋制作部分主要关注的是平法设计规则，强化读者识读结构施工图的能力，并以此为基础进行钢筋翻样、钢筋加工制作与安装、钢筋隐蔽工程验收。混凝土浇筑的方法和评价指标相对简单，因此本书着重介绍了各类混凝土的特征和应用条件，以及配合比设计。在实际工作中，施工方案的拟定也是一个重要环节。所以，把混凝土工程施工方案的编制作为一项学习任务，目的是训练学生综合运用混凝土方面知识的能力。另外，需要取样与检测的建筑材料、建筑成品或半成品也很多，由于取样的原理相似，而检测的内容与方法各异，因此，把钢筋和混凝土作为重点进行了描述。经过这样的取舍，读者可以掌握基本原理并以点代面扩大知识的"辐射"范围，达到知识拓展的目的。

　　本书适用于高职院校建筑工程技术专业、工程监理专业和其他相关专业的专科学生，也可供高等院校的建筑类专业本科生和从事建筑工程施工的技术人员参考。

图书在版编目(CIP)数据

钢筋混凝土工程施工与组织/高雁主编. —北京：北京大学出版社，2012.5
(21世纪全国高职高专土建立体化系列规划教材)
ISBN 978-7-301-19587-1

Ⅰ.①钢…　Ⅱ.①高…　Ⅲ.①钢筋混凝土—混凝土施工—高等职业教育—教材②钢筋混凝土—施工组织—高等职业教育—教材　Ⅳ.①TU755

中国版本图书馆 CIP 数据核字(2011)第 200144 号

书　　　　名：	钢筋混凝土工程施工与组织
著作责任者：	高　雁　主编
策 划 编 辑：	赖　青　王红樱
责 任 编 辑：	姜晓楠
标 准 书 号：	ISBN 978-7-301-19587-1/TU·0188
出　版　者：	北京大学出版社
地　　　　址：	北京市海淀区成府路 205 号　100871
网　　　　址：	http://www.pup.cn　http://www.pup6.cn
电　　　　话：	邮购部 62752015　发行部 62750672　编辑部 62750667　出版部 62754962
电 子 邮 箱：	pup_6@163.com
印　刷　者：	三河市博文印刷有限公司
发　行　者：	北京大学出版社
经　销　者：	新华书店
	787 毫米×1092 毫米　16 开本　15.5 印张　351 千字
	2012 年 5 月第 1 版　2014 年 12 月第 2 次印刷
定　　　　价：	32.00 元

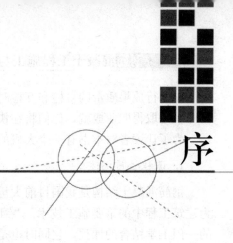

序

写给读者的一封信

亲爱的读者：

非常欢迎并感谢你们使用《钢筋混凝土工程施工与组织》来学习和探讨。我们将一起完成以工作过程为主线、以情境教学为背景的各项学习任务，并共同体验劳作的艰难、失败的沮丧、思考的乐趣和成功的快乐！

你们不再是课堂里或乖巧听话、或顽皮吵闹的学生，而是精美课件的制作人和侃侃而谈的主讲者。在实训基地的钢架和模板上，印着你们辛勤的汗水和青春的笑脸。再看看纵横交错、强悍无比的钢筋骨架，像不像你们挺立未来的脊梁？你们是施工现场中细细交底的施工员，是复核校对每一次测量数据的测量员，是敬业的质检员和严格的安全员。你们肩上扛着职业的重任和使命。

你们既要动脑做计划、动手查资料，也要团队协作和自我管理。你们为此准备好了吗？

1. 角色转换，定岗定责

你们可以自愿组合形成一个项目部的团队，这个团队里有项目经理、施工员、资料员、测量员、造价员、质检员、安全员，你们每个人都有自己的岗位并履行岗位职责。

学习的过程是手脑并用的过程，你们不再是被动的接受人和旁观者，而是学习的主体。这将成为一次与以往完全不同的学习体验，岗位和职责会告诉你们，学习也是一种责任。

2. 学做一体，互帮互助

通过总结一个人职业生涯的成长规律，你们不难发现，很多工作能力不是靠教师教的，而是靠你们自己在实践中获得的。因此，教师在你们的学习过程中只能对你们进行学习方法的指导，为你们提供必要的帮助。更多时候，你们需要积极主动地学习，并和项目部的全体成员一道去完成从图纸到成品直至质量验收的整个工作任务，通过完成工作任务学会工作，也从工作过程中主动学习知识和技能。这就是我们常讲的"学做一体化"。

希望你们能够团结协作，在查阅《建筑施工手册》和《混凝土结构工程施工质量验收规范》等资料后，动手实践并尝试解决操作中遇到的问题，你们会发现：你们真的不简单，你们很能干。

3. 成果检验，有苦有乐

每个学习情境都是一个完整的工作过程，每项完整的工作任务都应该有可供检验的成果。成果是团队合作的结晶，你们每个人都是团队中的一员，你们的参与和努力是团队顺利完成任务的重要保障。

在进行成果质量的自检和互检时,希望看到你们曾经的辛苦都转化成快乐,实现工作目标就是取得职业成就,你们将在快乐中成长、在工作中提高。

为了让读者对本书有一个大概的了解,现将本书涉及的核心的内容描述如下。

1. 课程性质描述

钢筋混凝土结构是我国目前大量采用的建筑结构形式,因此钢筋混凝土工程施工便成为建筑工程中的重要施工技术。"钢筋混凝土工程施工与组织"就是依据工程实际而开发的一门工学结合的课程,它同时也是建筑施工技术及建筑类相关专业的核心课程。

2. 典型工作任务描述

本书内容来自施工企业的典型工作任务,其工作情境如下:施工企业的施工员(或钢筋工和混凝土工班组长)根据施工图纸,依次对各部分工程的钢筋混凝土构件(基础、梁、板、柱、剪力墙、楼梯)进行钢筋翻样和混凝土用方量计算,据此提出备料计划并由项目经理审批,材料员根据工程进展情况分期分批购买不同型号的钢筋和不同强度等级的商品混凝土(或水泥、砂子、石子等)。相关人员对施工现场拟使用的原材料(包括钢筋、砂子、石子、水泥等)必须查验有关质量保证资料并按规定复检,材料复检合格才可以用于工程项目中。施工员应根据施工图纸和有关规范、规程、标准,并结合施工现场的实际情况编制《专项施工方案》和《施工组织设计》,由施工企业技术负责人审查通过后报监理工程师审批。《专项施工方案》和《施工组织设计》是钢筋混凝土工程施工的指导性文件。

以上准备工作完成后,钢筋混凝土工程施工将主要由脚手架搭设、模板安装、钢筋制作、混凝土浇筑这4道工序来完成。这4道工序既有内在关联和顺序,也有外部交叉和平行协作,其间还有技术交底、安全交底、测量放线、过程检查、问题处理、见证取样、验收评定等多项技术管理工作。

脚手架设计、模板设计、钢筋配料、混凝土配合比设计、施工方案拟定和技术交底工作一般由现场施工员来完成。比较简单的小型项目可由班组长完成,复杂的大型项目则由施工企业技术负责人指导完成。架子工班组实施脚手架搭设和拆除,木工班组进行模板安装(包括支模架),钢筋工班组负责钢筋的加工制作和绑扎安装,混凝土班组承担混凝土浇筑和养护的工作。施工员、质检员、安全员、监理员以及建设单位管理人员、监理工程师、项目经理等要对整个过程实施监督和管理,对完成的工序组织检查验收,如果发现问题一定要求施工企业及时整改且重新验收;按程序验收合格后,负责人员填写相关表格作为技术资料存档备查。

钢筋混凝土工程施工中的各项制度、规程、标准和程序,均是为了保证脚手架和模板安全搭设与使用,保证钢筋混凝土原材料和钢筋混凝土结构强度符合设计要求,并最终实现钢筋混凝土工程施工的质量达到合格标准的目标。

3. 学习目标

学生在教师指导下,按照钢筋混凝土工程的工艺流程和施工规范,完成特定构件制作、安装、检测、验收的全部工作任务。通过训练学生可以拥有以下职业能力。

(1)准确识读建筑施工图和结构施工图。

(2)清楚脚手架设计和模板设计的方法与步骤,并可以根据施工现场的实际情况进行必要的计算。

（3）能够依据施工规范、操作规程、相关规定，拟定脚手架工程、模板工程、钢筋工程、混凝土工程的《专项施工方案》，同时在施工过程中，向操作人员进行技术交底和安全交底。

（4）会计算混凝土用方量和不同规格的钢筋用量，并以此为据制订材料供应计划。

（5）在教师指导下，能搭设简单的脚手架和钢模板、木模板。

（6）能够进行钢筋翻样，且可以制作、绑扎钢筋。

（7）用钢筋混凝土验收标准对脚手架、模板、钢筋、混凝土分项工程实施检查和验收。

（8）根据安全管理的各项制度对施工中的每一个环节进行安全指导和安全检查。

（9）运用技术措施防治钢筋混凝土工程的质量通病。

（10）通过见证取样和护样检测的管理手段对钢筋（包括钢筋焊接件）混凝土实施质量控制。

4．工作对象

（1）施工规范、操作规程、验收标准和施工图纸等是钢筋混凝土工程施工的基础资料。

（2）依据上述资料并根据现场实际编写的《专项施工方案》指导施工。

（3）材料员依据材料计划和购货单组织购买建筑材料。

（4）施工员按施工方案和技术交底向木工、架子工、钢筋工、水泥工班组长布置操作任务。

（5）在钢筋加工场地使用切割机、煨弯器、电焊机等进行钢筋加工。

（6）领取扳手、电锯、手锤、电钻等工具进行扣件式脚手架搭设和木模板制作。

（7）通过磅秤计量砂石料，并将其投入混凝土搅拌机内现场拌制符合强度等级要求的混凝土或者砌筑砂浆。

（8）启动试验室内相关设备和仪器，做钢筋拉伸与冷弯试验和混凝土试块抗压试验。

（9）填写材料或试样的检测报告单，以及钢筋与混凝土检验批质量验收记录的系列标准表格。

5．工具和材料

（1）相关规范、图集、规程、图纸等技术资料。

（2）力学试验机、冷弯器、量具、仪表等试验室设备和仪器。

（3）砂、石、水泥、钢筋、钢管、模板等原材料。

（4）混凝土搅拌机、磅秤、电锤、电锯、切割机、煨弯器等工具。

（5）相应的实训基地。

6．工作方法

（1）脚手架和模板搭设方法。

（2）钢筋、水泥等原材料见证取样方法。

（3）混凝土试块制作和标养方法。

（4）钢筋、砂子、石子、水泥等原材料和混凝土试块检测方法。

（5）钢筋下料和绑扎方法。

（6）混凝土浇筑和养护方法。

（7）钢筋混凝土结构构件的验收方法。

7. 劳动组织

（1）做好工作计划（包括材料供应计划、设备机具投入计划、劳动力组织计划、资金投入计划、进度计划等）。

（2）向操作者进行技术交底和安全交底。

（3）开展三级教育并组织工人进行技术培训。

（4）安排各班组交叉作业。

（5）检查各道工序的施工进展及质量情况。

（6）纠正施工过程中出现的偏差和错误。

（7）完工自检后再组织验收。

（8）对钢筋混凝土分项工程进行质量评定。

（9）对钢筋混凝土结构工程施工进行总结并写出总结报告。

8. 工作要求

（1）熟练使用相关图集、规范等技术资料。

（2）读懂施工图纸并了解其施工工艺流程。

（3）制订工作计划并在施工过程中实施与修正。

（4）掌握钢筋与混凝土这两种材料的基本性能，以及钢筋混凝土构件的受力特征和配筋方式。

（5）正确描述钢筋混凝土结构中弯、剪、扭、压的承载模式，认识并理解受力钢筋与构造钢筋的名称和布设要求。

（6）了解混凝土浇筑的质量通病及其产生原因和防治措施。

（7）会使用相关的试验设备、仪器仪表等，准确填写其测试报告。

（8）正确填写报验、验收的标准系列表格。

9. 知识框架图

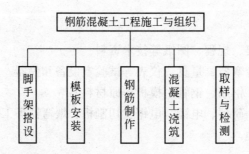

请发挥你们敏锐观察与独立思考的能力，启动你们动手操作和团队协作的意识，通过图书馆、互联网等多种途径获取更多的专业技术信息，你们会在学习中知道怎样工作，也能把学习成果转化为工作能力。衷心祝愿你们早日成为建筑施工领域的技术能手！

编 者

2012 年 2 月

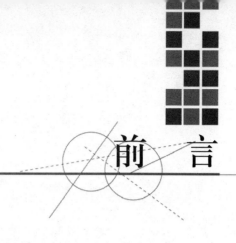

前　言

　　"钢筋混凝土工程施工与组织"是高职院校建筑工程相关专业的一门必修课程，也是各高职院校实施教学改革的热点，所以编者在内容组织、结构编排、项目选择、学习导向等方面均做了新的尝试和探索。以钢筋混凝土工程施工的顺序和典型工作任务为主线，以职业成长规律和岗位职责为背景进行学习情境设计，是本书的主要特征。

　　本书共有 5 个学习情境，分别是脚手架搭设、模板安装、钢筋制作、混凝土浇筑、取样与检测。每个学习情境安排了不同的学习任务。学习任务具有普适性、开放性和迁移性的特点，由浅入深，便于教师组织教学和学生自主学习。

　　书中需要学生学习和掌握的内容，全部以学习任务的形式提出具体要求。比如可以叙述哪些规则，能够做哪项工作，有什么成果展现给大家等。同时也开辟了思考和拓展的空间，把一些故事和经验与大家共同分享。脚手架搭设注重架体设计和各项规定在实际工作中的应用及落实，特别关注的是脚手架搭设、使用以及拆除过程中的安全事项；模板安装着重介绍木模板的设计、安装、验收等内容，可通过实训项目学会解决关于模板搭设过程中的难点问题；钢筋制作的学习任务较多，重点和难点也比较突出，其中识读结构施工图不仅是该学习情境里的重点，也是本课程的重点，通过项目操作强化平法规则学习十分必要；混凝土浇筑则通过编制施工方案讲述相关知识，这也是项目教学的一种方法；取样与检测主要是为了让学生理解质量控制的另一个途径。关于见证取样和护样送检制度，本教材这方面的篇幅不多，内容也只局限在钢筋和混凝土试块的范围，留给学生自主学习的空间很大。

　　本书由台州职业技术学院高雁担任主编，由台州职业技术学院倪占东、浙江五洲工程项目管理有限公司柴恩海和蒋敬伟担任副主编。具体编写分工如下：高雁编写学习情境3，并对全书进行统稿；倪占东编写学习情境 1，柴恩海编写学习情况 2，蒋敬伟编写学习情境 4 和学习情境 5。

　　本书的编者有十几年的建筑设计、施工、监理的工作经历，希望对工学结合教学模式做更多的探索，以期让高职院校的学生能够实现理论与工作对接、知识与技能并行、学习与就业统一的教学目标。由于编者水平和能力有限，且缺少可以借鉴的成熟的课程改革经验，书中必然存在疏漏和不足之处，所以，恳请广大读者提出宝贵意见，编者将及时补充、修正书中的内容，并感谢大家的支持和帮助。

编　者

2012 年 2 月

目 录

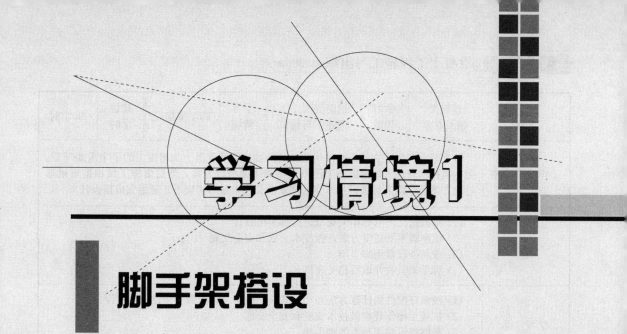

学习情境1

脚手架搭设

专业	建筑类相关专业	学习领域	钢筋混凝土工程施工与组织	学习情境	脚手架搭设	建议学时	28学时
工作情境描述	脚手架大多是承重的临时性构架，其搭设是钢筋混凝土工程施工的一个重要环节。通常由技术管理人员根据施工图纸做出脚手架搭设方案，然后由施工员根据审批通过的方案向作业人员进行技术交底和安全交底，最后由架子工班组完成搭设任务						
学习任务	(1) 根据施工图纸和相关规范进行脚手架设计 (2) 编制脚手架搭设方案，做技术交底和安全交底 (3) 现场搭设常用脚手架 (4) 脚手架验收并填写相关表格						
学习目标	(1) 按照杆配件的计算方法和相关规定，做出合理的脚手架设计与搭设方案 (2) 按施工操作规程做技术交底和安全交底 (3) 能够搭设常用种类的脚手架 (4) 熟练应用脚手架的验收标准对脚手架搭设进行质量和安全检查						
学习内容	(1) 选择适宜脚手架形式的方法，架体荷载取值和计算步骤 (2) 脚手架搭设的基本要求、杆配件构造规定、搭设和使用方法、安全防护措施 (3) 技术交底与安全交底的内容和作用 (4) 脚手架搭设操作规程和验收标准 (5) 关于脚手架搭设的安全管理事项						
教学条件	(1) 所需工具、材料、设备：①钢管、扣件、套筒若干；②碗扣式钢管、扳手若干；③门型架、配套脚手板等工具 (2) 资料：①图纸；②教材和学生工作页；③相关规范						
教学方法组织形式	(1) 课堂教学和实训操作轮回交替 (2) 学生分组学习，教师对其过程给予点评和指导						
教学流程	(1) 学生分组收集钢管扣件式脚手架、碗扣式脚手架、门型架等技术信息 (2) 学生分组做出脚手架设计与搭设方案、技术交底与安全交底并选派代表讲演 (3) 教师组织学习安全检查、安全管理的相关知识并对学生进行安全教育 (4) 在教师和校外指导教师、工人师傅的指导下实施脚手架搭设 (5) 以自检和互检的方式进行脚手架验收，并填写标准表格						
学业评价	(1) 能够概括说明常用脚手架的形式和特征，以及适用条件与优缺点 (2) 清楚脚手架设计的主要内容和方法 (3) 可以讲述脚手架搭设的技术要点 (4) 明确脚手架搭设方案的主要内容 (5) 会做技术交底和安全交底 (6) 按照方案和交底搭设脚手架 (7) 可根据验收标准对脚手架实施检查与评定						

 学习准备

教师指导学生分组，原则上每组10人为限。分组方法如下。

(1) 每组有5~8名学生，以自愿组合为主、教师调配为辅。一个班级可分为5~8个小组。

(2) 每个小组选派 1 名学生担任组长并担当项目经理，组员也各担其职。项目经理以自荐为主，兼顾推荐或委派。组员的职务有施工员、安全员、资料员、测量员、材料员、造价员、质检员等。所有职务均按不同的学习任务进行有序轮换。参见表 1-1。

表 1-1 项目部人员名单

姓名	职务	岗位职责	备注
	项目经理	负责项目部工作计划的制订和实施；组织安排内部学习和任务分工；检查督促各岗位人员完成学习任务；处理一般事务	
	测量员	依据施工图纸，使用经纬仪或钢尺进行轴线定位并弹线做好定位标记；使用水准仪量测标高确定 1m 线并做好标记；根据上述基准点，确定脚手架立杆间距和横杆的标高	
	施工员	依据图纸和资料员提供的资料，组织大家进行脚手架设计和施工方案制订，同时完成相应的技术交底工作；带领项目部成员进行脚手架搭设	
	材料员	按实训指导书和项目部工作计划表，编制材料清单并领取必备的材料和工具，同时负责整理清点材料和工具；实训项目完成后统一组织归还	
	资料员	收集完成学习任务所需的各种资料；记录并整理学习和实训过程的基础数据；填写检查和验收的标准表格；将资料分类归档	
	质检员	对项目部完成的实训项目进行自检，发现问题时提出整改方案并安排整修；组织项目部成员参加项目部之间的互检工作，并且填写相关的验收表格	
	安全员	负责编写脚手架施工方案中搭设、拆除、安全管理专篇；组织项目部学习安全操作规程并做安全交底；对项目操作过程实施安全检查并填写相关检查记录表	
	造价员	组织项目部成员对实训项目进行工程量计算和造价核定，包括脚手架、模板、钢筋、混凝土的计量和计价	

(3) 每个小组视为一个项目部，对教师布置的学习任务有集体学习、共同操作、内部自检的职责。对于有些学习任务，教师还要组织项目部之间进行互检和评价。

 引例

在山西省宁武城西 70km 处小石门村西，有一个极为幽僻的巷湾，其石门悬棺是迄今在我国北方地区发现的唯一的崖葬群，如图 1.1 和图 1.2 所示。石门悬棺的悬葬方式大致可分为洞穴式、悬吊式、悬桩式、栈道式。洞穴式是在悬崖高处的天然石洞或人工石洞里放置棺材；悬吊式是在悬崖高处用铁链将棺材吊挂起来；悬桩式是在悬崖上凿洞，平插上木桩，将棺材搁到木桩上；栈道式是在悬崖中间凿孔插桩，铺成一个微型栈道，将棺材搁在栈道上。

图 1.1　分散布设的悬棺　　　　　　　　图 1.2　集中布设的悬棺

问题：全国各地绝壁之上的崖墓、悬棺，都是远在两三千年以前所葬，当时的人们是如何将棺木送上去的呢？

解析

　　从崖壁底部搭设双排脚手架至高于崖洞口位置，然后从双排脚手架底部中间一层一层往上吊装，直至移到洞内。而脚手架正是通过锚固桩的方法固定在崖壁的。

　　脚手架的材料、结构、原理和安装如下。

　　1. 锚固桩所用材料

　　以毛竹为主，还有少部分杉木。

　　2. 锚固桩结构及制作

　　用一截长约 1.2m 的毛竹做锚杆套，打掉毛竹孔中间的竹节，塞入杉木杆，在其中一端的杉木杆中间锯一小 V 形叉口，将加工好的且与毛竹或中间杉木直径同宽的木楔打入杉木杆的 V 形孔内少许，以不掉出为宜，木楔长度视锚入孔洞深度而定（图 1.3）。

　　3. 崖壁锚固桩孔的制作

　　选择将要墓葬的崖洞下方崖壁底部同一高处（高于地面约 1.5m 或是水面约 1.2m），

设计锚固桩第一排孔位置。锚固桩孔用钢钎、铁钎或铁錾子凿孔。孔凿成内大口小，内呈椭圆锥台，外呈圆柱形孔，即打好圆柱洞后稍向圆柱洞两边内部扩大一些，形成内大外小的椭圆锥台形孔。孔口直径与毛竹锚杆直径一致，其深度视锚固桩受力大小、岩石硬度在实地通过试验而定(图1.4)。

4. 锚固原理与安装

将毛竹锚固桩放入所凿的锚固桩孔内，并注意木桩胀开方向应是孔洞的左右方向。从另一头用锤子锤打，使木楔打入锚固桩杉木杆内，木杆与毛竹被胀开，牢固地固定在崖壁上。因孔洞是倒楔式的，锚固桩在允许的受力范围内不会被拔出，在完成第一排锚固桩后，及时与锚固桩连接，搭好第一层脚手架，如图1.5所示。然后依次向上凿孔、打锚固桩、搭架，直到崖洞位置，余下吊装就可以轻而易举地解决了。

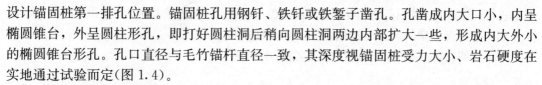

(a) 有毛竹套　　　　　　　　　　(b) 无毛竹套

图1.3　锚固桩结构简图

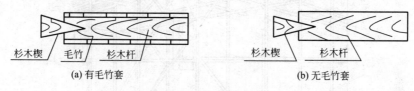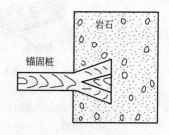

(a) 侧面图　　　　　　(b) 平面图

图1.4　孔洞简易视图

图1.5　锚固桩锚固后的剖面图

如果在悬崖峭壁之上刻字、雕画、塑像，或做标语、广告等，待施工完毕，只需用锯锯掉锚固桩，作品便成了永久的纪念。

📖 知识点

脚手架是指为建筑施工而搭设的上料、堆料及用于施工作业的各种临设性构架。其主要作用是：①可以使施工作业人员在不同部位进行操作；②能堆放及运输一定数量的建筑材料；③保证施工作业人员在高空操作时的安全。

脚手架属于施工危险源之一，我国曾发生多起脚手架坍塌造成人员伤亡的重大安全事故。因此脚手架的安全搭设、安全使用、安全拆除成为脚手架工程的重点和难点。

本学习情境将围绕安全这根主线，详细介绍扣件式钢管脚手架的适用范围、相关规定、杆配件计算方法、施工组织、操作规程、架体检查验收等内容。

📖 布置学习任务

以项目部为单位，查阅资料并将成果汇总整理做成PPT。项目部推荐1名学生代表该项目部进行交流演讲。项目部之间互评，教师亦参与成果点评和成绩考评。学生讲述的题目如下。

(1) 常用脚手架的名称、适用范围、主要优缺点。

(2) 指明扣件式钢管外架的构配件名称(图 1.6)。

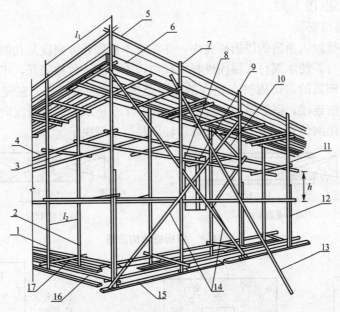

图 1.6　扣件式钢管脚手架各杆件位置

1—外立杆；2—内立杆；3—横向水平杆；4—纵向水平杆；5—栏杆；6—挡脚板；
7—直角扣件；8—旋转扣件；9—连墙件；10—横向斜撑；11—主立杆；12—副立杆；
13—抛撑；14—剪刀撑；15—垫板；16—纵向扫地杆；17—横向扫地杆

(3) 对比室内满堂脚手架与室外脚手架搭设的方法，说明它们之间有哪些异同点。

　特别提示

满堂脚手架多指室内平面满设的、纵横各向超过 3 排立杆的整块形落地式多立杆脚手架，如图 1.7 所示。一般多用于楼面(屋面)结构层模板的支撑架，以及天棚安装等大面积的高处作业。它们使用的杆件和搭设方法相同，且经过计算能够满足强度和刚度的要求。如果细分析，它们之间还有很多异同点。

图 1.7　满堂脚手架

（4）收集钢管搭设的其他支架（图1.8），并说明其搭设特点以及在工程中的作用。

图 1.8　钢管搭设的其他支架

 特别提示

本教材可作为学生查阅和学习的资料之一，教师提倡并鼓励项目部全体成员主动学习，查阅更多资料并向有实践经验的外聘教师和师傅请教，以获得更多的信息。项目部所做的 PPT 如果完全停留在本教材的层面，没有内容的增加或图片的收集，那么本学习任务的成绩将评定为"不合格"。

学习任务 1.1　认识脚手架

1.1.1　各类脚手架的名称、应用范围和主要特征

 特别提示

为满足施工要求，常用的脚手架可以分为很多种类。能够区分各类脚手架，并叙述它们的应用范围和主要特征，是认识脚手架、了解脚手架、学习脚手架相关知识的基础。

1. 按脚手架使用材料划分

1）木脚手架

用小口径松木或其他原木做杆件的脚手架，在我国北方地区搭建层数不多的房屋时还有使用。

2）竹脚手架

我国南方产竹子的地区使用广泛，主要因为竹竿质轻价廉且取材方便。由于长度和承载能力的限制，一般仅用作多层房屋的脚手架，如图 1.9 所示。

3）金属脚手架

包括扣件式钢管脚手架、碗扣式钢管脚手架、门式脚手架、爬架等。因为具有坚固耐用、方便周转、搭拆灵活的特点，且类型多适用于各种建设，所以得到普遍使用，如图 1.10 所示。

图 1.9　竹脚手架

图 1.10　金属脚手架

2. 按脚手架用途划分

1）操作（作业）脚手架

又分为结构作业脚手架（俗称"砌筑脚手架"）和装修作业脚手架。可分别简称为"结构脚手架"和"装修脚手架"，其架面施工荷载标准值分别规定为 $3kN/m^2$ 和 $2kN/m^2$。

2）防护用脚手架

用于深基坑、通道、洞口、防护棚等处搭设的防护性构架。防护架面施工（搭设）荷载标准值可按 $1kN/m^2$ 计。

3）承重、支撑用脚手架

为高层建筑搭设的外脚手架和支撑模板的内脚手架均属此类，其架面荷载按实际使用值计。

3. 按脚手架构架方式划分

1）杆件组合式脚手架

俗称"多立杆式脚手架"，简称"杆组式脚手架"。由单根杆件组合搭设的这种脚手架是最为常见的形式。

2）框架组合式脚手架

简称"框组式脚手架"，即由简单的平面框架，如门架、梯架、"口"字架、"日"字架和"目"字架等与连接、撑拉杆件组合而成的脚手架。门式钢管脚手架、梯式钢管脚手架和其他各种框式构件组装的构架也在建筑施工中得到应用。

3) 格构件组合式脚手架

由桁架梁和格构柱组合而成的脚手架，如桥式脚手架，可分为提升(降)式和沿齿条爬升(降)式两种。

4) 台架

具有一定高度和操作平面的平台架。多为定型产品，其本身具有稳定的空间结构，可单独使用或立拼增高与水平连接扩大，并常带有移动装置。

4. 按脚手架的设置形式划分

1) 单排脚手架

只有一排立杆的脚手架，其横向水平杆的另一端搁置在墙体结构上。仅用于建筑物不高且操作相对简单的工程中。

2) 双排脚手架

具有两排立杆的脚手架。目前外脚手架多采用此种形式。

3) 多排脚手架

具有 3 排以上立杆的脚手架。实际工程中使用不多。

4) 满堂脚手架

按施工作业范围满设的、两个方向各有 3 排以上立杆的脚手架。地下室和楼板层支模架通常采用满堂脚手架。

5) 满高脚手架

按墙体或施工作业空间最大高度，由地面起满高度设置的脚手架。

6) 交圈(周边) 脚手架

沿建筑物或作业范围周边设置并相互交圈连接的脚手架。

7) 特形脚手架

具有特殊平面和空间造型的脚手架。如用于烟囱、水塔、冷却塔以及其他平面的圆形、环形、外方内圆形、多边形、上扩和上缩等特殊形式的建筑施工脚手架。

5. 按脚手架的支固方式划分

1) 落地式脚手架

搭设(支座)在地面、楼面、屋面或其他平台结构之上的脚手架。

2) 悬挑脚手架

简称"挑脚手架"，采用悬挑方式支固的脚手架。其挑支方式有以下 3 种(图 1.11)。

(1) 架设于专用悬挑梁上。

(2) 架设于专用悬挑三角桁架上。

(3) 架设于由撑拉杆件组合的支挑结构上。其支挑结构有斜撑式、斜拉式、拉撑式和顶固式等多种。

3) 附墙悬挂脚手架

简称"挂脚手架"，在上部或(和)中部挂设于墙体挑挂件上的定型脚手架。

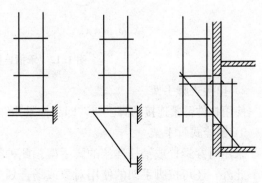

(a) 悬挑梁　　(b) 悬挑三角桁架　　(c) 杆件支挑构件

图 1.11　挑脚手架的挑支方式

4）悬吊脚手架

简称"吊脚手架"，悬吊于悬挑梁或工程结构之下的脚手架。当采用篮式作业架时，称为"吊篮"。

5）附着升降脚手架

简称"爬架"，附着于工程结构、依靠自身提升设备实现升降的悬空脚手架。其中实现整体提升者，也称为"整体提升脚手架"。

6）水平移动脚手架

带行走装置的脚手架或操作平台架。建筑安装和建筑装饰用这种架子较多。

6. 按脚手架平、立杆的连接方式划分

1）承插式脚手架

在平杆与立杆之间采用承插连接的脚手架。常见的承插连接方式有插片和楔槽、插片和楔盘、插片和碗扣、套管与插头以及 U 形托挂等（图 1.12）。

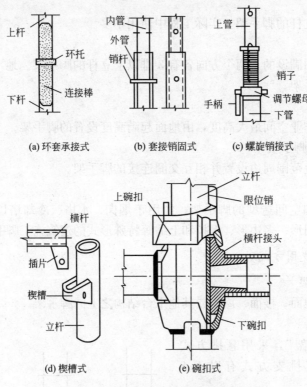

图 1.12　承插连接构造的形式

2）扣接式脚手架

使用扣件箍紧连接的脚手架，即靠拧紧扣件螺栓所产生的摩擦作用构架和承载的脚手架。

3）销栓式脚手架

采用对穿螺栓或销杆连接的脚手架。此种类型已很少使用。

此外，还可按脚手架的使用对象或场合划分为高层建筑脚手架、烟囱脚手架、水塔脚手架、凉水塔脚手架以及外脚手架、里脚手架。脚手架还有定型与非定型、多功能与单功能之分。

知识链接

"爬架"点滴

　　一般的工业与民用建筑施工中，落地式脚手架最为多见。随着高层建筑的增多，非落地式脚手架也更加普遍采用，即采用挑、吊、挂、附着的方式成为悬空脚手架。这其中就包括人们常说的"爬架"。

　　凡采用附着于工程结构、依靠自身提升设备实现升降的悬空脚手架，统称为附着升降脚手架。由于它具有沿工程结构爬升(降)的状态属性，因此称为"爬升脚手架"，简称"爬架"。它是具有较高技术含量的高层建筑脚手架，当建筑物的高度在80m以上时，其经济性更为显著。

　　"爬架"由架体、附着支撑、提升机构和设备、安全装置和控制系统4个基本部分构成。操作过程中应严格执行建设部2000年颁发的《建筑施工附着升降脚手架管理暂行规定》，确保其安全使用。

1.1.2　正确使用脚手架常用术语

特别提示

　　在工程实践中，关于脚手架的名称以及专业术语很多，熟悉它们是工程技术人员的基本素质。

　　1. 解释以下脚手架称谓的含义

　　(1) 安装脚手架：用于结构和设备安装的脚手架。

　　(2) 受料架(台)：用于存放材料的脚手架(台架)。

　　(3) 转运栈桥架：用于转运材料的栈桥型脚手架。

　　(4) 模板支撑架：用脚手架材料搭设的模板支架。

　　(5) 安装支撑架：用于安装作业的支撑架。

　　(6) 临时支撑架：用于临时支撑和加固用途的支架。

　　(7) 拦(围)护架：用于安全拦(围)护的脚手架。

　　(8) 插口架：穿过墙体洞口(包括框架结构未砌墙体时)设置挑支和撑拉构造的挑脚手架或挂脚手架。

　　(9) 桥式脚手架：由附着于墙体的支撑柱和桁架梁式作业台组成的脚手架。

　　(10) 敞开式脚手架：仅在作业层设栏杆和挡脚板以及立面挂大孔安全网，无其他封闭围护遮挡的脚手架。

　　(11) 局部封闭脚手架：安全围护、遮挡面积小于30%的脚手架。

　　(12) 半封闭脚手架：安全围护、遮挡面积占30%～70%的脚手架。

　　(13) 全封闭脚手架：采用挡风材料、沿脚手架四周外侧全长和全高封闭的脚手架。

　　(14) 试验脚手架：按1∶1比例搭设的、只用于试验目的的脚手架。

　　2. 认识脚手架常用的杆件和配件

　　1) 杆配件

　　(1) 立杆：脚手架中垂直于水平面的竖向杆件。

（2）外立杆：双排脚手架中不贴近墙体一侧的立杆。

（3）内立杆：双排脚手架中贴近墙体一侧的立杆。

（4）平杆（水平杆或横杆）：脚手架中的水平杆件。

（5）纵向平杆：沿脚手架纵向设置的平杆。

（6）横向平杆：沿脚手架横向设置的平杆。

（7）斜杆：与脚手架立杆或平杆斜交的杆件。

（8）斜拉杆：承受拉力作用的斜杆。

（9）剪刀撑：成对设置的交叉斜杆（泛指沿竖向设置者）。

（10）水平剪刀撑：沿水平方向设置的剪刀撑。

（11）扫地杆：贴近地面、连接立杆根部的平杆。

（12）纵向扫地杆：沿脚手架纵向设置的扫地杆。

（13）横向扫地杆：沿脚手架横向设置的扫地杆。

（14）封口杆：连接首步门架两侧立柱的横向扫地杆。

（15）连墙件：连接脚手架和墙体结构的构件。

（16）扣件：采用螺栓紧固的扣接件。

（17）直角扣件：用于垂直交叉杆件连接的扣件。

（18）旋转扣件：用于平行或斜交杆件连接的扣件。

（19）对接扣件：用于杆件对接连接的扣件。

（20）底座：设于立杆底部的垫座。

（21）固定底座：不能调节支垫高度的底座。

（22）可调底座：能够调节支垫高度的底座。

（23）垫板：设于底座之下的支垫板。

（24）垫木：设于底座之下的支垫方木。

（25）脚手板：用于构造作业层架面的板材。

（26）挂扣式定型钢脚手板：两端设有挂扣支搭构造的定型钢脚手板。

（27）门架：门式钢管脚手架的门形构件。

2）关于脚手架的几何参数

（1）步距：上下平杆之间的距离或门架的设置高度。

（2）立杆间距：相邻立杆之间的轴线距离。

（3）立杆纵距：脚手架立杆的纵向间距。

（4）立杆横距：立杆的横向间距（单排脚手架为立杆轴线至墙面的距离）。

（5）门架间距：同排相邻门架毗邻立柱之间的轴线距离。

（6）门架架距：同列相邻门架同侧立柱之间的轴线距离。

（7）脚手架高度：自立杆底座下皮至架顶平杆上皮的垂直距离。

（8）脚手架长度：脚手架纵向两端立杆外皮之间的水平距离。

（9）脚手架宽度：脚手架横向两端立杆外皮之间的水平距离。

（10）连墙点竖距：上下相邻连墙点之间的垂直距离。

（11）连墙点横距：左右相邻连墙点之间的水平距离。

1.1.3 扣件式钢管脚手架

特别提示

扣件式钢管脚手架由钢管杆件用扣件连接而成，具有工作可靠、装拆方便、适应性强的优点。它可以用来搭设外脚手架，也可以用于搭设模板支撑架、防护架、上料平台架等，是我国使用最为普通的一种脚手架。脚手架扣件如图 1.13 所示。

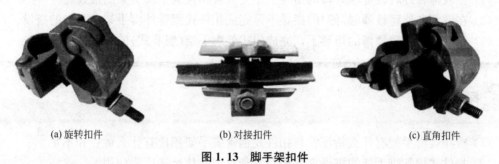

(a) 旋转扣件　　　　　　　　　(b) 对接扣件　　　　　　　　　(c) 直角扣件

图 1.13　脚手架扣件

1. 落地扣件式钢管外脚手架的优点

(1) 架子稳定，整体承载能力大。按照脚手架安全技术规范和设计计算的有关规定，搭设落地扣件式钢管外脚手架时，一般情况下，架子比较稳定，整体承载能力较大。

(2) 加工、搭拆方便。落地扣件式钢管外脚手架所用钢管和扣件均有国家标准，加工简单，通用性好，扣件连接简单，易于操作，装拆灵活，搬运方便。

(3) 适用范围广。落地扣件式钢管外脚手架适用于各种类型建筑物结构的施工，既可用于结构施工，又可用于装修工程施工。同时，便于做安全围护。

2. 落地扣件式钢管外脚手架的缺点

落地扣件式钢管外脚手架的缺点也很明显，主要是：用材量较大，搭拆耗费人工较多，材料费用和人工费用消耗也大，施工功效不高，安全保证性一般。

　布置学习任务

请各项目部按照图纸、实训指导书和学生工作页，做好校内实训和校外实训的各项准备。校内实训需要与教学进程同步进行，原则上按照先实际操作后理论学习的顺序进行，并符合教学整体设计和单元设计要求。校外实训则需要寻找适宜的工地，以保证教学进程和校外实训对接适当。由于校外实训受各种因素制约较大，实训时间可适度提前或拖后，也可以部分采用视频的方式解决。

各项目部的项目经理组织项目部成员查阅资料，明确操作规程和质量标准。

(1) 碗扣式脚手架的搭设方法、质量标准。

(2) 扣件式钢管脚手架的搭设方法、质量标准。

(3) 门式脚手架的搭设方法、质量标准。

(4) 以上 3 种脚手架构配件的质量要求和检测方法。

学习任务 1.2 脚手架搭设和验收实训

1.2.1 校内实训项目

施工现场常用脚手架搭设步骤

(1) 在教师和外聘教师(师傅)的指导下，完成碗扣式满堂脚手架的搭设。

(2) 在教师和外聘教师(师傅)的指导下，完成扣件式钢管外脚手架(双排)的搭设。

(3) 在教师和外聘师傅的指导下，完成门式外脚手架(组装式)的搭设。

探讨

(1) 碗扣式脚手架有什么特征？与扣件式钢管脚手架相比有什么优点和不足？

(2) 扣件式钢管脚手架的搭设方法相对复杂，但为什么还广为使用？

(3) 门式脚手架搭拆方便，可它不能替代扣件式钢管脚手架，这是为什么？

1.2.2 校外实训项目

参与完成脚手架搭设的技术交底、安全交底、实地搭设、安全检查、质量验收等现场工作。观看工人师傅搭设和拆除脚手架的过程。

(1) 同现场施工员一起向作业工人进行脚手架搭设的技术交底。

(2) 同现场安全员一道对作业工人进行脚手架搭设的安全交底。

(3) 在施工员和班组长的指导下，用扣件和钢管在现场搭设满堂支模架。

(4) 根据施工方案，同现场施工员和安全员一起，对正在搭设的外架、支模架进行质量和安全检查。

(5) 同现场施工员和安全员一起，对已经搭设完成的各类脚手架进行模拟验收。

(6) 观看工人师傅搭设和拆除脚手架(支模架)。

探讨

(1) 脚手架搭设技术交底和安全交底的内容有哪些？怎样才能让这些工作不流于形式？

(2) 现场搭设的满堂支模架与施工方案是否相吻合？如有差异，分析原因。

(3) 对脚手架进行质量检查和验收所依据的标准有哪些？

(4) 脚手架或支模架在拆除过程中应该采取哪些安全防护措施？工人是否按规定操作？

1.2.3 应用案例：做技术交底和安全交底

技术交底记录		编号	
工程名称	××工程	交底日期	××年××月××日
施工单位	××建筑工程公司	分项工程名称	脚手架
交底提要	认真作好准备，找方案操作，注重安全防范		

交底内容如下。

一、施工准备

1. 脚手架搭设材料要求

1) 钢管

(1) 采用现行国家标准《直缝电焊钢管》(GB/T 13793—2008)或《低压流体输送用焊接钢管》(GB/T 3091—2008)中规定的 3 号普通钢管，其质量应符合现行国家标准《碳素结构钢》(GB/T 700—2006)中 Q235－A 级钢的有关规定。

(2) 本工程所用钢管均为新购或租赁新购买的钢管，钢管截面尺寸为 ϕ48mm×3mm，钢管产品质量合格证及质量检验报告齐全。

(3) 钢管表面应平直光滑，不应有裂缝、结疤、分层、错位、硬弯、压痕和深的划道，端面应平整，且应进行防锈处理，钢管上无孔洞并且严禁打洞。钢管的弯曲变形符合表 1-2 的规定。

表 1-2　钢管的弯曲变形规定

序号	项目		允许偏差/mm
1	各种杆件钢管的端部弯曲　$L \leqslant 1.5$m		$\leqslant 5$
2	立杆钢管弯曲	3m$<L \leqslant 4$m	$\leqslant 12$
		4m$<L \leqslant 6.5$m	$\leqslant 20$
3	水平杆、斜杆的钢管弯曲　$L \leqslant 6.5$m		$\leqslant 30$

2) 扣件

(1) 扣件必须符合现行国家标准《钢管脚手架扣件》(GB 15831—2006)的有关规定，有裂缝、变形的严禁使用，出现滑丝的螺栓必须更换，且新旧扣件均应进行防锈处理。

(2) 扣件在螺栓拧紧扭力矩达 65N·m 时，不得发生破坏。

(3) 扣件与钢管的接触面必须严格吻合，应保证与钢管扣紧时接触良好。

(4) 扣件活动部位能灵活转动，旋转扣件的两旋转面间隙小于 1mm，当扣件夹紧钢管时，开口处的最小距离不小于 5mm。

3) 脚手板

脚手板采用杉木或松木制作，厚度不宜小于 50mm，宽度为 20～30cm，长度采用 4m 的型号，其材质应符合国家现行《木结构设计规范》(GBJ 50005—2003)中对Ⅱ级木材的规定，凡腐朽、扭曲、破裂或有大横透节及多节疤的，严禁使用。脚手板的两端距板边 8cm 处用 8# 镀锌铁丝箍绕 2～3 圈或用铁皮钉牢，防止板端劈裂。

4) 密目式安全立网

(1) 本工程脚手架采用密目式安全网全封闭，密目式安全网必须满足 GB 5725—2009《安全网》的国家标准，安全网出厂前必须有国家指定的监督检测部门批量验证和工厂检验员检验合格证，并且有建筑安全监督部门颁发的准用证。

(2) 安全网选用时，网目密度采用 2400 目/100cm² ，立网高度不得小于 1.2m，每张网的重量不宜超过 15kg，并且现场做耐穿试验。

（续）

5）挡脚手板

挡脚手板的材质应符合脚手板的材质要求，挡脚手板的高度不得低于180mm。

2. 搭设作业准备

（1）单位工程负责人按施工方案及脚手架搭设与拆除施工方案逐级向架设和使用人员进行安全技术交底。

（2）对施工方案、脚手架施工方案中要求使用的钢管、扣件、脚手板、安全网等材料进行检查验收，不合格产品禁止使用。

（3）清除搭设场地杂物，平整搭设场地并使排水畅通。

（4）架子工应持证上岗，上岗前应进行一次身体健康状态检查，高血压、心脏病患者不得从事高处作业，配备必需的安全防护用品，监督检查符合条件后方能进行操作。

（5）加强对施工作业人员的技能和安全培训，考核合格并取得特种作业证者方能上岗作业。

3. 脚手架拆除准备

（1）全面检查脚手架的扣件、连板、连墙件、支撑体系等是否符合构造要求。

（2）根据检查结果，完善施工安全技术措施，及时办理安全施工作业申请手续，经主管部门批准后组织实施。

（3）技术负责人进行拆除安全技术交底。

（4）清除脚手架上杂物及地面障碍物。

二、搭设构造要求

（1）立杆横距 $b1=1.2$m，立杆纵距 $L=1.5$m，脚手架步距 $h=1.8$m（外侧采用 0.9m×2m），铺脚手板2层，同时施工2层，脚手架与主体结构连接件的布置，竖向间距 3.60m，水平间距 3.00m，施工均布荷载为 2.00kN/m²，同时施工2层，脚手板共铺设4层。

（2）扫地杆设置从垫板往上 20cm 处，设置扫地杆，扫地杆使用对接扣件接长。

（3）横杆间距、平整度横杆步距采用 1.8m，采用对接接长，一根横杆两端的高度差不能超过 2cm，纵向水平杆全长平整度不能超过 10cm。

（4）立杆、横杆接头设置。立杆上的对接扣件应交错布置，两个相邻立杆的接头不应设在同步、同跨内，两相邻立杆接头在高度方向错开距离不小于 500mm，各接头中心距主节点的距离不大于步距的 $1/3$。

纵向水平杆对接接头交错布置，不设在同步、同跨内，相邻接头水平距离不小于 500mm，并避免设在纵向水平杆的跨中。

（5）连墙件布置要求。连墙杆在垂直间距不大于 4m、水平间距不大于 6m 的位置上设置，设置时尽量靠近主节点，偏离主节点的距离不大于 30cm。必须从底部第一根纵向和水平杆处开始设置，布置形式宜采用花排。

（6）剪刀撑的搭设方法。在建筑物四周转角处，必须设置剪刀撑。每道剪刀撑跨越立杆的根数宜为 5~7根，且长度不小于 6m，斜杆与地面的倾角宜 $45°$~$60°$，由底至顶连续设置。剪刀撑斜杆与旋转扣件固定在与之相交的横向水平杆的伸出端或立杆上，旋转扣件中心线距主节点的距离不大于 15cm。剪刀撑接长采用搭接接长，搭接长度不小于 100cm，用3个扣件等距布置，扣件扣在钢管端头不小于 10cm 处。

（7）小横杆设置。每一主节点必须设置一根横向水平杆，并采用直角扣件扣紧在纵向水平杆上端，端头外伸长度不小于 10cm，该杆轴线偏离主节点的距离不大于 15cm。双排架中靠墙一侧的小横杆外长度不大于 30cm。

（8）脚手板、防护栏杆。脚手板一般设置在3根小横杆上，要铺满、铺严密，在两侧设高 180cm 以上的挡脚板，操作层护栏高 1.2m，在护栏中部距横杆高 0.6m 处设一道水平栏杆。

（9）脚手架体全高采用密目网封闭。

① 密目网的质量要求。密目网要四证齐全，要有阻燃性能，其续燃、阻燃时间均不得大于 4s。要符合 GB 5725—2009 的规定。每 10cm×10cm＝100cm² 的面积上有 2000 个以上网目。

② 密目网贯穿试验。做贯穿试验时，将网与地面成 $30°$ 夹角拉平，在其心上方 3m，使 5kg 重钢管（管径 48~51mm）垂直自由落下，不穿透即为合格品。

③ 密目网的绑扎方法。用系绳将密目网绑扎至立杆或大横杆上，使网与架体牢固的连接在一起。系绳的材质应符合 GB 5725—2009 的规定。

（续）

④ 兜网封闭。用大眼网（平网）每隔两层封闭一道。

三、脚手架搭设施工工艺

脚手架搭设施工准备→放立杆位置线→铺垫板→放底座→摆放扫地杆（立杆底面距地面约120mm）→逐根竖立杆并与扫地杆扣紧→搭设扫地小横杆并与立杆或扫地杆扣紧→搭设第一步大横杆并与各立杆扣紧→搭设第一步小横杆→搭设第二步大横杆→搭设第二步小横杆→加设临时斜撑杆，上端与第二步大横杆扣紧（在装设连墙杆后拆除）→搭设第三、第四步大横杆和小横杆→搭设连墙杆→加设剪刀撑→铺木跳板并绑扎牢固→绑扎防护栏杆及挡脚板，并满挂密目式安全网防护。

1. 依据设计计算

立杆横距为 $l_b=1050$mm，立杆纵距 $l_a=1500$mm，脚手架步距为 $h=1800$mm，铺设2层木脚手板。连墙杆采用刚性连接按二步三跨设置，各组剪刀撑间距不大于9m。剪刀撑沿长度和高度连续设置。

2. 立杆搭设

（1）脚手架搭设时先立立杆，立杆架设先立里侧立杆，后立外侧立杆，立立杆时要临时固定。临时固定方法可与建筑物结构临时连接，也可临时斜撑。架设脚手架时，切勿单独一人操作，要防止脚手架倒塌伤人。立杆立好后，即架设纵向、横向水平杆，当第一步的纵向、横向水平杆架设完毕后，即在其上铺设脚手板，做好固定件，以方便操作者上去架设第二步脚手架。同时，在立杆外侧的规定位置及时设置剪刀撑，以防止脚手架纵向倾倒。剪刀撑的设置应与脚手架的向上架设同步进行。

（2）在搭设脚手架时，每完成一步都要及时校正立柱的垂直度和纵向、横向水平杆的标高和水平度，使脚手架的步距、横距、纵距上下始终一致。

（3）每次施工脚手架搭设进度必须高出施工面一步，使在操作面的施工人员有可靠的安全围护，又保证脚手架在搭设中的稳定，立杆用连墙体与建筑物之间采用刚性连接。

（4）立杆接长除顶层顶步可采用搭接外，其余各层各步接头必须采用对接扣件连接。对接、搭接应符合下列规定。

① 立杆上的对接扣件应交错布置：两根相邻立杆的接头不应设置在同步内；同步内隔一根立杆的两个相隔接头在高度方向错开的距离不宜小于500mm；各接头中心至主节点的距离不宜大于步距的1/3。

② 搭接长度不应小于1m，应采用不少于2个旋转扣件固定，端部扣件盖板的边缘至杆端距离不小于100mm。

3. 纵向水平杆搭设

（1）纵向水平杆设置在立杆内侧，其长度不小于3跨。

（2）纵向水平杆接长采用对接扣件连接，也可采用搭接。对接、搭接应符合以下要求。

① 纵向水平杆的对接扣件应交错布置：两根相邻纵向水平杆的接头不宜设置在同步或同跨内；不同步或不同跨两个相邻接头在水平方向错开的距离不小于500mm；各接头中心至最近主节点的距离不宜大于纵距的1/3。

② 纵向水平杆的搭接长度不应小于1m，应等间距设置3个旋转扣件固定，端部扣件盖板边缘至搭接纵向水平杆杆端的距离不应小于100mm。

4. 横向水平杆搭设

（1）主节点处必须设置一根横向水平杆，用直角扣件扣接且严禁拆除。主节点处两个直角扣件的中心距不大于150mm。横向水平杆靠建筑物一端的外伸长度不大于300mm。

（2）作业层上非主节点处的横向水平杆，应根据支撑脚步手板的需要等间距设置，最大间距不应大于纵距的1/2。

（3）横向水平杆伸出脚手架外立杆的长度要尽量一致，并且一般不得大于200mm。

5. 脚手板铺设

（1）作业层脚手板应铺满、铺稳，脚手板两端必须用8#镀锌铁丝双箍绑扎牢固，离开墙面120～150mm，脚手板应设置在3根横向水平杆上，当特殊部位脚手板长度小于2m时，可采用两根横向水平杆支撑，但应将脚手板两端用8#镀锌铁丝双箍绑扎可靠牢固，严防倾倒。

（2）当脚手板采用对接平铺时，接头处必须设两根横向水平杆，脚手板外伸长130～150mm，两块脚手板外伸长度的和不应大于300mm，两端必须用8#镀锌铁丝双箍绑扎牢固。

（续）

（3）脚手板搭接铺设时，接头必须支设在横向水平杆上，搭接长度应大于200mm，其伸出横向水平杆的长度不应小于100mm，两端必须用8#镀锌铁丝双箍绑扎牢固。

（4）脚手板铺设，考虑立体交叉施工，共满铺脚手板2步，具体位置现场指定。

（5）脚手架在作业层满铺脚手板的基础上，要设置两道护栏和挡脚板，栏杆外侧按规定挂设密目式安全网。挡脚板采用木脚手板（高不小于180mm）设置并固定。

6. 连墙件设置

（1）连墙件的布置：连墙件应靠近主节点设置，宜优先采用菱形布置，也可采用方形、矩形布置，连墙件偏离主节点的距离不大于300mm；连墙件应从底层第一步纵向水平杆处开始设置，当该处设置有困难时，应采用其他可靠措施固定，并且必须在脚手架的转角点设置连墙件。

（2）连墙体的构造要求：连墙体必须采用刚性连墙体与建筑物可靠连接，连墙件中的连墙杆呈水平设置，当不能水平设置时，与脚手架连接的一端应下斜连接，不应采用上斜连接。

（3）剪刀撑的设置：每道剪刀撑跨越立杆的根数按表1-2的规定确定。每道剪刀撑宽度不应小于4跨，且不应小于6m，斜杆与地面的倾角宜为45°～60°。剪刀撑跨越立杆的最多根数见表1-3。

表1-3　剪刀撑跨越立杆的最多根数

剪刀撑斜杆与地面的倾角(α)	45°	50°	60°
剪刀撑跨越立杆的最多根数(n)	7	6	5

（4）高度在24m以下的双排脚手架，必须在外侧立面的两端各设置一道剪刀撑，并应由底至顶连续设置，中间各道剪刀撑之间的净距不大于15m。

（5）高度在24m以上的双排脚手架，必须在外侧立面的整个长度和高度上连续设置剪刀撑。

（6）剪刀撑斜杆的接长采用搭接，剪刀撑斜杆搭接长度不应小于1m，应采用不少于2个旋转扣件固定，端部扣件盖板的边缘至杆端距离不小于100mm。

（7）剪刀撑斜杆应用旋转扣件固定在与之相交的横向水平杆的伸出端或立杆上，旋转扣件中心线至主节点的距离不应大于150mm。

7. 脚手架拆除

（1）拆除脚手架时，周围应设置围栏或警戒标志，设专人负责看护，禁止入内。拆除应按顺序进行，由上向下一步一清，不准上下同时作业。拆除前还要对整体架子进行检查，必要时要先加固后拆除。

（2）拆除大横杆、剪刀撑，应先拆中间扣，再拆两头扣，由中间操作人员往下顺杆子。

（3）拆下的脚手杆、脚手板、钢管、扣件等材料应向下传递或用绳吊下，禁止向下投扔，不得将拆下的物体过多集中存放在一起，防止坍塌事故。

（4）拆除作业时，操作人员应使用好安全带和安全帽。

四、脚手架的安全防护

1. 脚手板

（1）本工程采用木脚手板，脚手板应铺满、铺稳、铺实，不得有探头板或弹簧板，脚手板不平之处用木块垫平并钉牢固，但不得用砖垫。脚手板距离墙（柱）120～150mm。

（2）木脚手板应设置在3根小横杆上，脚手板间采用对接平铺，脚手板外伸长度为130～150mm，两块脚手板外伸长度不大于300mm，脚手板平铺对接时对接处设立双排小横杆，双排小横杆间距不大于200mm；脚手架拐弯处脚手板采用交错搭接铺设，脚手板搭接铺设时，接头必须支在小横杆上，搭接长度应大于200mm，两板伸出小横杆的长度均不小于100mm。脚手板两端于小横杆处用8#镀锌铁丝双箍绑扎牢固。

（3）在架子上翻脚手板时，应由两人从里向外按顺序进行，工作时必须挂好安全带，下方应设安全网。

2. 围护安全网

（1）立网的搭设。脚手架的外侧采用满挂密目安全网封闭式的安全防护，安全网悬挂在脚手架外立杆里侧，安全网随脚手架搭设而张挂，立网要用16#绑扎铅丝穿入网四周的绑扎孔，与上、下横杆绑扎牢固，两网拼接处也用同样的铅丝穿过绑扎孔相互拼接，不允许留缝或绑扎不全。立网应绷紧，严禁擅自拆除或任意开口，并要防止网和网边绳被割破或撞破，若有损坏，应及时修补或换掉。

每作业层下边外沿设挡脚板，对人行斜道、"四口"、"临边"等周围亦应用立网封闭。

（续）

（2）安全网的拆除。施工中所搭设的安全网，不论局部或全体，都须在施工前全部完成，作业全部停止之后，经过工程负责人的同意，才可拆除。拆除过程中要有专人监护，拆除应自上而下依次进行，并根据具体情况采用有效地防止坠落和物体打击的措施，拆卸工人应系牢安全带，下方应设警戒区，并设"禁止通行"等安全标志，待拆卸完毕后，再恢复通行。

3. 防护栏杆

（1）除底层外，脚手架的各步层均应在外立杆内侧设置防护栏杆和挡脚板，防护栏杆有两道，上栏杆上皮高度为 1.2m，中栏杆处于上栏杆与挡脚板的中间，挡脚板的高度不小于 180mm。

（2）双排脚手架里立杆高度低于檐口 500mm，便于檐口施工或上屋面施工，外立杆要比里立杆高，其中，平屋面外立杆高于檐口 1～1.2m，坡屋面外立杆高于檐口 1.5m 以上。设置防护栏杆和挡脚板以及安全网以防人或物坠落。

4. 安全通道防护

通道处应设置防护隔离棚，隔离棚净宽 3m，下弦距地面的净高度不低于 6m。防护棚用脚手架搭设，立杆间距为 1.2m。防护棚顶部设立两道隔离层，隔离层紧靠脚手架外侧立杆，不留空隙，两层之间相距不得低于 600mm。隔离层顶棚横杆用钢管架设，小横杆间距 600mm；隔离层采用木脚手板铺设，每块脚手板要求用 8# 铁丝双箍绑扎，绑扎至少 3 个点；上面一层隔离层的 3 侧面应再设围栏，以防物件坠落弹出伤人。

5. 脚手架与建筑物通道防护

（1）脚手架与建筑物的连接杆，一端与脚手架上的纵向水平横杆扣紧，至少有 4 根连接杆。上面满铺木脚手板，脚手板与连接杆绑扎牢固，不得有空隙。连接杆伸入建筑物内 2m 以上，呈斜坡，外高内低。

（2）通道两边应设置 1200m/600mm 高两道护栏和 180mm 以上的挡脚板，通道两边应挂密目式安全网，通道上部一层脚手架与建筑物之间的间隙应封闭，以免物件坠落伤人。

6. 防火措施

（1）脚手架的防火应与施工现场的防火措施密切配合、同步进行。

（2）脚手架附近应配置一定数量的灭火器和消防装置，架子工应懂得灭火器的使用方法和扑救火灾的基本常识。

（3）及时清运脚手架上及周围的建筑垃圾，特别是锯末、刨花等易燃物，以免窜入火星引燃起火。

（4）在脚手架附近临时动用动火，必须事先办理动火作业票，事先清理动火现场或采用不燃物进行隔离，配置灭火器，并有专人监管。

（5）管理好电源和电器设备，停止生产时必须断电，预防短路，在带电情况下维修或操作电气设备时加强检修线路，避免产生电弧或电火花损害脚手架。

7. 避雷措施

（1）本工程脚手架搭设高度局部超过 50m，脚手架应设置避雷装置，避雷装置由接闪器、接地极、接地线组成。

（2）接闪器采用直径 Φ12 镀锌圆钢，设置在主厂房四周及主厂房 6/A、6/D 轴线的外脚手架立杆上，高度不小于 1m，并将上部脚手架大横杆连通，形成避雷网路。

（3）接地线采用 40×4 镀锌扁钢，接地极采用焊接连接，焊接长度大于 80mm。

（4）施工期间遇有雷击或阴云密布将有雷雨时，脚手架上的操作人员应立即撤离。

8. 恶劣气候防护

（1）在雨天和雪天进行外脚手架上作业时，必须采取可靠的防滑、防寒和防冻措施，脚手架上的水、冰、霜、雪应及时清除。

（2）遇到 6 级以上的强风、浓雾、大暴雨等恶劣气候，不得进行外脚手架的搭设、拆除作业和攀登脚手架。

（3）雨季和大雨之后应注意架设在脚手架上的电缆线绝缘是否良好，穿越架体的电线是否有磨损。

（4）大风、大雨、大雪等过后，应立即对脚手架做详细地检查，发现有节点固定不牢、杆件变形、连墙杆损坏或松动、架体倾斜等现象，应立即报告技术主管部门确定维修加固方案，方案经审批后实施加固维修，经施工技术负责部门检查核实，确认无问题时，方可允许使用脚手架。

五、脚手架施工安全措施

1. 脚手架搭设作业注意事项

（1）严禁 φ48 和 φ51 钢管及其相应扣件混用。

（续）

（2）架底立杆应按立杆接长要求选择不同长度的钢管交错设置，立杆与大横杆要用直角扣件扣紧，不能隔步设置或遗漏。立杆接长除顶层顶步可采用搭接外，其余各层各步接头必须采用对接扣件连接，两根相邻立杆的接头不应设置在同一步内，同一步内隔一根立杆的两个相邻接头在高度方向错开 500mm 以上，各接头中心至节点的距离不宜大于 500mm（不大于步距的 1/3）。顶层立杆搭接时，搭接长度不小于 1m，不少于两个旋转扣件固定，端部伸出墙（柱）高度不小于1500mm，搭设脚手架使用的扣件包裹物（编织袋、尼龙绳等）应及时清理，做到"工完、料净、场地清"。

（3）纵向水平杆宜设置在立杆内侧，其长度不宜小于 3 跨，纵向水平杆接长宜采用对接扣件连接，也可采用搭接。相邻纵向水平杆的接头不宜设置在同一步或同跨内，不同步或不同跨的两个相邻接头在水平方向错开的距离为 500mm，搭接长度不应小于 1m，应等间距设置 3 个扣件固定。

（4）一定要采取先搭设起始段而后向前延伸的方式，当两组作业时，可分别从相对角开始搭设。

（5）在设置第一排连墙件前，应约每隔 6 跨设一道抛撑，以确保架子稳定。连墙件和剪刀撑应及时设置，不得滞后超过 2 步。

（6）杆件端部伸出扣件之外的长度不得小于 100mm。大横杆与立杆交接处必须设小横杆，在任何情况下都不得拆除。主节点处，两个直角扣件的中心距为 120mm。

（7）除拐角应设置横向斜撑外，中间应每隔 6 跨设置一道。

（8）脚手架同步中的纵向水平杆应在角部圈圈并用直角扣件与内外角部固定，因此，东西两面和南北两面的作业层（步）有一个交汇搭接固定所形成的小错台，铺板时应处理好交接处的构造。

（9）每搭高两步脚手架后，应按施工方案规定校正步距、纵距、横距及立杆垂直度。

（10）作业层防护栏杆必须采用 1200mm/600mm 高双道防护栏杆，对头接平脚手板时，对接处的两侧必须设置小横杆。

（11）作业层的栏杆和挡脚板一般应设在立杆的内侧。栏杆接长亦应符合对接或搭接的相应规定。

2. 脚手架搭设安全注意事项

（1）严格按架子工安全操作规程操作，脚手架在使用过程中的均布荷载不得超载，严禁悬挂起重设备。

（2）高空作业，必须正确做好"三宝"、"四口"、"五临边"的安全防范，搭设脚手架人员必须戴安全帽、系安全带、穿防滑鞋。

（3）操作人员必须持证上岗，定期进行体检，合格者方可上岗。高血压、心脏病患者不允许上岗。

（4）严禁酒后上岗作业。遇有恶劣天气，不得进行脚手架搭设操作，大雨过后，要对脚手架进行全面检查、保修。

（5）第一次搭设的立杆应相互错开，第一次搭设的立杆可采用 3m、4m、5m 或 6m，然后用 6m 钢管搭设。

（6）脚手架四周应设避雷装置，在施工过程中设专人管理负责脚手架检查、保修工作，作业层只允许两步架同时施工，架体设专人定期进行沉降观测，发现问题及时处理。

（7）拆卸作业按搭设作业的相反程序进行，由单位工程负责人进行拆除安全技术交底，应清除脚手架上杂物及地面障碍物，并应特别注意以下几点。

① 连接件待其上部杆件拆除完毕（伸上来的立杆除外）后才能松开拆去，严禁先将连墙件整层或数层拆除后再拆脚手架。

② 松开扣件的平杆件应随即撤下，不得松挂在架上。

③ 拆除长杆时应两人协同作业，以避免单人作业时的闪失事故。

④ 拆下的构配件应吊运至地面，不得向下抛掷，并及时检查、整修和保养，并按品种规格随时堆码、存放。

⑤ 脚手架搭设质量的检查与验收标准。

⑥ 扣件连接质量检查：扣件紧固质量用力矩扳手检查，抽样按随机均布原则确定，检查数量与质量判定标准见表 1-4，不合格者必须拧紧并达到紧固要求。

（续）

表1-4　扣件拧紧抽样检查数目及质量判定标准

项次	检查项目	安装扣件数量（个）	抽检数量（个）	允许的不合格数量（个）
1	连接立杆与纵（横）向水平杆或剪刀撑的扣件；接长立杆、纵向水平杆或剪刀撑的扣件	51～90	5	0
		91～150	8	1
		151～280	13	1
		281～500	20	2
		501～1200	32	3
		1201～3200	50	5
2	连接横向水平杆与纵向水平杆的扣件（非主节点处）	51～90	5	1
		91～150	8	2
		151～280	13	3
		281～500	20	5
		501～1200	32	7
		1201～3200	50	10

3. 脚手架应在下列阶段进行检查与验收
(1) 脚手架搭设前。
(2) 作业层上施加荷载前。
(3) 每段脚手架搭设完毕后。
(4) 达到设计要求后。
(5) 遇有六级以上大风与大雨后或冰冻解除后。
(6) 停用期超过一个月。
4. 脚手架使用中应定期检查的项目
(1) 杆件的设置和连接、连墙件、门洞桁架等的构造是否符合要求。
(2) 钢丝绳拉结是否牢固、可靠。
(3) 扣件螺栓是否松动。
(4) 高度超过24m的脚手架，其立杆的沉降与垂直度的偏差是否符合规范要求。
(5) 安全防护措施是否符合要求。
(6) 是否超载。
(7) 脚手架搭设材料、作业人员、脚手架超载。

六、脚手架工程危险源、危险点预测与预控措施
1. 危险源、危险点
无安全技术交底、无接受交底人员签字、无监护人、搭设的脚手架不符合要求、作业人员无证上岗、违章作业。
2. 危害后果
人身伤害、设备事故。
3. 预控措施
(1) 支搭脚手架的材料应符合规范规定。立杆应垂直，底部应设垫木，脚手架的两端、转角处以及每隔6～7根立杆，应设剪刀撑，剪刀撑与地面夹角不得大于60°，最终达到不倾斜、不摇晃、不变形。
(2) 脚手架的承受荷载一般不得超过2.7kN/m²，脚手架搭设后在检验合格并挂牌后方可使用。
(3) 非架子工不得搭设脚手架，钢管脚手架采用外径48mm、壁厚3.5mm的钢管，立杆、纵向水平杆的接头应错开，搭接长度不得小于500mm，凡弯曲、压扁、有裂纹或已严重锈蚀的钢管严禁使用。

（续）

（4）加强安全技术交底工作，落实交底内容，使每一个架子工领会、掌握施工技术和安全防护措施，做到"三不伤害"，提高自我保护意识。

（5）认真执行规章制度，凡参加交底人员必须熟练掌握交底内容，并且在交底书上签字。脚手架搭设时必须设专人监护，随时掌握施工安全情况。

七、脚手板铺设作业危险源、危险点预测与预控措施

1. 危险源、危险点

材料不符合要求、脚手板未满铺、脚手板未绑扎。

2. 危害后果

人身伤害。

3. 预控措施

（1）脚手板应满铺，不应有空隙和探头板，脚手板与柱（墙）间距不得大于 200mm，在架子转角处，脚手板应交错搭接，脚手板应铺设平稳并绑扎牢固。

（2）脚手板的搭接长度不得小于 200mm，对接处应设双排小横杆，其间距不得大于 200mm。

（3）在架子上翻脚手板时，应有两人从里向外按顺序进行，工作时必须系好安全带，下方应设安全网。

八、脚手架的拆除作业危险源、危险点预测与预控措施

1. 危险源、危险点

违章作业。

2. 危害后果

人身伤害。

3. 预控措施

（1）拆除脚手架应自上而下进行，严禁上下同时作业或将脚手架整体推倒。

（2）拆除作业区周围应设围栏或警告标志，并有专人值班，严禁无关人员入内。

（3）脚手架及其上部的任何物品一律不得随意抛掷。

技术负责人：	交底人：	接交人：

安全交底记录		编号	
工程名称	××工程	交底日期	××年××月××日
施工单位	××建筑工程公司	分项工程名称	脚手架
交底提要		按规定作业	

交底内容如下。

(1) 架子必须由持有《特种作业人员操作证》的专业架子工进行搭设，上岗前必须进行安全教育考试，合格后方可上岗。

(2) 在脚手架上作业人员必须穿防滑鞋，正确佩戴、使用安全带，着装灵便。

(3) 进入施工现场必须佩戴合格的安全帽，系好下颚带，锁好带扣。

(4) 登高(2m以上)作业时必须系合格的安全带，系挂牢固，高挂低用。

(5) 脚手板必须铺严、铺实、铺平稳，不得有探头板，要与架体拴牢。

(6) 架上作业人员应作好分工、配合，传递杆件应把握好重心，平稳传递。

(7) 作业人员应佩带工具袋，不要将工具放在架子上，以免掉落伤人。

(8) 架设材料要随上随用，以免放置不当掉落伤人。

(9) 在搭设作业中，地面上配合人员应避开可能落物的区域。

(10) 严禁在架子上作业时嬉戏、打闹、躺卧，严禁攀爬脚手架。

(11) 严禁酒后上岗，严禁高血压、心脏病、癫痫病等不适宜登高作业人员上岗作业。

(12) 搭、拆脚手架时，要有专人协调指挥，地面应设警戒区，要有旁站人员看守，严禁非操作人员入内。

(13) 架子在使用期间，严禁拆除与架子有关的任何杆件，必须拆除时，应经项目部主管领导批准。

(14) 架子竖直方向每间距3m均设一层水平安全网，架体外围竖向需要挂设安全密目网。

(15) 脚手架基础必须平整夯实，具有足够的承载力和稳定性，立杆下必须放置垫座和通板，有畅通的排水设施。

(16) 搭、拆架子时必须设置物料提上、吊下设施，严禁抛掷。

(17) 脚手架作业面外立面设挡脚板加两道护身栏杆，挂满立网。

(18) 架子搭设完后，要经有关人员验收，填写验收合格单后方可投入使用。

(19) 遇五级(含)以上大风、雪、雾、雷雨等特殊天气应停止架子作业，雨雪天气后作业时必须采取防滑措施。

(20) 脚手架必须与建筑物拉结牢固，需安设防雷装置，接地电阻不得大于4Ω。

(21) 扣件应采用锻铸铁制作的扣件，其材质应符合现行国家标准《钢管脚手架扣件》(GB 15831—2006)的规定，采用其他材料制作的扣件，应有试验证明其质量符合该材料规定方可使用。搭设和验收必须符合JGJ 130—2011《建筑施工扣件式钢管脚手架安全技术规范》。

技术负责人：	交底人：	接交人：

问题：支模架搭设中扫地杆起什么作用？

解析

目前在工程中采用扣件式钢管搭设外脚手架及模板承重架时，有的施工现场往往缺少纵横扫地杆的搭设，这给使用埋下了很大的安全隐患。

根据压杆稳定理论，压杆的临界力为 $P_k = \pi^2 EJ/(\mu L)^2$，而对于无扫地杆支模架的杆端约束情况，假定是一端固定、一端自由及一端固定和一端铰支之间的一种约束，则长度系数 μ 为 $0.7 \sim 2$。根据有关资料，μ 取 1.35，相当长度为 $1.35L$，有扫地杆支模架的杆端，约束情况为一端固定一端铰支，μ 取 0.7，相当长度为 $0.7L$，这样

$$P_无 : P_有 = 1/1.35^2 : 1/0.7^2 = 0.27$$

$$P_无 = 0.27 P_有$$

这表明无扫地杆的杆件临界力是有扫地杆的杆件临界力的 0.27 倍，立杆的承载力大大降低。因此，底层立杆的稳定性直接影响着整个支架的稳定性。

规范的立杆计算公式中是按构造要求设置扫地杆的情况下进行计算的，无扫地杆的支架不能采用规范中的计算公式进行计算，否则其结果是错误的，在工程实际施工中扫地杆的搭设必须引起高度重视。

1.2.4 脚手架验收

特别提示

脚手架搭设完成后，应由施工单位组织自检，如果发现问题要及时整改。自检合格后，项目部施工员和安全员向监理工程师申请报验，由监理工程师组织相关人员进行检查和验收，验收合格后，脚手架方可使用。脚手架验收需要填写相关表格(参见表 1-5 和表 1-6)，并备案待查。对于高大支模架和特殊架体(如螺旋楼梯支模架)，必须严格按照设计、论证、确定方案、照方案操作、组织专项验收的程序进行。

表 1-5 落地式脚手架搭设技术要求和验收

施工单位：　　　　　　　　　工程名称：　　　　　　　　　验收部位：

序号	验收项目	技术要求	验收结果
1	立杆基础	基础平整夯实、硬化，落地立杆垂直稳放在混凝土地坪、混凝土预制块、金属底座上，并设纵横向扫地杆。外侧设置 20cm×20cm 的排水沟，并在外侧设宽 80cm 以上的混凝土路面	
2	架体与建筑物拉结	脚手架与建筑物采用刚性拉结，按水平方向不大于 7m，垂直方向不大于 4m 设一拉结点，转角 1m 内和顶部 80cm 内加密	

（续）

序号	验收项目	技术要求	验收结果
3	立杆间距与剪刀撑	脚手架底部高度不大于 2m，其余不大于 1.8m，立杆纵距不大于 1.8m，横距不大于 1.5m。如搭设高度超过 25m 须采用双立杆或缩小间距；如超过 50m 应进行专门设计计算。脚手架外侧从端头开始，按水平距离不大于 9m，角度在 45°～60°上下左右连续设置剪刀撑，并延伸到顶部在横杆以上	
4	脚手板与防护栏杆	25m 以下脚手架：顶层、底层、操作层及操作层上、下层必须满铺，中间至少满铺一层；25m 以上架子应层层满铺；脚手片应横向铺设，且用不细于 18# 铅丝双股并联 4 点绑扎；脚手架外侧应用标准密目网全封闭，用不细于 18# 的铅丝双股并联，绑扎在外立杆内侧；脚手架从第二步起须在 1.2m 和 30cm 高处设同质材料的防护栏杆和踢脚杆，脚手架内侧如遇门、窗洞也应设防护栏杆和踢脚杆。脚手架外立杆高于檐口 1～1.5m	
5	杆件搭接	立杆必须采用对接（顶排立杆可以搭接），大横杆可以对接或搭接，剪刀撑和其他杆件采用搭接。大横杆搭接长度不小于 40cm，并不少于两只扣件紧固，相邻杆件的接头必须错开一个挡距，同一平面上的接头不得超过总数的 50%，小横杆两端伸出立杆净长度不小于 10cm	
6	架体内封闭	当内立杆距墙大于 20cm 时应铺设站人片，施工层及以下每隔 3 步和底排内立杆与建筑物之间应用密目网或其他措施进行水平封闭。	
7	脚手架材质	钢管应选用外径 48mm，壁厚 3、5mm 的 A3 钢管，无锈蚀、裂纹、弯曲变形，扣件应符合标准要求	
8	通道	脚手架外侧应设来回之字形斜道，坡度不大于 1∶3，宽度不小于 1m，转角处平台面积不小于 3m²。立杆应单独设置，不能借用脚手架外立杆，并在 1.3m 和 30cm 高处分别设防护栏和踢脚杆，外侧应设剪刀撑，并用合格的密目网封闭，脚手片横向铺设，并每隔 30cm 左右设防滑条，外架与各楼层之间设置进出口	
9	卸料平台	吊物卸料平台和进架卸料平台应单独设计计算，编制搭设方案，有单独的支撑系统；平台采用 4cm 以上木板铺设，并设防滑条，临边设 1.2m 防护栏和 30cm 踢脚杆，四周采用密目式安全网封闭；卸料平台应设置限载牌，吊物卸料平台须用型钢作支撑	
验收结论意见		验收人员	项目经理： 安全员： 架子搭设负责人： 有关人员： 日期：　　年　　月　　日

表 1-6 悬挑式脚手架搭设技术要求和验收

施工单位：　　　　　　　　工程名称：　　　　　　　　验收部位：

序号	验收项目	技术要求	验收结果
1	悬挑梁及架体稳定	悬挑梁或悬挑架制作及安装必须符合设计要求；挑架立杆与悬挑型钢必须连接牢固，防止滑移；架体与建筑物必须刚性拉结，按水平不大于 7m，垂直等于层高设置，在转角 1m 处增设拉结点	
2	脚手板	脚手片应层层满铺，用不细于 18# 的铅丝双股并联 4 点绑扎，不得破损，不得留有空隙，不得有探头板	
3	荷载	施工荷载应均匀，不超过 3.0kN/m²	
4	杆件间距	步距不得大于 1.8m，横向立杆间距不大于 1m，纵向间距不大于 1.5m	
5	架体防护	挑架外侧必须用密目安全网全封闭维护，并用不细于 18# 铅丝绑扎牢固、严密，挑架与建筑物间距大于 20cm 应铺设站人片，挑梁外侧应设置 1.2m 高栏杆和 30cm 高踢脚杆，内侧遇门窗洞也应设置防护栏杆和踢脚杆	
6	层间防护	挑架作业层与底层应用密目网或其他措施进行分段封闭式防护	
7	脚手架材质	钢管、扣件、型钢、脚手板应符合要求	
验收结论意见			验收人员

验收人员栏：
项目经理：
安全员：
架子搭设负责人：
有关人员：
日期：　　年　　月　　日

 **布置学习任务**

以项目部为单位，查阅资料并将成果汇总整理做成 PPT，项目部内推荐 1 名学生代表该项目部进行交流演讲。项目部之间互评，教师亦参与成果点评和成绩评定。学生讲述的题目如下。

（1）扣件式钢管脚手架在设计过程中，应该执行哪些规定？

（2）扣件式钢管外脚手架在搭设过程中，应执行哪些规定？

（3）扣件式钢管外脚手架在使用过程中，应执行哪些规定？

（4）扣件式钢管脚手架在拆除过程中，应执行哪些规定？

（5）关于脚手架质量和安全检查验收的规定有哪些？

特别提示

　　本教材可作为学生查阅和学习的资料之一，教师提倡并鼓励项目部全体人员主动学习，查阅更多资料并向有实践经验的外聘教师和师傅请教，以获得更多的信息。项目部所做的PPT如果完全停留在本教材的层面，没有内容的增加或图片的收集，那么本学习任务的成绩将评定为"不合格"。

学习任务1.3　脚手架的相关规定

特别提示

　　脚手架的构架设计的和现场搭设应充分考虑工程的使用要求、实施条件和施工场地的各种不利因素。为此《建筑施工扣件钢管脚手架安全技术规范》、《建筑施工门式钢管脚手架安全技术规范》等均给出了相关规定，以确保脚手架的安全使用。

1.3.1　构架设置规定

1. 构架尺寸规定

（1）双排结构脚手架和装修脚手架的立杆纵距和平杆步距应≤2.0m。

（2）作业层距地（楼）面高度≥2.0m的脚手架，作业层铺板的宽度不应小于外脚手架为750mm，里脚手架为500mm。铺板边缘与墙面的间隙应≤300mm、与挡脚板的间隙应≤100mm。当边侧脚手板不贴靠立杆时，应予可靠固定。

2. 连墙点设置规定

当架高≥6m时，必须设置均匀分布的连墙点，其设置应符合以下规定。

（1）门式钢管脚手架：当架高≤20m时，不小于50m² 一个连墙点，且连墙点的竖向间距应≤6m；当架高＞20m时，不小于30m² 一个连墙点，且连墙点的竖向间距应≤4m。

（2）其他落地（或底支托）式脚手架：当架高≤20m时，不小于40m² 一个连墙点，且连墙点的竖向间距应≤6m；当架高＞20m时，不小于30m² 一个连墙点，且连墙点的竖向间距应≤4m。

（3）脚手架上部未设置连墙点的自由高度不得大于6m。

（4）当设计位置及其附近不能装设连墙件时，应采取其他可行的刚性拉结措施予以弥补。

3. 整体性拉结杆件设置规定

脚手架应根据确保整体稳定和抵抗侧力作用的要求，按以下规定设置剪刀撑或其他有相应作用的整体性拉结杆件。

（1）周边交圈设置的单、双排木、竹脚手架和扣件式钢管脚手架，当架高为6～25m时，应于外侧面的两端和其间按≤15m的中心距并自下而上连续设置剪刀撑；当架高＞25m时，应于外侧面满设剪刀撑。

（2）周边交圈设置的碗扣式钢管脚手架，当架高为9～25m时，应按不小于其外侧面框格总数的 1/5 设置斜杆；当架高＞25m 时，按不小于外侧面框格总数的 1/3 设置斜杆。

（3）门式钢管脚手架的两个侧面均应满设交叉支撑。当架高≤45m 时，水平框架允许间隔一层设置；当架高＞45m 时，每层均满设水平框架。此外，架高≥20m 时，还应每隔 6 层加设一道双面水平加强杆，并与相应的连墙件同高。

（4）"一"字形单、双排脚手架按上述相应要求增加 50% 的设置量。

（5）满堂脚手架应按构架稳定要求，设置适量的竖向和水平整体拉结杆件。

（6）剪刀撑的斜杆与水平面的交角宜为 45°～60°，水平投影宽度应不小于 2 跨或 4m 且不大于 4 跨或 8m。斜杆应与脚手架基本构架杆件加以可靠连接，且斜杆相邻连接点之间杆段的长细比不得大于 60。

（7）在脚手架立杆底端之上 100～300mm 处一律遍设纵向和横向扫地杆，并与立杆连接牢固。

4. 杆件连接构造规定

（1）多立杆式脚手架左右相邻立杆和上下相邻平杆的接头应相互错开并置于不同的构架框格内。

（2）搭接杆件接头长度：扣件式钢管脚手架应≥0.8m；搭接部分的结扎应不少于 2 道，且结扎点间距应≤0.6m。

（3）杆件在结扎处的端头伸出长度应不小于 0.1m。

1.3.2 安全防护规定

特别提示

脚手架必须按以下规定设置安全防护措施，以确保架上作业和作业影响区域内的安全。

（1）作业层距地（楼）面高度≥2.5m 时，在其外侧边缘必须设置挡护高度≥1.1m 的栏杆和挡脚板，且栏杆间的净空高度应≤0.5m。

（2）临街脚手架，架高≥25m 的外脚手架以及在脚手架高空落物影响范围内同时进行其他施工作业或有行人通过的脚手架，应视需要采用外立面全封闭、半封闭或搭设通道防护棚等适宜的防护措施。封闭围护材料应采用密目安全网、塑料编织布、竹笆或其他板材。

（3）架高 9～25m 的外脚手架，除执行规定（1）外，可视需要加设安全立网维护。

（4）挑脚手架、吊篮和悬挂脚手架的外侧面应按防护需要采用立网围护或执行规定（2）。

（5）遇有下列情况时，应按以下要求加设安全网。

① 架高≥9m，未作外侧面封闭、半封闭或立网封护的脚手架，应按以下规定设置首层安全（平）网和层间（平）网。

a. 首层网应在距地面 4m 处设置，悬出宽度应≥3.0m。

b. 层间网自首层网每隔 3 层设一道，悬出高度应≥3.0m。

② 外墙施工作业采用栏杆或立面围护的吊篮，架设高度≤6.0m 的挑脚手架、挂脚手架和附墙升降脚手架时，应于其下 4～6m 起设置两道相隔 3.0m 的随层安全网，其距外墙

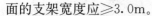

面的支架宽度应≥3.0m。

（6）上下脚手架的梯道、坡道、栈桥、斜梯、爬梯等均应设置扶手、栏杆或其他安全防（围）护措施并清除通道中的障碍，确保人员上下的安全。采用定型的脚手架产品时，其安全防护配件的配备和设置应符合以上要求，当无相应安全防护配件时，应按上述要求增配和设置。

（7）搭设高度限制和卸载规定。脚手架的搭设高度一般不应超过表1-7的限值。当需要搭设超过表1-7规定高度的脚手架时，可采取下述方式及其相应的规定解决。

表1-7 脚手架搭设高度的限值

次序	类别	形式	高度限值/m	备注
1	木脚手架	单排	20	架高≥30m时，立杆纵距≤1.5m
		双排	30	
2	竹脚手架	单排	25	不得搭设
		双排	35	
3	扣件式钢管脚手架	单排	24	
		双排	50	
4	碗扣式钢管脚手架	单排	20	架高≥30m时，立杆纵距≤1.5m
		双排	60	
5	门式钢管脚手架	单排	60	施工总荷载≤3kN/m^2
		双排	45	施工总荷载≤5kN/m^2

① 在架高20m以下采用双立杆。
② 在架高30m以上采用部分卸载措施。
③ 架高50m以上采用分段全部卸载措施。
④ 采用挑、挂、吊形式或附着升降脚手架。

1.3.3 计算规定

建筑施工脚手架，凡有以下情况之一者，必须进行计算或进行1∶1实架段的荷载试验，验算或检验合格后方可进行搭设和使用。

（1）架高≥20m，且相应脚手架安全技术规范没有给出不必计算的构架尺寸规定。

（2）实际使用的施工荷载值和作业层数大于以下规定。

① 结构脚手架施工荷载的标准值取3kN/m^2，允许不超过2层同时作业。

② 装修脚手架施工荷载的标准值取2kN/m^2，允许不超过3层同时作业。

（3）全部或局部脚手架的形式、尺寸、荷载或受力状态有显著变化。

（4）作支撑和承重用途的脚手架。

（5）吊篮、悬吊脚手架、挑脚手架和挂脚手架。

（6）特种脚手架。

（7）尚未制定规范的新型脚手架。

（8）其他无可靠安全依据搭设的脚手架。

1.3.4 杆配件规定

脚手架的杆件、连接件、其他配件和脚手板必须符合以下质量要求，不合格者禁止使用。

1. 脚手架杆件

钢管采用镀锌焊管，钢管的端部切口应平整。禁止使用有明显变形、裂纹和严重锈蚀的钢管。使用普通焊管时，应内外涂刷防锈层并定期复涂以保持其完好。

2. 脚手架连接件

应使用与钢管管径相配的、符合我国现行标准的可锻铸铁扣件。使用铸钢和合金钢扣件时，其性能应符合相应可锻铸铁扣件的规定指标要求。严禁使用加工不合格、锈蚀和有裂纹的扣件。

3. 脚手架配件

（1）加工应符合产品的设计要求。

（2）确保与脚手架主体构架杆件可靠连接。

4. 脚手板

（1）各种定型冲压钢脚手板、焊接钢脚手板、钢框镶板脚手板，以及自行加工的各种形式金属脚手板，自重均不宜超过 0.3kN，性能应符合设计使用要求，且表面应具有防滑、防积水构造。

（2）使用大块铺面板材（如胶合板、竹笆板等）时，应进行设计和验算，确保满足承载和防滑要求。

1.3.5 搭设规定

（1）搭设场地应平整、夯实，并设置排水措施。

（2）立于地面之上的立杆底部应加设宽度≥200mm、厚度≥50mm 的垫木、垫板或其他刚性垫块，每根立杆的支垫面积应符合设计要求且不得小于 0.15m²。

（3）底端埋入土中的木立杆，其埋置深度不得小于 500mm，且应在坑底加垫后填土夯实。使用期较长时，埋入部分应作防腐处理。

（4）在搭设之前，必须对进场的脚手架杆配件进行严格地检查，禁止使用规格和质量不合格的杆配件。

（5）脚手架的搭设作业必须在统一指挥下，严格按照以下规定程序进行。

① 按施工设计放线、铺垫板、设置底座或标定立杆位置。

② 周边脚手架应从一个角部开始并向两边延伸交圈搭设；"一"字形脚手架应从一端开始并向另一端延伸搭设。

③ 应按定位依次竖起立杆，将立杆与纵、横向扫地杆连接固定，然后装设第 1 步的纵向和横向平杆，校正立杆垂直度之后予以固定，并按此要求继续向上搭设。

④ 在设置第一排连墙件前，"一"字形脚手架应设置必要数量的抛撑，以确保构架稳定和架上作业人员的安全。边长≥20m 的周边脚手架，亦应适量设置抛撑。

⑤ 剪刀撑、斜杆等整体拉结杆件和连墙件应随搭升的架子一起及时设置。

⑥ 脚手架处于顶层连墙点之上的自由高度不得大于 6m。当作业层高出其下连墙件 2 步或 4m 以上，且其上无连墙件时，应采取适当的临时撑拉措施。

⑦ 脚手板或其他作业层铺板的铺设应符合以下规定。

a. 脚手板或其他铺板应铺平、铺稳，必要时应予绑扎固定。

b. 脚手板采用对接平铺时，在对接处，与其下两侧支撑横杆的距离应控制在 100～200mm 之间；采用挂扣式定型脚手板时，其两端挂扣必须可靠地接触支撑横杆并与其扣紧。

c. 脚手板采用搭设铺放时，其搭接长度不得小于 200mm，且应在搭接段的中部设有支撑横杆。铺板严禁出现端头超出支撑横杆 250mm 以上未做固定的探头板。

d. 长脚手板采用纵向铺设时，其下支撑横杆的间距不得大于：竹串片脚手板为 0.75m；木脚手板为 1.0m；冲压钢脚手板和钢框组合脚手板为 1.5m(挂扣式定型脚手板除外)。纵铺脚手板应按以下规定部位与其下支撑横杆绑扎固定：脚手架的两端和拐角处，沿板长方向每隔 15～20m 处，坡道的两端，以及其他可能发生滑动和翘起的部位。

e. 采用以下板材铺设架面时，其下支撑杆件的间距不得大于：竹笆板为 400mm，七夹板为 500mm。

⑧ 当脚手架下部采用双立杆时，主立杆应沿其竖轴线搭设到顶，辅立杆与主立杆之间的中心距不得大于 200mm，且主、辅立杆必须与相交的全部平杆进行可靠连接。

⑨ 用于支、托、挑、吊、挂脚手架的悬挑梁、架必须与支撑结构可靠连接，其悬臂端应有适当的架设起拱量。同一层各挑梁、架上表面之间的水平误差应不大于 20mm，且应视需要在其间设置整体拉结构件，以保持整体稳定。

⑩ 装设连墙件或其他撑拉杆件时，应注意掌握撑拉的松紧程度，避免引起杆件和架体的显著变形。

⑪ 工人在架上进行搭设作业时，作业面上宜铺设必要数量的脚手板并临时固定。工人必须戴安全帽和佩挂安全带。不得单人进行装设较重杆配件和其他易发生失衡、脱手、碰撞、滑跌等事故的不安全作业。

⑫ 在搭设中不得随意改变构架设计、减少杆配件设置或对立杆纵距作≥100mm 的构架尺寸放大。确有实际情况，需要对构架作调整和改变时，应提交或请示技术主管人员解决。

1.3.6 质量检查验收规定

1. 脚手架的验收标准

(1) 构架结构符合前述的规定和设计要求，个别部位的尺寸变化应在允许的调整范围之内。

(2) 节点连接可靠。其中扣件的拧紧程度应控制扭力距达到 40～60N·m；碗扣应盖扣牢固(将上碗扣拧紧)；8 号钢丝十字交叉扎点应拧 1.5～2 圈后箍紧，不得有明显扭伤，且钢丝在扎点外露的长度应≥80mm。

(3) 钢脚手架立杆的垂直度偏差应≤1/300，且应同时控制其最大垂直偏差值：当架高≤20m 时不大于 50mm；当架高>20m 时不大于 75mm。

(4) 纵向钢平杆的水平偏差应≤1/250，且全架长的水平偏差值应不大于 50mm。木、竹脚手架的搭接平杆按全长的上皮走向线(即各杆上皮线的折中位置)检查，其水平偏差应控制在2倍钢平杆的允许范围内。

（5）作业层铺板、安全防护措施等均应符合前述要求。

2. 脚手架的日常检查验收

（1）搭设完毕后。

（2）连续使用达到6个月。

（3）施工中途停止使用超过15天，在重新使用之前。

（4）在遭受暴风、大雨、大雪、地震等强力因素作用之后。

（5）在使用过程中，发现存在显著的变形、沉降、杆件拆除和拉结不够等安全隐患时。

1.3.7 使用规定

（1）作业层每1m²架面上实际的施工荷载（人员、材料和机具重量）不得超过以下的规定值或施工设计值；施工荷载（作业层上人员、器具、材料的重量）的标准值：结构脚手架取3kN/m²；装修脚手架取2kN/m²；吊篮、桥式脚手架等工具式脚手架按实际值取用，但不得低于1kN/m²。

（2）在架板上堆放的标准砖不得多于单排立码3层；砂浆和容器总重不得大于1.5kN；施工设备单重不得大于1kN；使用人力在架上搬运和安装的构件的自重不得大于2.5kN。

（3）在架面上设置的材料应码放整齐、稳固，不得影响施工操作和人员通行。按通行手推车要求搭设的脚手架应确保车道畅通。严禁上架人员在架面上奔跑、退行或倒退拉车。

（4）作业人员在架上的最大作业高度应以可进行正常操作为限，禁止在架板上加垫器物或单块脚手板以增加操作高度。

（5）在作业中，禁止随意拆除脚手架的基本构架杆件、整体性杆件、连接紧固件和连墙件。确因操作要求需要临时拆除时，必须经主管人员同意，采取相应弥补措施，并在作业完毕后及时予以恢复。

（6）工人在架上作业中应注意自我安全保护和他人的安全，避免发生碰撞、闪失和落物。严禁在架上嬉闹和坐在栏杆上等不安全处休息。

（7）人员上下脚手架必须走设安全防护的出入通（梯）道，严禁攀援脚手架。

（8）每班工人上架作业时，应先行检查有无影响安全作业的问题存在，在排除和解决后方可作业。在作业中发现有不安全的情况和迹象时，应立即停止作业进行检查，解决以后才能恢复正常作业。发现有异常或危险情况时，应立即通知所有架上人员撤离。

（9）在每步架的作业完成之后，必须将架上剩余材料物品移至上（下）步架或室内；每日收工前应清理架面，将架面上的材料物品堆放整齐，垃圾清运出去；在作业期间，应及时清理落入安全网内的材料和物品；在任何情况下，严禁自架上向下抛掷材料物品和倾倒垃圾。

1.3.8 拆除规定

脚手架的拆除作业应按确定的拆除程序进行。连墙件应在位于其上的全部可拆杆件都拆除之后才能拆除。在拆除过程中，凡已松开连接的杆配件应及时拆除运走，避免误扶和误靠已松脱连接的杆件。拆下的杆配件应以安全的方式运出和吊下，严禁向下抛掷。在拆

除过程中，应做好配合、协调动作，禁止单人进行拆除较重杆件等危险性的作业。

1.3.9　支模架和特种脚手架规定

1. 模板支撑架

使用脚手架杆配件搭设模板支撑架和其他重载架时，应遵守以下规定。

（1）使用门式钢管脚手架构配件搭设模板支撑架和其他重载架时，数值≥5kN集中荷载的作用点应避开门架横梁中部1/3架宽范围，或采用加设斜撑、双榀门架重叠交错布置等可靠措施。

（2）使用扣件式和碗扣式钢管脚手架杆配件搭设模板支撑架和其他重载架时，作用于跨中的集中荷载应不大于以下规定值：相应于0.9m、1.2m、1.5m和1.8m跨度的允许值分别为4.5kN、3.5kN、2.5kN和2kN。

（3）支撑架的构架必须按确保整体稳定的要求设置整体性拉结杆件和其他撑拉、连墙措施。并根据不同的构架、荷载情况和控制变形的要求，给横杆以适当的起拱量。

（4）支撑架高度的调节宜采用可调底座或可调顶托解决。当采用搭接立杆时，其旋转扣件应按总抗滑承载力不小于2倍设计荷载设置，且不得少于2道。

（5）配合垂直运输设施设置的多层转运平台架应按实际使用荷载设计，严格控制立杆间距，并单独建构和设置连墙、撑拉措施，禁止与脚手架的杆件连接和共用。

（6）当模板支撑架和其他重载架设置上有人作业面时，应按前述规定设置安全防护。

2. 特种脚手架

凡不能按一般要求搭设的高耸、大悬挑、曲线形和提升等特种脚手架，应遵守下列规定。

（1）特种脚手架只有在满足以下各项规定要求时，才能按所需高度和形式进行搭设。

① 按确保承载可靠和使用安全的要求，经过严格的设计计算，在设计时必须考虑风荷载的作用。

② 有确保达到构架要求质量的可靠措施。

③ 脚手架的基础或支撑结构物必须具有足够的承受能力。

④ 有严格确保安全使用的实施措施和规定。

（2）在特种脚手架中用于挂扣、张紧、固定、升降的机具和专用加工件必须完好无损并无故障，且应有适量的备用品，在使用前和使用中应加强检查，以确保其工作安全可靠。

1.3.10　脚手架对基础的要求

良好的脚手架底座和基础、地基对于脚手架的安全极为重要，在搭设脚手架时，必须加设底座、垫木（板）或基础，并做好对地基的处理。

1. 一般要求

（1）脚手架地基应平整、夯实。

（2）脚手架的钢立柱不能直接立于土地面上，应加设底座和垫板（或垫木），垫板（木）厚度不小于50mm。

（3）遇有坑槽时，立杆应下到槽底或在槽上加设底梁（一般可用枕木或型钢梁）。

（4）脚手架地基应有可靠的排水措施，防止积水浸泡地基。

（5）脚手架旁有开挖的沟槽时，应控制外立杆距沟槽边的距离：当架高在 30m 以内时，不小于 1.5m；架高为 30～50m 时，不小于 2.0m；架高在 50m 以上时，不小于 2.5m。当不能满足上述距离时，应核算土坡承受脚手架的能力，不足时可加设挡土墙或其他可靠支护，避免槽壁坍塌危及脚手架安全。

（6）位于通道处的脚手架底部垫木（板）应低于其两侧地面，并在其上加设盖板，避免扰动。

2．一般作法

（1）30m 以下的脚手架，其内立杆大多处在基坑回填土之上。回填土必须严格分层夯实。垫木宜采用长 2.0～2.5m、宽不小于 200mm、厚 50～60mm 的木板，垂直于墙面放置（用长 4.0m 左右的木板平行于墙放置亦可），在脚手架外侧挖一浅排水沟排除雨水，如图 1.14 所示。

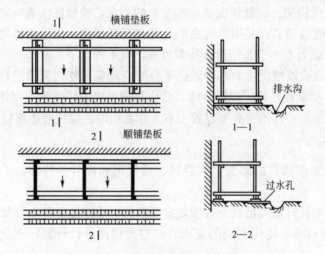

图 1.14　普通脚手架基底作法

（2）架高超过 30m 的高层脚手架的基础作法如下。

① 采用道木支垫。

② 在地基上加铺 20cm 厚道渣后，铺混凝土预制块或硅酸盐砌块，在其上沿纵向铺放 12～16 号槽钢，使脚手架立杆坐于槽钢上。

③ 若脚手架地基为回填土，应按规定分层夯实，达到密实度要求，并自地面以下 1m 深改作三七灰土。

学习任务 1.4　扣件式钢管脚手架设计

特别提示

为了确保脚手架搭设能够满足承载要求，并能够在一定周期内安全使用，脚手架在搭设前必须经过计算方可确定杆件规格、立杆间距、横杆步距、扣件数量、构造连接等。

1.4.1 合理选用材料

1. φ48 钢管

脚手架钢管应采用现行国家标准《直缝电焊钢管》(GB/T 13793—2008)或《低压流体输送用焊接钢管》(GB/T 3091—2008)中规定的 Q235 - A 级普通钢管,钢管的尺寸应按表 1-8 采用。每根钢管的最大质量不应大于 25kg,宜采用 48mm×3.5mm 的钢管,便于工人安装与搬运。实际上在市场购买不到 48mm×3.5mm 的钢管,通常钢管壁厚为 2.8~3.2mm,甚至小于 2.8mm,因此在使用和设计计算时应按实际钢管壁厚进行考虑,否则将会引发重大安全事故。钢管截面特性值见表 1-9。

表 1-8　脚手架钢管尺寸

截面尺寸/mm		最大长度/mm	
外径 $\phi(d)$	壁厚 t	横向水平杆	其他杆
48	3.5	2200	6500
51	3.0		

表 1-9　钢管截面特性

外径 $\phi(d)$ /mm	壁厚 t	截面积 A/mm^2	惯性矩 I/mm^4	截面模量 W/cm^3	回转半径 i/cm	每米长质量 /kg/m
48	3.5	4.89	12.19	5.08	1.58	3.84
48	3.0	4.24	10.78	4.79	1.59	3.31
48	2.8	3.98	10.20	4.25	1.60	3.10
51	3.0	4.52	13.08	5.13	1.70	3.55

使用钢管的尺寸及表面质量应符合《建筑施工扣件式钢管脚手架安全技术规范》(JGJ 130—2011)的规定。

2. 扣件

扣件式钢管脚手架应采用可锻铸铁制作的扣件,其材质应符合现行国家标准《钢管脚手架扣件》(GB 15831—2006)的规定。但是目前市场上购买的扣件质量存在较多问题,甚至有的工地抽检到的扣件合格率为零,这是十分严重的问题。因此,施工企业在购买扣件时必须购买质量合格的扣件,不合格扣件严禁使用,因为不合格的扣件将引发重大安全事故。在现场的扣件,重复使用时也应进行检查。凡是存在螺栓拧紧力矩达不到规范要求的,不准使用。规范规定螺栓拧紧力矩达 65N·m 时,不得发生破坏。每个扣件的质量为 1.5kg。

3. 脚手板

(1)脚手板可采用钢、木、竹材料制作,为了施工方便和现场搬运,每块质量不宜大于 30kg。

(2)冲压钢脚手板的材质应符合现行国家标准《碳素结构钢》(GB/T 700—2006)中 Q235 - A 级钢的规定,其质量与尺寸允许偏差应符合规范要求。木脚手板的材质应符合现行国家标准《木结构设计规范》(GB 50005—2003)中Ⅱ级材质的规定。脚手板厚度不应小于 50mm,在现场铺设时,其两端应各设直径为 4mm 的镀锌钢丝箍两道。现在大多数工地采用竹脚手板,因为竹脚手板重量较轻、又能防滑,竹脚手板宜采用由毛竹或楠竹制作的竹串片板或竹笆板。

4. 连墙件

连墙件包括预埋钢板、ϕ48 钢管和连接螺栓等,其钢材一般采用碳素结构钢 Q235 - A级钢。

1.4.2 进行荷载取值与荷载组合

1. 荷载分类

1)恒荷载

(1)脚手架结构自重,包括立杆、纵向水平杆、横向水平杆、剪刀撑、横向斜撑和扣件等的自重。

(2)构配件自重,包括脚手板、栏杆、挡脚板、安全网等防护设施的自重。

2)活荷载

(1)施工荷载,包括作业层上的人员、器具和材料的自重。

(2)风荷载。

3)荷载标准值

(1)钢管自重标准值见表 1-9,扣件自重按每个 1.5kg 计算。每米立杆承受的结构自重标准值见表 1-10。

(2)冲压钢脚手板、木脚手板与竹串片脚手板自重标准值见表 1-11,栏杆与挡脚板自重标准值见表 1-12。

表 1-10 ϕ48×3.5 钢管脚手架每米立杆承受的结构自重标准值 g_K(kN/m)

步距/m	脚手架类型	纵距/m				
		1.2	1.5	1.8	2.0	2.1
1.20	单排	0.1581	0.1723	0.1865	0.1958	0.2004
	双排	0.1489	0.1611	0.1734	0.1815	0.1856
1.35	单排	0.1473	0.1601	0.1732	0.1818	0.1861
	双排	0.1379	0.1491	0.1601	0.1674	0.1711
1.50	单排	0.1384	0.1505	0.1626	0.1706	0.1746
	双排	0.1291	0.1394	0.1495	0.1562	0.1596
1.80	单排	0.1253	0.1360	0.1467	0.1539	0.1575
	双排	0.1161	0.1248	0.1337	0.1395	0.1424
2.00	单排	0.1195	0.1298	0.1405	0.1471	0.1504
	双排	0.1094	0.1176	0.1259	0.1312	0.1338

表 1－11　脚手板自重标准值

类别	标准值/(kN/m²)	类别	标准值/(kN/m²)
冲压钢脚手板	0.3	木脚手板	0.35
竹串片脚手板	0.35	—	—

表 1－12　栏杆、挡脚板自重标准值

类别	标准值/(kN/m²)	类别	标准值/(kN/m²)
栏杆、冲压钢挡脚板	0.11	栏杆、木挡脚板	0.14
栏杆、竹串片挡脚板	0.14		

（3）装修与结构脚手架作业层上的施工均布活荷载标准值，见表 1－13。

表 1－13　施工均布活荷载标准值

类别	标准值/(kN/m²)	类别	标准值/(kN/m²)
装修脚手架	2	结构脚手架	3

注：斜道均布活荷载标准值不应低于 2kN/m²。

（4）作用于脚手架上的水平风荷载标准值，应按下式计算

$$\omega_k = 0.7\mu_z \cdot \mu_s \cdot \omega_o \tag{1-1}$$

式中：ω_k——风荷载标准值，kN/m²；

μ_z——风压高度变化系数，按现行国家标准《建筑结构荷载规范》（GB 50009—2001)的规定采用；

μ_s——风荷载体型系数(表 1－14)；

ω_o——基本风压，kN/m²。

表 1－14　脚手架的风荷载体型系数 μ_s

背景建筑物的状况		全封闭墙	敞开、框架和开洞口
脚手架状况	全封闭、半封闭	1.0φ	1.3φ
	敞开	μ_s	

注：φ 为挡风系数，见表 1－15。

表 1－15　敞开式单、双排扣件式钢管(ϕ48×3.5)脚手架的挡风系数 φ 值

步距/m	纵距/m			
	1.2	1.5	1.8	2.0
1.2	0.115	0.105	0.099	0.097
1.35	0.110	0.100	0.093	0.091
1.5	0.105	0.095	0.089	0.087
1.8	0.099	0.089	0.083	0.080
2.0	0.096	0.086	0.080	0.077

注：当采用 ϕ51×3 钢管时，表中系数乘以 1.06。

（5）脚手架自重、脚手架防护材料自重及施工均布荷载产生的立柱轴心力标准值分别见表1-16、表1-17和表1-18。

表1-16　脚手板自重产生的立柱轴心力标准值 N_{Q1k} (kN)

排距 L_b/m	柱距 L/m	脚手板层数		
		2	4	6
1.05	1.2	0.486	0.972	1.458
	1.5	0.608	1.215	1.853
	1.8	0.729	1.458	2.187
	2.0	0.810	1.620	2.430
1.03	1.2	0.576	1.152	1.728
	1.5	0.720	1.440	2.160
	1.8	0.864	1.728	2.592
	2.0	0.960	1.920	2.880
1.55	1.2	0.666	1.332	1.998
	1.5	0.833	1.665	2.498
	1.8	0.999	1.998	2.997
	2.0	1.110	2.220	3.330

注：表中数值根据一层脚手板自重 $Q_P = 0.3\text{kN/m}^2$，$N_{Q1K} = 0.5(L_b + 0.3) \cdot L \sum Q_P$ 计算。

表1-17　敞开式脚手架防护材料自重产生的立柱轴心力标准值 N_{Q2k} (kN)

柱距 L/m			
1.2	1.5	1.8	2.0
0.182	0.228	0.273	0.304

注：表中数值根据栏杆二道，采用 $\phi48 \times 3.5$ 钢管，冲压钢管脚手板挡板计算。

表1-18　施工均布荷载产生的立柱轴心力标准值 N_{Q3k} (kN)

排距 L_b/m	柱距 L/m	施工均布荷载数值/(kN/m²)				
		1.0	2.0	3.0	4.0	5.0
1.05	1.2	0.81	1.62	2.43	3.24	4.05
	1.5	1.02	2.03	3.04	4.05	5.07
	1.8	1.22	2.43	3.65	4.86	6.08
	2.0	1.35	2.70	4.05	5.40	6.75
1.03	1.2	0.96	1.92	2.88	3.84	4.80
	1.5	1.20	2.40	3.60	4.80	6.00
	1.8	1.44	2.88	4.32	5.76	7.20
	2.0	1.60	3.20	4.80	6.40	8.00
1.55	1.2	1.11	2.22	3.33	4.44	5.55
	1.5	1.39	2.78	4.17	5.55	6.94
	1.8	1.67	3.33	5.00	6.66	8.33
	2.0	1.85	3.70	5.55	7.40	9.25

注：① 表中 $W_{Q3K} = 0.5(L_b + 0.3) \cdot L \cdot Q_K$，$Q_K$ 为施工均布荷载标准值。

② 表4-16～表4-18摘自参考文献。

2. 荷载效应组合

外脚手架设计计算时，应根据使用过程中可能出现的荷载，取其最不利组合进行计算，荷载效应组合宜按表 1-19 采用。

表 1-19 荷载效应组合

计算项目	荷载效应组合
纵向、横向水平杆强度与变形	永久荷载＋施工均布活荷载
脚手架立杆稳定	永久荷载＋施工均布活荷载
	永久荷载＋0.85（施工均布活荷载＋风荷载）
连墙件承载力	单排架，风荷载＋3.0kN
	双排架，风荷载＋5.0kN

JGJ 130—2011 指出在基本风压等于或小于 $0.35kN/m^2$ 的地区，对于仅有栏杆和挡脚板的敞开式脚手架，当每个连墙点覆盖的面积不大于 $30m^2$，构造符合 JGJ 130—2011 第 6.4 节规定时，验算脚手架立杆的稳定性，可不考虑风荷载作用。鉴于在立杆稳定性计算中，底部立杆轴向力最大，起到控制作用，在风荷载为 $0.35kN/m^2$ 时，风荷载产生的附加应力值小于设计强度的 5％，故 JGJ 130—2011 提出可以忽略风荷载计算。但是高层外脚手架，特别是超高层的风荷载较大，应考虑风荷载。风的方向性还应考虑风由下向上的作用。当采用钢丝绳斜拉的方案时，悬挑型钢有向上之力，因此还应采用钢丝绳向下斜拉，如图 1.15 所示。

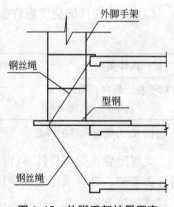

图 1.15 外脚手架抗风固定

1.4.3 正确选择计算方法和相关参数

1. 计算内容

(1) 纵向、横向水平杆等受弯构件的强度和连接扣件的抗滑承载力计算，包括验算变形。

(2) 立杆的稳定性计算。

(3) 连墙件的强度、稳定性和连接强度的计算。

(4) 立杆地基承载力计算。

2. 荷载分项系数

计算构件的强度、稳定性与连接强度时，应采用荷载效应基本组合的设计值。恒荷载分项系数应取 1.2，活荷载分项系数应取 1.4。

3. 参数

(1) 钢材的强度设计值与弹性模量见表 1-20。

表 1－20　钢材的强度设计值与弹性模量（N/mm²）

Q235 钢抗拉、抗压和抗弯强度设计值 f	205
弹性模量 E	$2.06×10^5$

（2）扣件、底座的承载力设计值见表 1－21。

表 1－21　扣件、底座的承载力设计值（kN）

项目	承载力设计值	项目	承载力设计值
对接扣件（抗滑）	3.20	底座（抗压）	40.00
直角扣件、旋转扣件（抗滑）	8.00（双扣件取 12kN）	—	—

注：① 扣件螺栓拧紧力矩值不应小于 40N·m，且不应大于 65N·m。
　　② 由于目前扣件质量难以保证，扣件抗滑封锁能力取 5kN 比较可靠。
　　③ 双扣件的抗滑封锁能力应取单扣件的 1.5 倍。

（3）受弯构件的挠度容许值见表 1－22。

表 1－22　受弯构件的容许挠度

构件类别	容许挠度 [v]	构件类别	容许挠度 [v]
脚手板、纵向、横向水平杆	$L/150$ 与 10mm	悬挑受弯构件	$L/400$

注：L 为受弯构件的跨度。

此规定悬挑受弯杆件容许挠度 $L/400$ 比较严格（旧规范为 $L/250$），如悬挑 16 号槽钢的外脚手架，计算求得强度满足规范要求，而且比较富余，但挠度超出 $L/400$，必须改为钢丝绳斜拉方案，为了节省成本，可采用间隔钢丝绳斜拉方案。

（4）受压、受拉构件的长细比容许值见表 1－23。

表 1－23　受压、受拉构件的容许长细比

构件类别		容许长细比 λ
立杆	双排架	210
	单排架	230
横向斜撑、剪刀撑中的压杆		250
拉杆		350

注：计算 λ 时，立杆的计算长度按 JGJ 130—2011 中式 5.3.3 计算，K 值取 1.00，本表中其他杆件的计算长度 L_0 按 $L_0 = uL = 1.27L$ 计算。

（5）规范 JGJ 130—2011 中第 5.1.5 条指出 50m 以下的常用敞开式单、双排脚手架，当采用 JGJ 130—2011 中第 6.1.1 条规定的构造尺寸，且符合 JGJ 130—2011 中表 5.1.7 注、第 6 章构造规定时，其相应杆件可不再进行设计计算。但连墙件、立杆地基承载力等仍应根据实际荷载进行设计计算。施工现场在具体操作时，并不能按此实施，因为规范提出的约束条件较多，现场各种因素比较复杂。当外脚手架高度在 25～50m 时，采取如下

外脚手架搭设方案。

① 上段25m高采用单钢管立杆，其余下段采用双钢管立杆。

② 下段25m高外脚手架采用单钢管立杆，其余上段采用型钢外挑加钢丝绳卸荷方案。大量工程实践证明加钢丝绳比较可靠安全。

1.4.4　梳理计算过程

1. 水平钢管抗弯强度的计算

$$\sigma = M/W \leqslant f \tag{1-2}$$

式中：M——弯矩设计值；

　　　W——截面模量，应按表1-9查取；

　　　f——钢材的抗弯强度设计值，应按表1-20查取。

有的外脚手架采用钢管斜挑方案，图1.16中水平钢管 ACE，节点 C 有弯矩，而且承受水平拉力，则式(1-2)应改为

$$\sigma = M/W + N/A \tag{1-3}$$

式中：N——拉力设计值；

　　　A——钢管的截面积。

2. 纵向、横向水平杆弯矩设计值的计算

$$M = 1.2M_{Ck} + 1.4\sum M_{Qk} \tag{1-4}$$

式中：M_{Ck}——脚手板自重标准值产生的弯矩；

　　　M_{Qk}——施工荷载标准值产生的弯矩。

（1）计算跨度。计算跨度取值，纵向水平杆取立杆纵距，横向水平杆取立杆横距，便于计算，也偏于安全。

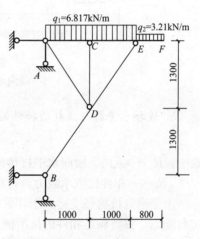

图1.16　外脚手架钢管斜挑方案

（2）内力计算不考虑扣件的弹性嵌固作用，将扣件在节点处抗转动约束的有利作用作为安全储备。这是因为影响扣件抗转动约束的因素比较复杂，如扣件螺栓拧紧扭力矩大小、杆件的线刚度等。根据目前所做的一些试验结果，提出作为计算定量的数据尚有困难。

（3）纵向、横向水平杆自重与脚手板自重相比甚小，在具体计算中，可忽略不计。

（4）为保证安全、可靠，纵、横向水平杆的内力(弯矩、支座反力)应按不利荷载组合计算。有关纵、横向水平杆在不利荷载组合下的内力计算方法参见文献《建筑结构静力计算手册》。

（5）横向水平杆计算简图中，规定外伸长度不超过500mm，这是根据我国施工工地的实际情况确定的。

3. 纵向、横向水平杆的挠度

$$v \leqslant [v] \tag{1-5}$$

式中：v——挠度；

　　　$[v]$——容许挠度，应符合表1-22的要求。

4. 计算纵向、横向水平杆的内力与挠度

纵向水平杆按 3 跨连续梁计算，计算跨度取纵距 L_a；横向水平杆宜按简支梁计算，计算跨度 L_o 可按图 1.17 所示尺寸计。双排脚手架的横向水平杆的构造外伸长度 $a=500\text{mm}$ 时，其计算外伸长度 a_1 可取 300mm。图 1.17 的横向水平杆计算跨度，适用于施工荷载由纵向水平杆传下的集中荷载，注意应按实际情况计算。

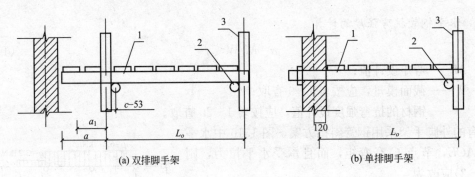

图 1.17 外脚手架示意图

1—横向水平杆；2—纵向水平杆；3—立杆

5. 连接水平杆与立杆的扣件的抗滑承载力

$$R \leqslant R_c \tag{1-6}$$

式中：R——纵向、横向水平杆传给立杆的竖向作用力设计值；

R_c——扣件抗滑承载力设计值，见表 1-21。

由于钢管抗剪强度远大于扣件的抗滑承载力设计值(8.0kN)，故不必验算钢管的杆件抗剪能力，只要满足扣件的抗滑能力，钢管的抗剪能力就一定满足。当所传递的荷载超过扣件的抗滑承载力时，立杆扣件所承受的最大荷载，应按其荷载传递方式经计算或查文献《建筑结构静力计算手册》确定。

6. 立杆计算

试验表明，脚手架的承载能力由稳定条件控制，失稳时的临界应力一般低于 100N/mm^2，因此，外脚手架设计计算应强调外脚手架的整体稳定性和每一根钢管的单肢局部稳定性。

整体失稳时，脚手架呈现出内、外立杆与横向水平杆组成的横向框架沿垂直主体结构方向大波鼓曲的现象，波长均大于步距，并与连墙件的竖向间距有关。整体失稳始于无连墙件的、横向刚度较差或初弯曲较大的横向框架。一般情况下，整体失稳是脚手架的主要破坏形式。

局部失稳时，立杆在步距之间发生小波鼓曲，波长与步距相近，内、外立杆变形方向可能一致，也可能不一致。

(1) 外脚手架整体稳定性计算按《钢结构设计规范》(GB 50017—2003)进行。

现用实例说明计算过程。某高层建筑高 50m 的外脚手架，层高 3200mm，每层步距取 1800mm 和 1400mm，平均步距 1600mm，立杆纵向取 1500mm，横向为 1050mm，内立杆离墙取 350mm，内外两根立杆组成格构形成受压构件，计算外架整体稳定性。$\phi48\times3.5$ 钢管的参数如下：①自重：$3.84\text{kg/m}=38.4\text{N/m}$；②惯性矩：$I=12.19\text{cm}^4$；③面积：

$A=4.89\text{cm}^2$；④回转半径：$i=1.58\text{cm}$。

内、外两根立杆钢管作为一个计算单元，如图1.18所示，则整体惯性矩为

$$I_x=2\left[I+A\left(\frac{l}{2}\right)^2\right]=2\left[12.19+4.89\times\left(\frac{105}{2}\right)^2\right]=26980(\text{cm}^4)$$

回转半径为

$$i_x=\sqrt{\frac{I_x}{2A}}=\sqrt{\frac{26\,980}{2\times4.89}}=52.5(\text{cm})$$

长细比为

$$\lambda_x=\frac{H}{i_x}=\frac{50\times100}{52.5}=95.2$$

由《钢结构设计规范》(GB 50017—2003)中第5.1.3条给出双肢组合构件公式(5.1.3-2)，求出该计算单元换算长细比

$$\lambda_{ax}=\sqrt{\lambda_x^2+27\frac{A}{A_{lx}}}=\sqrt{95.2^2+27\times\frac{2\times4.89}{4.89}}=95.5<210$$

由《钢结构设计规范》(GB 50017—2003)得，图1.18属于轴向受压构件截面分类的B类，故查《钢结构设计规范》(GB 50017—2003)附录表C-2得$\varphi=0.585$。

前后两根$\phi48\times3.5$钢管，高度为50m，承受荷载为48.6kN，则

$$\frac{N}{\varphi A}=\frac{48.6\times10^3}{0.585\times(2\times4.89\times10^2)}$$
$$=84.9(\text{N/mm}^2)<205\text{N/mm}^2$$

(2) 单肢钢管稳定性计算(规范 JGJ 130—2011)。

外脚手架步高1800mm，按规范 JGJ 130—2011中公式(5.3.3)计算，$K=1.155$，$\mu=1.50$，则

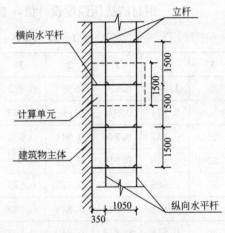

图1.18　外脚手架计算单元

$$l_o=1.155\times1.50\times1800=3119(\text{mm})$$

$$\lambda_1=\frac{3119}{1.58\times10}=197$$

查规范 JGJ 130—2011附录C得

$$\varphi=0.186$$

$$\frac{N}{\varphi A}=\frac{\frac{48.6}{2}\times10^3}{0.186\times4.89\times10^2}=267\text{N/mm}^2>205\text{N/mm}^2$$

由上面计算可知：外脚手架搭设高度为50m，整体稳定性满足规范要求，但单肢钢管局部稳定性不能满足规范 JGJ 130—2011的要求。实际上在制定规范 JGJ 130—2011时，公式(1-11)中的μ值是根据脚手架的整体稳定试验结果确定的，所以按公式(1-7)计算立杆的稳定性满足规范要求，则外脚手架的整体稳定必定满足规范要求。

（3）立杆的稳定性应按下列公式计算。

不组合风荷载时

$$\frac{N}{\varphi A} \leqslant f \qquad (1-7)$$

组合风荷载时

$$\frac{N}{\varphi A} + \frac{M_\omega}{W} \leqslant f \qquad (1-8)$$

式中：N——计算立杆段的轴向力设计值；

φ——轴心受压构件的稳定系数，应根据长细比 λ，见表 1-24；

λ——长细比，$\lambda = L_o/i$；

L_o——计算长度，按公式（1-11）计算；

i——截面回转半径，见表 1-9；

A——立杆的截面面积，见表 1-9；

M_w——计算立杆段由风荷载设计值产生的弯矩，按公式（1-12）计算；

f——钢材的抗压强度设计值，查表 1-20。

表 1-24　Q235-A 钢轴心受压构件稳定系数 φ

λ	0	1	2	3	4	5	6	7	8	9
0	1.000	0.997	0.995	0.992	0.989	0.987	0.984	0.981	0.979	0.976
10	0.974	0.971	0.968	0.966	0.963	0.960	0.958	0.955	0.952	0.949
20	0.947	0.944	0.941	0.938	0.936	0.933	0.930	0.927	0.924	0.921
30	0.918	0.915	0.912	0.909	0.906	0.903	0.899	0.896	0.893	0.889
40	0.886	0.882	0.879	0.875	0.872	0.868	0.864	0.861	0.858	0.855
50	0.852	0.849	0.846	0.843	0.839	0.836	0.832	0.829	0.825	0.822
60	0.818	0.814	0.810	0.806	0.802	0.797	0.793	0.789	0.784	0.779
70	0.775	0.770	0.765	0.760	0.755	0.750	0.744	0.739	0.733	0.728
80	0.722	0.716	0.710	0.704	0.698	0.692	0.686	0.680	0.673	0.667
90	0.661	0.654	0.648	0.641	0.634	0.626	0.618	0.611	0.603	0.595
100	0.588	0.580	0.573	0.566	0.558	0.551	0.544	0.537	0.530	0.523
110	0.516	0.509	0.502	0.496	0.489	0.483	0.476	0.470	0.464	0.458
120	0.452	0.446	0.440	0.434	0.428	0.423	0.417	0.412	0.406	0.401
130	0.396	0.391	0.386	0.381	0.376	0.371	0.367	0.362	0.357	0.353
140	0.349	0.344	0.340	0.336	0.332	0.328	0.324	0.320	0.316	0.312
150	0.308	0.305	0.301	0.298	0.294	0.291	0.287	0.284	0.281	0.277
160	0.274	0.271	0.268	0.265	0.262	0.259	0.256	0.253	0.251	0.248
170	0.245	0.243	0.240	0.237	0.235	0.232	0.230	0.227	0.225	0.223

（续）

λ	0	1	2	3	4	5	6	7	8	9
180	0.220	0.218	0.216	0.214	0.211	0.209	0.207	0.205	0.203	0.201
190	0.199	0.197	0.195	0.193	0.191	0.189	0.188	0.186	0.184	0.182
200	0.180	0.179	0.177	0.175	0.174	0.172	0.171	0.169	0.167	0.166
210	0.164	0.163	0.161	0.160	0.159	0.157	0.156	0.154	0.153	0.152
220	0.150	0.149	0.148	0.146	0.145	0.144	0.143	0.141	0.140	0.139
230	0.138	0.137	0.136	0.135	0.133	0.132	0.131	0.130	0.129	0.128
240	0.127	0.126	0.125	0.124	0.123	0.122	0.121	0.120	0.119	0.118
250	0.117	—	—	—	—	—	—	—	—	—

注：当 $\lambda > 250$ 时，$\varphi = 7320/\lambda^2$。

（4）计算立杆段的轴向力设计值 N，按下列公式计算。

不组合风荷载时

$$N = 1.2(N_{G1K} + N_{G2K}) + 1.4\sum_{QK} \qquad (1-9)$$

组合风荷载时

$$N = 1.2(N_{G1K} + N_{G2K}) + 0.85 \times 1.4\sum N_{QK} \qquad (1-10)$$

式中：N_{G1K}——脚手架结构自重标准值产生的轴向力；

N_{G2K}——构配件自重标准值产生的轴向力；

$\sum N_{QK}$——施工荷载标准值产生的轴向力总和，内、外立杆可按一纵距（跨）内施工荷载总和的 1/2 取值。

（5）立杆计算长度 l_o 按下式计算。

$$l_o = k\mu h \qquad (1-11)$$

式中：k——计算长度附加系数，其取值 1.155；

μ——脚手架整体稳定因素的立杆计算长度系数，见表 1-25；

h——立杆步距。

表 1-25　脚手架立杆的计算长度系数 μ

类别	立杆横距/m	连墙件布置	
		二步三跨	三步二跨
双排架	1.05	1.50	1.70
	1.30	1.55	1.75
	1.55	1.60	1.80
单排架	≤1.50	1.80	2.00

（6）由风荷载设计值产生的立杆段弯矩 M_ω 按下式计算。

$$M_\omega = 0.85 \times 1.4 M_{\omega k} = \frac{0.85 \times 1.4 \omega_k l_a h^2}{10} \qquad (1-12)$$

式中：$M_{\omega k}$——风荷载标准值产生的弯矩；

ω_k——风荷载标准值，按式(1-1)计算；

l_a——立杆纵距。

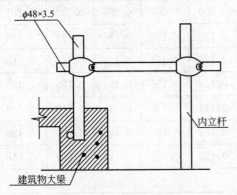

图 1.19　脚手架附墙连接

7. 连墙件计算

外脚手架附墙应采用刚性连接，不得采用钢筋等柔性附墙连接，常用连墙方式如图 1.19 与图 1.20 所示。

连墙件的强度、稳定性和连接强度应按现行国家标准《冷弯薄壁型钢结构技术规范》(GB 50018—2002)、《钢结构设计规范》(GB 50017—2003)、《混凝土结构设计规范》(GB 50010—2010)等的规定计算。

(1) 连墙件的轴向力设计值应按下式计算。

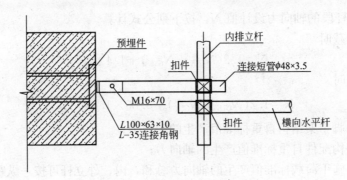

图 1.20　外脚手架附墙连接大样

$$N_l = N_{l\omega} + N_o \tag{1-13}$$

式中：N_l——连墙件轴向力设计值，kN；

$N_{l\omega}$——风荷载产生的连墙件轴向力设计值，按式(1-14)计算；

N_o——连墙件约束脚手架平面外变形所产生的轴向力(kN)，单排架取 3，双排架取 5。

(2) 扣件连墙件的连接扣件应满足表 1-21 中的抗滑承载力值。

(3) 螺栓、焊接连墙件与预埋件的设计承载力应大于扣件抗滑承载力设计值 Rc。由风荷载产生的连墙件的轴向力设计值 $N_{l\omega}$ 按下式计算。

$$N_{l\omega} = 1.4\omega_K A_\omega \tag{1-14}$$

式中：A_ω——每个连墙件的覆盖面积内脚手架外侧面的迎风面积。

8. 立杆地基承载力计算

由于立杆钢管横截面很小，故立杆不能直接支撑在地基土中，特别是软弱地基和未夯实的回填土上，通常采用如下措施。

(1) 地面硬化：将表面土层夯实后用 C15 混凝土作垫层(厚 100mm)，立杆支撑在混凝土板上，又兼作排水的作用。

(2) 用蛙式夯机夯实土层后，上铺厚 50mm 的木板，在木板上支撑钢管立杆。

立杆基础底面的平均压力应满足下式的要求

$$p \leqslant f_g \tag{1-15}$$

式中：p——立杆基础底面的平均压力，$p = N/A$；

　　N——上部结构传至基础顶面的轴向力设计值；

　　A——基础底面面积，如木板的面积；

　　f_g——地基承载力设计值。

由于基坑开挖回填，无地质报告资料可查，一般按经验估计，根据回填夯实情况，地基承载力取值为 $50 \sim 80 \text{kPa}$。如果采用硬化地面效果较好，不必计算，如采用木板作垫板，则应验算地基承载力。

如外脚手架支撑在楼面上，一般应支撑在大梁上，如果外架搭设高度较高，立杆传来荷载较大，则应对模板进行验算。

1.4.5　应用案例：扣件钢管脚手架横杆计算

脚手架的水平杆可分为大横杆和小横杆，大横杆沿脚手架纵向布设，小横杆沿脚手架横向布设。

工程选用 $\phi 48 \times 3.5$ 钢管搭设外脚手架，立杆的纵距取 1.5m，立杆的横距为 1.05m，内立杆离墙距离为 250mm，小横杆伸出外立杆 100mm。施工荷载为 3.0kN/m^2，脚手板为 $1.5 \text{m} \times 1.0 \text{m}$ 的竹片脚手板。

1. 荷载与材料参数

① 钢管 $\phi 48 \times 3.5$ 自重：$g = 3.84 \text{kg/m}$。

② 惯性矩：$I = 12.19 \text{ cm}^4$。

③ 截面模量：$W = 5.08 \text{cm}^3$。

④ 抗弯强度：$f = 205 \text{N/mm}^2$。

⑤ 弹性模量：$E = 2.06 \times 10^5 \text{N/mm}^2$。

⑥ 竹片脚手板自重：0.35kN/m^2。

⑦ 施工荷载：3.0kN/m^2。

2. 计算

外脚手架布设如图 1.21 所示，由于竹片脚手板刚度较小，在内外两根大横杆之间又

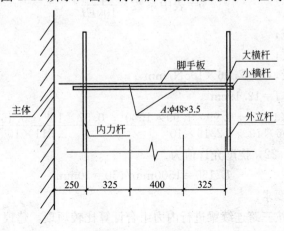

图 1.21　外脚手架布设

布设两根 $\phi 48 \times 3.5$ 钢管，大横杆放在小横杆上面。力传递方向为：施工荷载→脚手板→A杆→小横杆→立杆。

纵向水平杆（A杆）的承载荷载如下。

① 钢管自重：0.0384kN/m。

② 脚手板自重。

$$0.35 \times \frac{0.4 + 0.325}{2} = 0.128(\text{kN/m})$$

$$0.0384 + 0.128 = 0.1664(\text{kN/m})$$

$$3.0 \times \frac{0.4 + 0.325}{2} = 1.090(\text{kN/m})$$

③ 施工荷载。

1）纵向水平杆计算

$$q_1 = 1.2 \times 0.1664 = 0.2(\text{kN/m})$$

$$q_2 = 1.4 \times 0.19 = 1.53(\text{kN/m})$$

纵向水平杆可按3跨连续梁进行强度与挠度计算，内力系数可查文献《建筑结构静力计算手册》中的表3-2。梁的跨度与立杆间距相同，即 $L = 1.5\text{m}$，可求出纵向水平杆的最大跨中弯矩 $M_中$ 和支座弯矩 $M_支$。

$$M_中 = 0.08 \times 0.2 \times 1.5^2 + 0.101 \times 1.53 \times 1.5^2 = 0.036 + 0.348 = 0.384(\text{kN} \cdot \text{m})$$

$$M_支 = 0.1 \times 0.2 \times 1.5^2 + 0.117 \times 1.53 \times 1.5^2 = 0.045 + 0.403 = 0.448(\text{kN} \cdot \text{m})$$

计算时取大值 $M = 0.448\text{kN} \cdot \text{m}$。

按公式（1-2）计算钢管的应力

$$\sigma = \frac{M}{W} = \frac{0.448 \times 10^6}{5.08} = 88.2(\text{N/mm}^2) < 205\text{N/mm}^2$$

由计算可知，强度满足规范要求。

在挠度计算时，荷载只取标准值，故不乘荷载分项系数，则

$$q_1^0 = 0.1664\text{kN/m} = 0.1664\text{N/mm}$$

$$q_2^0 = 1.09\text{kN/m} = 1.09\text{N/mm}$$

挠度计算同样查文献《建筑结构静力计算手册》中的表3-2，有

$$v = 表中系数 \times \frac{ql^4}{100EI}$$

式中：q——均布荷载；

L——计算长度；

E——弹性模量，$E = 2.06 \times 10^5 \text{N/mm}^2$；

I——惯性矩，$I = 12.19\text{cm}^4$。

$$v = \frac{0.667 \times 0.1664 \times 1500^4 + 0.99 \times 1.99 \times 1500^4}{100 \times 2.06 \times 10^5 \times 12.19 \times 10^4} = \frac{0.57 \times 10^{12} + 5.463 \times 10^2}{2.511 \times 10^{12}} = 2.40(\text{mm})$$

挠度应满足表1-22，挠度允许值为

$$L/150 = 1500\text{mm}/150 = 10\text{mm}$$

故挠度满足规范要求。

上述纵向水平杆按三跨连续梁进行内力组合计算比较烦琐，建议施工现场按简支梁计算比较简便。

$$q=q_1=q_2=0.2+1.533=1.733(\text{kN/m})$$

$$M=\frac{1}{8}ql^2=1.733\times1.5^2/8=0.487(\text{kN}\cdot\text{m})$$

$$q^0=q_1^0+q_2^0=0.1664+1.09=1.2564(\text{N/mm})$$

$$v=\frac{5ql^4}{384EI}=\frac{5\times1.2564\times1500^4}{384\times2.06\times10^5\times12.19\times10^4}=\frac{31.8\times10^{12}}{9.64\times10^{12}}=3.30(\text{mm})$$

其计算结果与 3 跨连续梁内力组合计算基本相近。

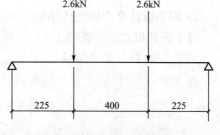

图 1.22　小横杆计算简图

2）小横杆计算

（1）强度计算。纵向大横杆通过扣件将力传至立杆，故小横杆可不计大横杆，小横杆只承载两个纵向附加杆传来的荷载，计算简图如图 1.22 所示。

$$p=q_1\times l+q_2\times l=0.2\times1.5+1.53\times1.5$$
$$=0.3+2.3=2.6\text{kN}$$

$$M=0.325\times p=0.325\times2.6=0.845(\text{kN/m})$$

$$\sigma=\frac{M}{W}=\frac{0.845\times10^6}{5.08\times10^3}=166\text{N/mm}^2<205\text{N/mm}^2$$

（2）挠度计算。

$$q^0=q_1^0l+q_2^0l=0.1664\times1.5+1.09\times1.5=0.25+1.64=1.89\text{kN}$$

查文献中《建筑结构静力计算手册》表 2-3 挠度计算公式

$$v=\frac{pal^2}{24EI}\left(3-4\frac{q^2}{l^2}\right)=\frac{1.89\times10^5\times325\times1050^2}{24\times2.06\times10^5\times12.19\times10^4}\times\left(3-4\times\frac{325^2}{1050^2}\right)=2.94(\text{mm})$$

允许挠度 1050mm/150=7mm。

所以小横杆强度与挠度满足规范要求。

（3）扣件抗弯能力计算。

① 小横杆承载受力面积：$1.5\times(1.05+0.25+0.1)=2.1(\text{m}^2)$

② 钢管自重：$0.0384\times(1.05+0.25+0.1)/2=0.03(\text{kN})$

③ 脚手片：$0.35\times2.1/2=0.37(\text{kN})$

④ 活载：$3.0\times2.1/2=3.15(\text{kN})$

⑤ 扣件抗弯力：$1.2\times(0.03+0.37)+1.4\times3.15=4.89(\text{kN})<8\text{kN}(5\text{kN})$

特别提示

括号内的值为现场控制之值，因为扣件质量难以达到规范之值，为了确保安全施工，建议采取较为保守的措施。

1.4.6　应用案例Ⅱ：落地式扣件钢管外脚手架设计

1. 脚手架搭设概况

某工程落地脚手架高 30m，采用扣件、钢管 $\phi48\times3.5$ 搭设，立杆纵距 1.5m，横距 1.05m，步高 1.8m，连墙为两步三跨，即 $L_v=1.8\times2=3.6\text{m}$，$L_H=3\times1.5=4.5\text{m}$，外

脚手架连墙采用如图 1.19 所示的方案。脚手板铺设 6 层。本工程地处沿海，风荷载按 $\omega_o=0.6\text{kN/m}^2$ 计。在市郊地区地面粗糙系数按 B 类考虑。

2. 荷载

1）脚手架钢管自重产生立柱轴心力 N_{G1k}

步距 1.8m，纵距 1.5m，查表 1-10 得 $g_k=0.1248\text{kN/m}$

$$N_{G1k}=0.124\times8\times30=3.744(\text{kN})$$

2）脚手板自重产生立柱轴心力 N_{G2k1}

脚手板铺设 6 层，查表 1-16，可得 $N_{G2k1}=1.823\text{kN}$

3）防护材料自重产生轴心力 N_{G2k2}

查表 1-17，再加上安全网荷载（5N/m^2）得

$$N_{G2k2}=0.228\text{kN}+5\text{N/m}^2\times1.5\text{m}\times30\text{m}=0.453\text{kN}$$

$$N_{G2K}=N_{G2k1}+N_{G2k2}=1.823+0.453=2.276(\text{kN})$$

4）施工荷载产生立柱轴心力 N_{Qk}

查表 1-18 得 $N_{Qk}=5.07\text{kN}$。

5）风荷计算

本工程在沿海地区，风荷载按 $\omega_0=0.6\text{kN/m}^2$ 计算，在城市郊区地面粗糙系数按 B 类计，步距 1.8m，纵距 1.5m，$\mu_z=1.0$，查表 1-15 得 $\varphi=0.089$，查表 1-14 得 $\mu_s=1.3\varphi=0.116$。

按公式（1-1）计算

$$\omega_k=0.7\times1.0\times0.116\times0.6\text{kN/m}^2=0.049\text{kN/m}^2$$

迎风面宽为立柱间距 1.5m，按公式（1-12）计算

$$M_K=\frac{0.85\times1.4\times0.049\text{kN/m}^2\times1.5\text{m}\times1.8^2}{10}=0.028\text{kN}\cdot\text{m}$$

3. 稳定性计算

1）立杆长细比

立杆计算长度按公式（1-11）得 $k=1.155$。

两步三跨查表 1-25 得 $\mu=1.5$，$h=1.8\text{m}$，钢管 $\phi48\times3.5$，$i=1.58\text{cm}$

$$l_o=1.155\times1.5\times1.8=3.119(\text{m})$$

$$\lambda=l_o/i=311.9/1.58=197.4$$

查表 1-24 得：$\varphi=0.185$。

2）无风状态

按公式（1-9）计算

$$N=1.2\times(N_{G1K}+N_{G1K})+1.4N_{QK}=1.2\times(3.744+2.276)+1.4\times5.07$$

$$=7.224+7.098=14.322(\text{kN})$$

按公式（1-7）计算

$$\frac{N}{\varphi A}=\frac{14.322\times10^3}{0.185\times489}=158.3\text{N/mm}^2<205\text{N/mm}^2$$

3) 有风状态

按公式(1-10)计算

$N = 1.2 \times (N_{G1K} + N_{G2K}) + 0.85 \times 1.4 N_{QK} = 1.2(3.744 + 2.276) + 0.85 \times 1.4 \times 5.07$

$= 7.171 + 6.033 = 13.204 (kN)$

按公式(1-8)计算立杆稳定性

$$\frac{N}{\varphi A} + \frac{M_\omega}{W} = \frac{13.204 \times 10^3}{0.185 \times 489} + \frac{0.028 \times 10^6}{5.08 \times 10^3} = 146 + 5.5 = 151.5 N/mm^2 < 205 N/mm^2$$

4. 计算

外脚手架附墙连杆主要受风荷作用,可按中心受压构件计算,计算长度按内立杆至附墙节点之间的长度,一般约为500～800mm。

1) 风荷计算

本工程地处沿海地区,基本风压取 $\omega_o = 0.6 kN/m^2$。在市近郊,地面粗糙系数按B类。风压高度变化系数,在高30m处,查《建筑结构荷载规范》(GB 50009—2001), $\mu_z = 1.42$。体型系数查表1-14,得 $\mu_s = 1.39$,步距1.8m,纵距1.5m,查表1-12,得 $\varphi = 0.089$,则 $\mu_s = 1.3 \times 0.089 = 0.12$。由公式(1-1)可得

$$\omega_K = 0.7 \mu_v \mu_s \omega_o$$
$$= 0.7 \times 1.42 \times 0.12 \times 0.6 = 0.072 (kN/m^2)$$

附墙间距竖向方向 $L_v = 3.6m$,水平方向 $L_H = 4.5m$

则受风面积为 $S = 3.6 \times 4.5 = 16.2 (m^2)$

附墙连杆受风力 $N_{1\omega} = \omega_k \cdot S = 0.072 \times 16.2 = 1.17 (kN)$

按公式(1-13),得

$$N_L = 1.17 + 5 = 6.17 (kN)$$

2) 连墙杆稳定性计算

节点采用如图1.19所示的方式,连墙杆采用 $\phi 48 \times 3.5$ 钢管,长 $L = 600mm$,由于连墙杆与外脚手架扣件连接,故连墙杆两端作为铰接节点,计算长度 L_o 按下式计算

$$L_o = L \times 2 = 600 \times 2 = 1200 (mm)$$
$$\lambda = L_o / i = 1200 / 15.8 = 76$$

查表1-24,可得

$$\varphi = 0.744$$
$$\frac{N}{\varphi A} = \frac{6.17 \times 10^3}{0.744 \times 489} = 17 N/mm^2 < 205 N/mm^2$$

计算表明 $\phi 48 \times 3.5$ 钢管强度与稳定性非常富余,一般不必计算。

3) 扣件抗滑验算

由表1-20可知,扣件抗滑能力为8kN。

$$N = 6.17 kN < 8 kN$$

故风荷载在30m高度,扣件抗滑能力满足规范要求,当外脚手架搭设高度较高时就不能满足,就应该采取相应措施。

5. 立杆落地地基承载力计算

外脚手架立杆落在夯实土上,地基承载能力达到150kPa,立杆与土层之间垫木为

$500mm \times 500mm \times 20mm$，立杆承载荷重 $N=14.322kN$，立杆底面平均压力

$$p=\frac{N}{A}=\frac{14.322\times10^3}{0.5\times0.5}=57.3kN/m^2<0.4\times150kPa=60kN/m^2$$

计算表明立杆落地地基承载力满足要求。

 布置学习任务

以项目部为单位，查阅资料并将成果汇总整理做成 PPT，项目部内推荐 1 名同学代表该项目部进行交流演讲。项目部之间互评，教师亦参与成果点评和成绩评定。学生讲述的题目如下。

（1）扣件式钢管外脚手架施工方案（5 层住宅楼总高度 23m）。

（2）扣件式钢管支模架施工方案（满堂搭设 3m 高，长宽为 $51m\times12m$，中间设后浇带）。

（3）碗扣式支模架施工方案（满堂搭设 3m 高，长宽为 $51m\times12m$，中间设后浇带）。

（4）"工"字钢管外挑梁脚手架施工方案（15 层办公楼总高度 50m）。

学习任务 1.5　编制脚手架施工方案

 特别提示

在建筑施工中，脚手架工程占有特别重要的地位。所以各种脚手架在搭设前要编制专项施工方案用来指导施工。施工单位编制的方案还要经过技术负责人和监理工程师等审批后方可实施。高大的支模架还需要经过专家论证通过，才可以用来指导现场操作。

1.5.1　关于脚手架的规范、标准和规程

脚手架施工方案的编制应查阅下列资料。

（1）《建筑施工安全检查标准》（JGJ 59—1999）。

（2）《建筑施工扣件式钢管脚手架安全技术规范》（JGJ 130—2011）。

（3）《建筑施工门式钢管脚手架安全技术规范》（JGJ 128—2010）。

（4）《安全网》（GB 5725—2009）。

（5）《建筑机械使用安全技术规程》（JGJ 33—2001）。

（6）《施工现场临时用电安全技术规范（附条文说明）》（JGJ 46—2005）。

（7）《建筑施工高处作业安全技术规范》（JGJ 80—1991）。

（8）《建筑施工现场环境与卫生标准》（JGJ 146—2004）。

（9）其他现行标准、规范。

问题 1：什么是国标，什么是推荐国标，为什么会有这两种规范？

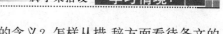

问题2：如何理解规范中强制性条文和一般条文的含义？怎样从措 辞方面看待条文的严肃程度？

解析

（1）各类标准所要求的等级和严格性是有区别的，一般情况下，国家标准是最低的且必须达到的标准。行业标准的要求比国家标准要求得高，国家推荐标准是推荐选用的，通常也比国家标准要求得更高一些。

① GB：国家标准。

② GB/T：国家推荐标准。

③ JGJ：建筑行业标准。

④ 50010、50105：标准编号。

⑤ 2002、2001：制定年份。

（2）我国现行国家标准、规范和规程并未明确定性为"强制性"，而是对具体条款使用了表示严格程度不同的用语。例如表示很严格、非这样不可的正面用词是"必须"，反面用词是"严禁"；表示严格、在正常情况均应这样做的是"宜"或"可"，反面词则使用"不宜"；对表示允许稍有选择，在条件许可首先应这样做的是"宜"或"可"，反面词则为"不宜"。

1.5.2　确定编制原则

（1）对脚手架的构造方案、尺寸以及控制误差作出明确的要求。

（2）对脚手架杆件与配件的质量和允许缺陷作出明确的规定。

（3）应明确连墙点的连接方式、布置间距和对架体或墙面拉结点的加固要求，以及个别部位不能设置时的弥补措施。

（4）应明确安全网及其他防（围）护措施的设置要求。

（5）应明确脚手架地基或其他支撑物的技术要求和处理措施。

1.5.3　做出编写提纲

脚手架施工方案的编制应满足施工要求，并确保脚手架的使用安全，主要内容见表1-26。

表1-26　脚手架施工方案的编制内容

序号	项目	内容
1	工程概况	（1）包括建筑物层数、总高度以及结构形式，并注明非标准层和标准层的层高，以及拟搭设脚手架的类型、总高度 （2）说明该脚手架是用于结构施工还是装修施工

（续）

序号	项目	内容
2	施工条件	（1）脚手架搭设位置的地基情况，是搭在回填土上还是搭在混凝土上 （2）材料来源，即是自有还是外租，以便查询生产厂家的资质情况 （3）标准件的堆放场地是在施工现场还是其他场地，周围要设围护设施并由专人管理，以便于施工调度
3	施工准备	（1）施工单位必须是具有相应资质（包括安全生产许可证）的法人单位 （2）所有架子工必须具备《特种作业操作证》，接受进场三级安全教育并签发考核合格证 （3）架子工的数量要和工程相匹配，根据工程施工的进度提供脚手架搭设的具体进度计划，并提出杆配件、安全网等进场计划表
4	组织机构	（1）成立脚手架搭设管理小组，包括施工负责人、技术负责人、安全总监、搭设班组负责人等，小组成员既要分工明确，又要做到统一协调 （2）项目部对架子工的数量要提出要求并登记造册
5	主要施工方法	（1）明确地基的处理方法，如采用回填土要取样进行承载力试验 （2）脚手架的选型包括：双排或者单排，周圈封闭式或开口式。局部位置处理，脚手架连墙件拉结点如需留下预埋件或在墙上预留孔洞，需在方案中说明并标出相应位置 （3）因施工条件限制，需同时搭设几种架子时，如外墙采用挂架，阳台部位采用的是挑架时，要提前安排好进度、工艺等 （4）材料配件的垂直运输方式，是采用塔吊还是其他设备
6	脚手架构造	（1）说明脚手架高度、长度、立杆步距、立杆纵距、立杆横距、剪刀撑设置位置及角度 （2）连墙件要根据规范要求进行布设，若因建筑结构原因不能按规范尺寸拉结时，要采取相应措施并进行计算
7	施工工艺	（1）根据建筑施工场地的具体情况和脚手架参数制定工艺流程，如基础做法、立杆底部处理等，并制定架子搭设的顺序 （2）脚手架使用的注意事项 （3）脚手架的安全防护 （4）脚手架的拆除顺序
8	施工计算	（1）荷载计算 （2）立杆稳定计算 （3）横向水平杆挠度计算 （4）纵向水平杆抗弯强度计算 （5）扣件抗滑承载力验算 （6）地基承载力验算 （7）穿墙螺栓受力验算（外挂架）
9	质量措施	技术质量合格证措施
10	安全措施	包括作业面的防（围）护、整架和作业区域（涉及的空间环境）的防（围）护，搭设、移动（升降）和拆除的安全措施以及脚手架使用安全措施

1.5.4 应用案例：编制脚手架施工方案

1. 工程概况

某高层建筑位于江滨中路与航标路相交的东南角，紧邻上陡门路。地下 2 层，地上层数分别为 29、27、25、18×2 层，框架结构。建筑面积为 66612m²，建筑物总高度为 100.52m，建筑物的平面呈"～"形分布，总长度将近 160m。

外脚手架设计布置概况如下。

(1) 本工程建筑外立面设计变化多，且多为钢筋混凝土墙，工期紧，外脚手架既要保证施工及安全的要求，又要符合市文明标准化工地的标准。

(2) 本工程 4 层楼面以下采用双排落地钢管扣件式脚手架，4 层以上采用槽钢作悬挑梁的悬挑脚手架，每段搭设高度为 4 层，共 11.8m，循序按施工要求搭设，共分 6 段悬挑架。

(3) 悬挑架必须有足够的承载能力和稳定性，施工过程中的各种荷载不得超过结构的容许荷载，以确保安全。

(4) 脚手架必须满足施工需要，保证施工人员临边作业安全，防止人员或材料从架上掉落，达到安全围护作用。

(5) 严格按《建筑施工扣件式钢管脚手架安全技术规范》(JGJ 130—2011)及《建筑施工安全检查标准》(JGJ 59—1999)实施。

2. 材料

(1) $\phi 48 \times 3.5$ 钢管(Q235 钢)。

(2) $\phi 14$ 钢筋吊环与 $\phi 18$ 钢筋拉环(Q235 钢)。

(3) $\phi 14$ 钢丝绳(抗拉强度 1850N/mm²)。

(4) 18 号铅丝。

(5) 扣件。

材料进场后应进行严格检查。

1) 新钢管应符合下列规定

(1) 应有产品质量合格证。

(2) 应有质量检查报告，钢管材质检查方法应符合现行国家标准《金属材料室温拉伸试验方法》(GB/T 228—2002)的有关规定，质量应符合规范 JGJ 130—2011 第 3.1.1 条的规定。

(3) 钢管表面应平直光滑，不应有裂缝、结疤、分层、错位、硬弯、毛刺、压痕和深的划道。

(4) 钢管外径、壁厚、端面等的偏差，应分别符合规范 JGJ 130—2011 表 8.1.5 的规定。

(5) 钢管必须涂有防锈漆。

2) 旧钢管应符合下列规定

(1) 表面锈蚀深度应符合规范 JGJ 130—2011 表 8.1.5 序号 3 的规定。锈蚀检查应每年一次。检查时，应在锈蚀严重的钢管中抽取 3 根，在每根锈蚀严重的部位横向截断取样检查，当锈蚀深度超过规定值时不得使用。

(2) 钢管弯曲变形应符合规范 JGJ 130—2011 表 8.1.5 序号 4 的规定。

3）扣件应符合下列规定

（1）新扣件应有生产许可证、法定检测单位的测试报告和产品质量合格证。当对扣件质量有怀疑时，应按现行国家标准《钢管脚手架扣件》（GB 15831—2006）的规定抽样检测。

（2）旧扣件使用前应进行质量检查，有裂缝、变形的严禁使用，出现滑丝的螺栓必须更换。

（3）新、旧扣件均应进行防锈处理。

脚手架一律采用新毛竹竹笆脚手板或毛竹竹串片脚手板。

3. 脚手架搭设顺序

放样弹线→摆放扫地杆(贴近地面的大横杆)→逐根树立立杆，随即与扫地杆扣紧→安第一步大横杆(与各立杆扣紧)→安第一步小横杆→安第二步大横杆→安第二步小横杆→加设临时斜撑杆(上端与第二大横杆扣紧，在装设两道连墙杆后可拆除)→第三、四步大小横杆→连墙杆→接立杆→加设剪刀撑、铺脚手片、张挂安全网。

4. 落地式脚手架

1）立杆基础

（1）落地架总高度为 15.1m(裙楼 3 层高度)，立杆基础在−2.000m 顶板上，30cm 厚混凝土顶板内配 $\phi16@150\sim\phi14@200$ 双层双向钢筋，经力学计算，有足够强度承担脚手架的荷重，不必另行加固与补强。

（2）立杆基础用细石混凝土找坡，在立杆基础外侧 80cm 设置排水沟。

2）立杆间距

脚手架立杆纵距为 1.5m，横距为 1.0m，立杆与墙体净距为 30cm，脚手架的底部立杆采用不同长度的钢管参差布置，使相邻两根立杆上部接头相互错开，不在同一水平面上，以保证脚手架的整体稳定性。

3）架体与建筑物拉结

（1）脚手架与建筑物水平方向按两步三跨设一刚性拉结点。拉结点的做法是：预埋 400mm 长钢管在混凝土梁内，然后用直角扣件与架体连接。

每层转角处第一根立杆必须拉结，垂直方向按每楼层设一刚性拉结点，所有拉结点按梅花形上下错开设置，顶部按水平方向设刚性拉结点，拉结点保证固定，不移动、变形，并尽量设置在外架大小横杆结点处。

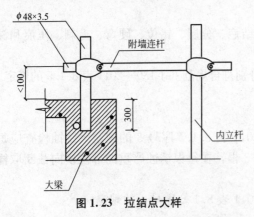

图 1.23　拉结点大样

（2）外墙装饰阶段拉结点也须满足上述要求，确因施工需要除去的拉结点，必须重新补设拉结点，以确保外架安全可靠。

（3）拉结点制作如图 1.23 所示。

4）小横杆设置

（1）外架按立杆与大横杆交点处（即节点）设置小横杆，两端固定在立杆上，以形成空间格构架整体受力。

（2）小横杆设置在大横杆的下方且沿立杆同一方向布置。

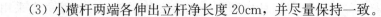

(3) 小横杆两端各伸出立杆净长度 20cm，并尽量保持一致。

5) 剪刀撑

脚手架外侧设置剪刀撑，由脚手架端头开始，按每水平距离 6m 设置一排剪刀撑。剪刀撑钢管与地面成 58°角，自下而上、左右连续贯通设置。剪刀撑在搭设时将一根斜杆扣在立杆上，另外杆节点的距离不宜大于 20cm，最下面的斜杆与立杆的结点离地面为 20cm，以保证外架的稳定性。

6) 脚手板与防护栏杆

(1) 外架层层满铺脚手板。

(2) 满铺脚手板必须顺着墙面铺设（竹脚手片应按其主竹筋垂直于纵向水平杆方向铺设），并满铺到位，不留空位。

(3) 脚手片采用 18# 铅丝双股并联 4 点绑扎，绑扎点选在脚手片的 4 个角部，且绑扎牢固，交接处平整，无探头板。脚手片完好无损，破损的及时更换。

(4) 脚手架外侧采用合格的密封式安全网（颜色为绿色）封闭，且将安全网固定在外立杆里侧，安全网采用 18# 铅丝张挂严密。

(5) 脚手架外侧自第二步起设 1.2m 高钢管防护栏杆不少于 2 道，脚手架内侧形成临边的（如遇大开间门洞等），在脚手架内设 1.2m 高的防护栏杆和 30cm 高的挡脚板。

(6) 裙房脚手架的高度，里立杆低于檐口 50cm，外立杆高于檐口 1.2m。

7) 杆件搭接

(1) 钢管脚手架立杆采用对接，在杆件最后一步接高时，视情况考虑采用搭接。大横杆采用对接和搭接，剪刀撑和其他杆件采用搭接，剪刀撑的搭接长度为 100cm，其他杆件的搭接长度为 100cm，且均不少于 3 只旋转扣件紧固。端部扣件盖板边缘至搭接纵向水平杆杆端的距离应不小于 100mm。

(2) 相邻杆件搭接，对接错开，同一平面上的接头不超过 50%。

8) 架体内封闭

(1) 脚手架的架体里立杆距墙体净距为 30cm，同时每层设置毛竹片，毛竹片设置应平整牢固。

(2) 脚手架施工层里立杆与建筑物之间采用竹脚手板进行封闭。施工层以下每隔 3 步以及底部用密目网进行封闭。

5. 悬挑外脚手架

(1) 悬挑梁采用 Q235 钢，16 号槽钢，钢丝绳直径为 φ14，在楼板或梁上预埋吊环，以便固定槽钢，在上一层梁上预埋 φ18 拉环，以便与槽钢上 φ18 焊接钢筋吊环用钢丝绳连接，吊拉槽钢。

(2) 悬挑外脚手架搭设顺序：槽钢安装→钢丝绳吊挂槽钢→立杆→小横杆→大横杆→脚手板→栏杆→剪刀撑→围护。

(3) 脚手架的构造和搭设要求。

① 外挑架从 3 层结构开始搭设，立杆与建筑物间相距 30cm，立杆横向间距 1m，纵向间距（由于结构柱位置影响）南、北面 1.4m，东、西面 1.45m，每一方向间距一致，步距保持在 1.8m。

② 槽钢在安装立杆位置处焊接无缝管，伸出槽钢 15cm，以固定立杆，如图 1.24 所示。

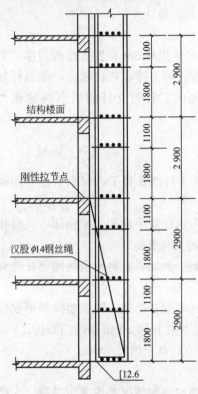

结构楼面

刚性拉节点

汉股 φ14钢丝绳

[12.6

图 1.24 外脚手架搭设

③ 外架转角处无法安装槽钢，立杆受力点采用 φ15.5 钢丝绳双绳上拉以承受上部施工荷载，每根立杆各设一根可用调节螺杆调节的钢丝绳。调节螺杆必须确保 40kN 以上的拉力值。

④ 槽钢安装在混凝土楼板上预埋 2 个 φ14 扣环，间距 1200mm，并用木楔子固定。

⑤ 第一步架必须用安全网毛竹片安全隔离，内立杆与建筑物 0.3m 空隙用定制毛竹片铺设严密，可以有效地阻止物件下落。

⑥ 脚手架立杆采用对接扣件连接，相邻两立杆接头应错开不小于 50cm，且不在同一步距内，纵向水平杆接长用活动扣件连接，搭接不少于 100cm，应等间距设置 3 个旋转扣件固定，且接头不在同一跨内。

⑦ 里立杆距墙 0.3m，小横杆伸出外立杆连接点 0.2m，距离外墙面 0.1m。

⑧ 脚手架纵向两端和转角处，在脚手架外侧每隔 6m（水平距离）左右用斜杆搭成剪刀撑，自上而下循序连续设置。斜杆用长钢管，与脚手架底部成 58°夹角，斜杆用旋转扣件和立杆和小横杆连接。

⑨ 脚手架与墙的间隙必须隔离，用定制毛竹片每一层铺设严密，不得有空头板。

⑩ 防护栏杆、踢脚杆设置高度分别为 1.2m、0.18m，扣件拧紧力矩在 45～55N·m 范围内，不得低于 45N·m 或高于 55N·m。

⑪ 脚手架与墙体的拉结，从 5 层开始每层都要设置，水平方向每隔 3 跨设一点，采用梅花状布置刚性连接，且上下错位，保证拉结得牢固稳定。

⑫ 脚手片须用 18# 铅丝双股并联 4 点绑扎，要求绑扎牢固，交接平整，破损的及时更换。

⑬ 脚手架外侧必须用合格的密目式安全网封闭，且将安全网固定在脚手架外立杆里侧，用 18 号铅丝张挂严密。

⑭ 悬挑槽钢与楼板上钢筋环用木楔固定，φ14 钢筋环与板筋焊接，以保证有足够强度。

⑮ 转角处立杆受力用钢丝绳与 5 层预埋 φ16 钢环连接，用调节螺杆拉紧，使受力传在 5 层预埋钢筋及柱上，夹具必须牢固。

6. 质量标准

1）主控项目

（1）钢管。应有产品质量合格证，钢管表面锈蚀深度不应大于 0.5mm，钢管弯曲变形应符合规范 JGJ 130—2011 表 8.1.5 序号 4 的规定。

（2）扣件。扣件使用前应进行质量检查，有裂缝、变形的严禁使用，出现滑丝的螺栓必须更换；扣件均应进行防锈处理。

(3) 脚手板。

(4) 竹笆脚手板应采用毛竹或楠竹制作。

2) 技术要求与允许偏差

脚手架搭设技术要求与允许偏差按《建筑施工扣件式钢管脚手架安全技术规范》(JGJ 130—2011)中表 8.2.4 要求进行施工。

7. 拆除

(1) 脚手架拆除之前，应全面检查脚手架的扣件连接、连墙件、支撑体系等是否符合构造要求。

(2) 应清除脚手架上的杂物及地面障碍物。

(3) 拆除作业必须由上而下逐层进行，严禁上下同时作业。

(4) 连墙件必须随脚手架逐层拆除，严禁先将连墙件整层或数层拆除后再拆脚手架；分段拆除高差不应大于 2 步，如高差大于 2 步，应增设连墙件加固。

(5) 当脚手架拆至下部最后一根长立杆的高度(约 6.5m)时，应先在适当位置搭设临时抛撑加固后，再拆除连墙件。

(6) 钢丝绳以上所有钢管(包括立杆和横杆)拆除后，方可拆除钢丝绳。

(7) 脚手架拆除过程中，应设专人在警戒区中巡查，严禁外人进入。

8. 安全技术措施

(1) 必须有完善的安全防护措施，按规定设置安全网。安全网间的搭接处用绳连接起来，不得留有间隙，安全网内的杂物必须及时清理。

(2) 搭设脚手架必须由经安全部门培训合格并持证的架子工承担，凡患有高血压、心脏病等疾病的工人不得从事高空作业。

(3) 操作人员必须正确使用个人防护用品，上高空必须系好安全带，工具及零配件要放在工具袋内，穿防滑鞋，严禁酒后作业。

(4) 上架人员不得在架上打闹，严禁从高处抛掷材料和物体。

(5) 靠近电源搭设的脚手架，必须切断电源或将电线迁移。脚手架上如要搭设临时线路必须用绝缘材料保护，由专业电工操作。

(6) 横跨人行道和出入口，应加铺木板和竹笆封闭，以防落物伤人。

(7) 5 级以上大风、雾、暴雨以及夜间照明不足时，不准在脚手架上操作。雨、雾后上架要有防滑措施。

(8) 严禁在脚手架上堆放钢模板、木材等多余的材料，以确保脚手架畅通及防止超载。

(9) 吊运钢管必须用专用保险吊钩，堆放要平稳，并严格控制脚手架上的施工荷载。

(10) 当天完工后，应仔细检查四周情况，发现有隐患的部位，应及时进行修复或继续完成至一个程序、一个部件的结束，方可撤离岗位。

(11) 挑架搭设 3 步后，须进行验收，验收合格后方能交付使用。平时定时加强检查，发现问题及时解决。

(12) 认真执行每周一次的定期检查制度，对发现问题应及时整改，架子班组要做好维修和保养工作。

(13) 脚手架的拆除。

① 拆除脚手架，应设置警戒区，并有专人负责警戒。

② 拆除脚手架前，应将脚手架上的留存材料、杂物等清除干净。

③ 脚手架拆除顺序一般为挡脚板、栏杆、剪刀撑牵杆、横杆、立杆，按自上而下、先装者后拆、后装者先拆、逐步拆除、一步一清的原则进行。不得采用踏步式拆法，不准上下同时作业。

④ 拆下的构件与零配件应按类堆放，严禁高空抛掷。

（14）安全教育。

① 进入施工现场必须戴好安全帽，穿防滑鞋，并正确使用个人劳动保护用品。

② 高处作业不准往下或向上抛扔材料和工具等物件，悬空作业系好安全带。

③ 不准攀登脚手架或井架。严禁乘坐井架吊篮。不得在垂直运输吊具下停留和工作。

④ 非电气人员不准拆装电气和敷设电线。非开机人员严禁启动机械。

⑤ 不准坐靠扶手栏杆和卧睡在脚手架上、屋面和阳台等临边处，严禁站在护栏、建筑物周边或未固定的构件上作业。

⑥ 严禁毁坏或擅自拆除安全设施。不准在易燃易爆地点及场所使用明火或吸烟。

⑦ 作业时不准冒险蛮干或嬉戏打闹。从事施工生产时严禁酒后作业。

⑧ 堆放建筑材料和构件须整齐有序，施工运料要注意文明生产，并做到工完场清。

⑨ 各工种在脚手架上不得堆放任何工具材料及一切浮动的东西，需站在脚手架上施工时，要注意上下的安全措施是否到位，不得盲目施工。

（15）注意事项。

① 杆件的间距和布置按规定进行搭设。

② 立杆的垂直度偏差为架高的 1/200。相邻两根立杆的接头应错开 50cm，并不在同一步架中出现。

③ 大横杆在每一面脚手架范围内的纵向水平差不宜超过一皮砖厚度。同一步架内外两根大横杆的接头应相互错开，不应在同一跨间内存在。在垂直方向相邻的两根大横杆的接头亦应错开，其水平距离大于 50cm。

④ 小横杆用扣件紧固于大横杆上。靠近立杆的小横杆应紧固于立杆上。

⑤ 搭设剪刀撑时将一根斜杆扣在立杆上，另一根斜杆扣在小横杆的伸出部位上，这样可以避免两根斜杆相交时把钢管别弯。

⑥ 脚手架各杆件相交伸出端头均应大于 10cm，以防止杆件滑落。

⑦ 用于连接大横杆的对接扣件，开口应朝向架子内侧，螺栓向上避免滑落。

 布置学习任务

教师组织学生分组调查建筑企业发生安全事故和进行安全管理的实际情况，召开座谈会谈谈安全管理的重要性和安全管理的各项工作。以项目部为单位，收集整理并查阅相关资料后，将成果汇总做成 PPT，项目部内推荐 1 名同学代表该项目部进行交流演讲。项目部之间互评，教师亦参与成果点评和成绩评定。学生讲述的题目如下。

（1）建筑施工企业在项目施工中容易发生哪些安全事故，发生这些事故的主要原因是什么？

（2）通过实际案例，讲述脚手架发生安全事故的原因和防范措施。

（3）建筑企业是如何进行安全管理的？

（4）政府部门（当地建设局、质监站）组织实施的安全检查其意义何在，效果如何？

（5）施工现场存在哪些管理上的薄弱环节？

（6）提出杜绝重大安全事故发生的建设性意见和方法。

学习任务 1.6　实施安全管理和安全教育

1.6.1　事故回放

1. 河南安阳脚手架倒塌事故

安阳某公司信益工程二期项目，正在拆除烟囱脚手架的时候，突然脚手架从 63m 高处倒塌，如图 1.25 所示。结果导致现场施工的 21 人死亡、10 人受伤。

图 1.25　河南安全事故发生现场（一）

脚手架事故现场，原本高达 75m 的脚手架几乎完全倒塌，剩下的不足 20m 高的底部也已经严重扭曲变形，近 50m 长的脚手架的残骸由北向南贯穿两个大型水泥池的两端，到处散落着粘满鲜血的安全帽、工人的鞋子和大片凝固的血块，如图 1.26 所示。

图 1.26　河南安全事故发生现场（二）

在拆除已施工完毕的烟囱井架的前两天，现场小班长要求作业人员松开井架顶部缆风绳的地锚。当作业人员松开了井架顶部西侧缆风绳地锚，东侧缆风绳尚未松开，作业人员又松开北侧缆风绳时，北侧缆风绳迅速滑出，这是造成井架向南倾斜并倒塌的直接原因，发生过程如图1.27所示。

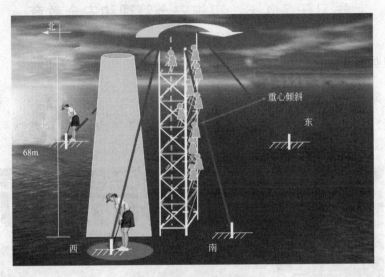

图 1.27　事故发生过程

1）事故直接原因

这次事故发生的直接原因：用来固定脚手架的4根缆风绳中的两根被解开了，造成整体失衡。在拆除施工过程中，工人几乎全部集中在脚手架的南侧向下传递材料，造成重心的倾斜。

施工现场负责人安全意识淡薄、违章指挥，现场施工人员安全防护意识差、违规作业。

根据国家《建筑施工安全生产管理条例》有关规定，进行高空作业时，脚手架等高空附属物，必须严格地保持平衡，只有在施工完全完成后，才能逐步拆除。不难看出，先行拆除保持平衡的绳索属于明显的违规操作，而这一项违规操作是夺取21条年轻生命的直接原因。

2）事故间接原因

（1）使用的施工方案未经监理工程师审批，施工中也未认真按方案组织作业。

（2）拆卸作业前没有进行技术交底，对关键部位也没有进行检查。

（3）施工和监理单位未能履行其相应的职责，项目监理部负责人、监理人员均不在现场，且无专职安全员，现场安全管理混乱。

（4）井架拆除作业的所有人员，均无特殊工种上岗证，安全意识和自我防护意识非常差。

3）事故相关规定

（1）根据国家《建筑施工安全生产管理条例》的规定，高空作业人员必须具备相关的经验，首次进行30m以上的高空作业前，必须进行严格的培训，并且由具备丰富经验的工人陪同进行作业。

（2）建设部（建质［2004］213号）规定，危险性较大的工程，即《建设工程安全生产管理条例》第二十六条所指的七项分部分项工程，应当在施工前单独编制安全专项施工方案。

（3）根据国家《建设工程监理规范》的规定，监理员应履行担任旁站工作，发现问题及时指出，并向专业监理工程师报告。

2. 北京西西工程模板坍塌事故

2005年9月5日，北京市西西工程在建时发生一起模板坍塌事故。事发时现场共有47名工人施工，其中7名工人死亡，22名工人受伤，如图1.28所示。

图1.28　北京安全事故发生现场（一）

混凝土浇筑从9月5日下午5时开始，至晚上10时10分左右，从顶板的中偏西南部分突然发生谷陷式垮塌。

（1）据现场人员描述，当时楼板形成V形下折情况，支架立杆多波弯曲并迅即扭转，随即9-11/B-E轴间的整个预应力空心顶板连同布料机一起垮塌下来，砸落在地下一层顶板上，整个过程只延续了数秒钟。落下的混凝土、钢筋、模板和支架绞缠在一起，形成厚0.5～2m的堆积，如图1.29所示。

图1.29　北京安全事故发生现场（二）

（2）事故发生后，相邻8-9/B-D轴跨的模板、钢筋向中厅下陷，粗大的钢筋从圆形柱子中被拉出1m左右，地下一层顶板局部严重破坏、下沉，其下支架严重变形、歪斜。西南角7-8/B-C轴间支架基本未遭破坏。

很多工人整个身体嵌入混凝土里，脑袋都变形了，无法辨认。钢筋和混凝土已经凝固在一起，钢筋之间的间隔一般只有一个手指宽，所以切割起来非常困难。救援人员拿着风镐无处下手，钻几下就碰到钢筋，需要换用焊枪切割，救援工作极其困难。

1.6.2 支模架事故原因分析

（1）施工现场管理不到位。
（2）模板支撑搭设不规范，如图1.30所示。
（3）钢管和扣件质量低劣，如图1.31所示。

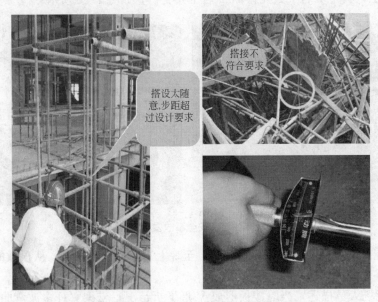

图1.30 事故调查分析（一）

（4）专项方案编制不合理。
（5）不按规定编制模板工程安全专项施工方案和不按施工方案搭设模板支撑体系。
（6）监理单位现场监管不力，对方案编制不审核，对模板支撑体系不验收。
（7）现场施工人员不按支撑体系的构造要求进行搭设，缺少剪刀撑和扫地杆，如图1.31所示，使得支撑体系的整体稳定性无法保证。
（8）不重视模板支撑立杆底部的构造处理，雨季施工地基产生明显的不均匀沉降，导致模板支撑产生较大的次应力，极易发生垮塌。
（9）钢管壁厚达不到规范要求，钢管的平直度较差，一些钢管已明显弯曲等，致使模板支撑承载能力明显降低。

1.6.3 安全管理

1. 安全管理工作的基本内容

（1）制订对脚手架工程进行规范管理的文件（规范、标准、工法、规定等）。
（2）编制施工组织设计、技术措施以及其他指导施工的文件。
（3）建立有效的安全管理机制和办法。
（4）明确检查验收的实施措施。

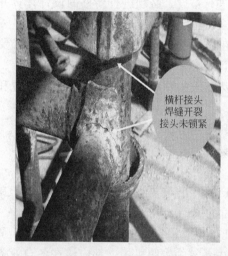

图 1.31　事故调查分析(二)

(5) 及时处理和解决施工中所发生的问题。

(6) 事故调查、定性、处理及其善后安排。

(7) 施工总结。

2. 总结归纳脚手架多发事故的类型

(1) 整架倾倒或局部垮架。

(2) 整架失稳、垂直坍塌。

(3) 人员从脚手架的高处坠落。

(4) 落物伤人(物体打击)。

(5) 不当操作事故(闪失、碰撞等)。

3. 分析脚手架事故发生的原因

在造成事故的原因中,有直接原因和间接原因,这两方面原因都要查找。

1）诱发事故的主要直接原因

（1）构架缺陷。构架缺少必需的结构杆件，未按规定数量和要求设连墙件等。

（2）在使用过程中任意拆除必不可少的杆件和连墙件。

（3）构架尺寸过大、承载能力不足或设计安全度不够与严重超载。

（4）地基出现过大的不均匀沉降。

2）人员高空坠落的主要原因

（1）作业层未按规定设置围挡防护。

（2）作业层未满铺脚手板或架面与墙之间的间隙过大。

（3）脚手板和杆件因搁置不稳、扎结不牢或发生断裂而坠落。

（4）不当操作产生的碰撞和闪失。

4. 制定预防脚手架事故发生的技术与管理措施

1）技术措施

（1）随着高层和高难度施工工程的大量出现，多层建筑脚手架的构架作法已不能适应和满足它们的施工要求，不能仅靠工人的经验进行搭设，必须进行严格的设计计算并使施工管理人员掌握其技术和施工要求，以确保安全。

（2）对于首次使用的高、难、新脚手架，在周密设计的基础上，还需要进行必要的荷载试验，检验其承载能力和安全储备，在确保可靠后才能正式使用。

（3）对于高耸、大跨度建筑以及有其他特殊要求的脚手架，必须对杆配件设置和使用要求加以严格限制，并认真监控。

（4）脚手架多功能用途的发展，导致承载和变形出现了新情况，必须予以考虑。

（5）对已经落后或较落后的架设工具进行必要的改造与更新。

2）管理措施

（1）生产与安全同时管理。安全管理是生产管理的重要组成部分。安全与生产在实施过程存在着密切的联系，存在着进行共同管理的基础。

《国务院关于加强企业生产中安全工作的几项规定》中明确指出，"各级领导人员在管理生产的同时，必须负责管理安全工作。企业中各有关专职机构，都应该在各自业务范围内，对实现安全生产的要求负责"。由此可见，一切与生产有关的机构、人员都必须参与安全管理，并在管理中承担责任。

（2）坚持目标管理。安全管理的目标是对生产中的人、物、环境因素状态的管理，应有效地控制人的不安全行为和物的不安全状态，消除或避免事故，达到保护劳动者的安全与健康的目的。没有明确目标的安全管理是一种盲目行为。在一定意义上，盲目的安全管理只能纵容威胁人的安全的状态向更为严重的方向发展或转化。

（3）贯彻预防为主的方针。安全生产的方针是"安全第一、预防为主"。"安全第一"是从保护生产力的角度和高度，表明在生产范围内，安全与生产的关系，肯定安全在生产活动中的位置和重要性。进行安全管理不是处理事故，而是在生产经营活动中，针对生产的特点，对生产要素采取管理措施，有效的控制不安全因素的发生与扩大，把可能发生的事故消灭在萌芽状态，以保证生产经营活动中人的安全。

（4）坚持全员管理。安全管理不是少数人和安全机构的事，而是一切与生产有关的机构、人员共同的事，缺乏全员的参与，安全管理不会有生气，不会出现好的管理效果。安全管理涉及生产活动的方方面面，涉及从工程项目的开工到竣工交付的全部生产过程，涉及全部的生产时间，涉及一切变化着的生产因素。因此，生产活动中必须坚持全员、全过程、全方位、全天候的动态安全管理。

（5）坚持全过程安全管理。为了达到安全管理的目的，需要对生产因素状态进行全过程控制。因此，对生产中人的不安全行为和物的不安全状态的控制，必须看作是动态的安全管理的重点。事故的发生，是由于人的不安全行为运动轨迹与物的不安全状态运动轨迹的交叉。事故发生的比重也说明了，对生产因素状态的控制是安全管理的重点。

（6）坚持持续改进。安全管理是在变化着的生产经营活动中的管理，是一种动态管理。其管理意味着不断改进发展、不断变化，以适应变化的生产活动，消除新的危险因素。安全管理需要的是不间断地摸索新的规律，总结控制的办法与经验，以指导新的变化后的管理，从而不断提高安全管理水平。

5. 系统学习安全管理法律法规和标准规范

安全生产法规是指国家关于改善劳动条件、实现安全生产，为保护劳动者在生产过程中的安全和健康而制定的各种法律、法规、规章和规范性文件的总和，是必须执行的法律规范。

安全技术规范是指人们关于合理利用自然力、生产工具、交通工具和劳动对象的行为准则。安全技术规范是指强制性的标准。因为，违反规范、规程造成事故，往往会给个人和社会带来严重危害。为了有利于维护社会秩序和工作秩序，把遵守安全技术规范确定为法律义务，有时把它直接规定在法律文件中，使之具有法律规范性质。

我国的立法部门和相关行业，结合我国国情和行业特点制定了许多有关建筑安全的法规和行业标准，主要名称见表1-27。

表1-27　建筑安全相关法规和行业标准

类别	编号	名称	备注
法规	—	《中华人民共和国劳动法》	1994年7月5日第八届全国人大第8次会议通过
	—	《中华人民共和国建筑法》	1997年11月1日第八届全国人大第28次会议通过
	—	《中华人民共和国安全生产法》	2002年6月29日第九届全国人大第28次会议通过
	—	《建设工程安全生产管理条例》	2003年11月12日国务院第28次会议通过
国家标准	GB 50194—1993	《建筑工程施工现场供用电安全规范》	1994年8月1日实施
行业标准	JGJ 65—1989	《液压滑动模板施工安全技术规程》	1990年5月1日实施
	JGJ 80—1991	《建筑施工高处作业安全技术规范》	1992年8月1日实施
	JGJ 88—2010	《龙门架及井架物料提升机安全技术规范》	2011年8月1日实施

（续）

类别	编号	名称	备注
行业标准	JGJ 59—1999	《建筑施工安全检查标准》	1999 年 5 月 1 日实施
	JGJ 33—2001	《建筑机械使用安全技术规程》	2001 年 11 月 1 日实施
	JGJ/T 77—2010	《施工企业安全生产评价标准》	2010 年 11 月 1 日实施
	JGJ 146—2004	《建筑施工现场环境与卫生标准》	2005 年 3 月 1 日实施
	JGJ 147—2004	《建筑拆除工程安全技术规范》	2005 年 3 月 1 日实施
	JGJ 46—2005	《施工现场临时用电安全技术规范（附条文说明）》	2005 年 7 月 1 日实施

1.6.4 安全生产教育

安全是生产赖以正常进行的前提，安全教育又是安全管理工作的重要环节，是提高全员安全素质、安全管理水平，从而实现安全生产的重要手段。

1. 明确安全生产教育的形式及内容（表 1-28）

表 1-28　安全生产教育的形式及内容

序号	形式	内容
1	新工人"三级安全"教育	三级职业健康安全教育是企业必须坚持的职业健康安全生产基本教育制度。对新工人（包括新招收的合同工、临时工、学徒工、农民工及实习和代培人员）必须进行公司、项目、作业班组三级职业健康安全教育，时间不得少于 40 小时。 三级职业健康安全教育的主要内容如下。 （1）公司进行职业健康安全基本知识、法规、法制教育 （2）施工现场规章制度和遵章守纪教育 （3）班组安全生产教育。由班组长主持进行，或由班组安全员及指定技术熟练、重视安全生产的老工人讲解。进行本工种岗位安全操作及班组安全制度、纪律教育
2	转场安全教育	新转入施工现场的工人必须进行转场安全教育，教育时间不得少于 8 小时，教育内容如下。 （1）本项目安全生产状况及施工条件 （2）施工现场中危险部位的防护措施及典型事故案例 （3）本项目的安全管理体系、规定及制度
3	变换工种安全教育	凡改变工种或调换工作岗位的工人必须进行变换工种安全教育。变换工种安全教育时间不得少于 4 小时，教育考核合格后方准上岗。教育内容如下。 （1）新工作岗位或生产班组安全生产概况、工作性质和职责 （2）新工作岗位必要的安全知识、各种机具设备及安全防护设施的性能和作用 （3）新工作岗位、新工种的安全技术操作规程 （4）新工作岗位容易发生事故及有毒、有害的地方 （5）新工作岗位个人防护用品的使用和保管 （6）一般工种不得从事特种作业

（续）

序号	形式	内容
4	特种作业安全教育	从事特种作业的人员必须经过专门的安全技术培训，经考试合格取得操作证后方准独立作业。对特种作业人员的培训、取证及复审等工作严格执行国家、地方政府的有关规定。对从事特种作业的人员要进行经常性的安全教育，时间为每月一次，每次教育 4 小时。教育内容如下。 （1）特种作业人员所在岗位的工作特点，可能存在的危险、隐患和安全注意事项 （2）特种作业岗位的安全技术要领及个人防护用品的正确使用方法 （3）本岗位曾发生的事故案例及经验教训
5	班前安全活动交底	班前安全讲话作为施工队伍经常性安全教育活动之一，各作业班组长于每班工作开始前必须对本班组全体人员进行不少于 15 分钟的班前安全活动交底。班组长要将安全活动交底内容记录在专用的记录本上，各成员在记录本上签名 班前安全活动交底的内容如下。 （1）本班组安全生产须知 （2）本班工作中的危险点和应采取的对策 （3）上一班工作中存在的安全问题和所采取的对策 在特殊性、季节性和危险性较大的作业前，责任工长要参加班前安全讲话并对工作中应注意的安全事项进行重点交底
6	周一安全活动	周一安全活动作为项目经常性安全活动之一，每周一开始工作前应对全体在岗工人开展至少 1 小时的安全生产及法制教育活动。活动可采取看录像、听报告、分析事故案例、图片展览、急救示范、智力竞赛、热点辩论等形式进行。工程项目主要负责人要进行安全讲话，主要内容如下。 （1）上周安全生产形势、存在问题及对策 （2）最新安全生产信息 （3）重大和季节性的安全技术措施 （4）本周安全生产工作的重点、难点和危险点 （5）本周安全生产工作目标和要求
7	季节性施工安全教育	进入雨期及冬期施工前，在现场经理的部署下，由各区域责任工程师负责组织本区域内施工的分包队伍管理人员及操作工人进行专门的季节性施工安全技术教育，时间不少于 2 小时
8	节假日安全教育	节假日前后应特别注意各级管理人员及操作者的思想动态，有意识有目的地进行教育，稳定他们的思想情绪，预防事故的发生
9	特殊情况安全教育	出现以下几种情况时，应及时安排有关部门和人员对操作工人进行安全生产教育，时间不少于 2 小时。 （1）因故改变安全操作规程 （2）实施重大和季节性安全技术措施 （3）更新仪器、设备和工具，推广新工艺、新技术 （4）发生因工伤亡事故、机械损坏事故或重大未遂事故 （5）出现其他不安全因素，安全生产环境发生了变化

2. 落实安全生产责任制

为贯彻、落实党和国家有关安全生产的政策法规，明确项目各级人员、各职能部门安全生产责任，保证施工生产过程中的人身安全和财产安全，根据国家及上级有关规定，应制定施工项目安全生产责任制度。

项目经理部应根据安全生产责任制的要求，把安全责任目标分解到岗、落实到人。施工项目安全生产责任制度必须经项目经理批准后实施。安全生产责任应包括项目部各个部门及人员的安全责任，见表1-29。

表1-29　安全生产责任

序号	项目	内容
1	项目经理安全职责	(1) 主持项目经理部的施工安全工作 (2) 认真贯彻、执行安全生产的方针、政策、法规和企业的各项安全生产的规章制度 (3) 制订并督促检查项目经理部安全生产管理规定 (4) 保证生产安全措施的资金投入 (5) 对员工进行安全生产教育并为员工办理法定的保险 (6) 为作业人员提供劳动保护用品和用具 (7) 定期组织安全生产检查和分析，针对可能产生的安全隐患制定相应的预防措施和应急救援预案 (8) 当施工过程中发生安全事故时，应保护现场，按安全事故处理的有关规定和程序及时上报和处理，并制定防止同类事故再次发生的措施
2	技术负责人安全职责	(1) 负责项目部施工技术管理工作 (2) 编制或会同企业施工技术部门编制施工组织设计、安全技术措施及危险性较大的分部分项工程的专项施工方案 (3) 向作业人员进行安全技术措施交底，组织实施安全技术措施，对施工现场的安全防护装置和设施进行验收 (4) 对作业人员进行安全操作规程培训，提高作业人员的安全意识，避免产生安全隐患 (5) 当发生重大工伤事故时，参与事故调查处理
3	安全员安全职责	(1) 监督、落实安全设施的设置和确保作业人员劳动保护用品的质量和正确使用 (2) 对施工全过程的安全技术措施和专项施工方案的实施进行监督 (3) 消除违章作业隐患 (4) 配合有关部门排除安全隐患 (5) 协助项目经理组织安全教育和全员安全活动
4	班组长安全职责	(1) 安排施工生产任务时，向本工种作业人员进行安全措施交底 (2) 严格执行本工种安全技术操作规程，杜绝违章指挥 (3) 作业前应对本次作业所使用的机具、设备、防护用品及作业环境进行安全检查，消除安全隐患，检查安全标牌是否按规定设置，标志方法和内容是否正确完整 (4) 组织班组开展安全活动，召开上岗前安全生产会，每周应进行安全讲评
5	操作工人安全职责	(1) 认真学习并严格执行安全技术操作规程，不违规作业 (2) 自觉遵守安全生产规章制度，执行安全技术交底并遵守有关安全生产的规定 (3) 服从安全监督人员的指导，积极参加安全教育活动 (4) 爱护安全设施 (5) 正确使用防护用具，对不安全作业提出意见

（续）

序号	项目	内容
6	承包人对分包人的安全生产责任	（1）审查分包人的安全施工资质和安全生产保证体系，不应将工程分包给不具备安全生产条件的分包人 （2）在分包合同中应明确分包人的安全生产责任和义务 （3）对分包人提出安全要求，并认真监督、检查 （4）对违反安全规定冒险蛮干的分包人，应责令其停工整改 （5）承包人应统计分包人的伤亡事故，按规定上报 （6）会同分包人处理分包工程的伤亡事故
7	分包人安全生产责任	（1）分包人对本施工现场的安全工作负责，认真履行分包合同规定的安全生产责任 （2）遵守承包人的有关安全生产制度，服从承包人的安全生产管理 （3）及时向承包人报告伤亡事故并参与调查，处理善后事宜

3. 做好安全技术交底

安全技术交底是指导工人安全施工的技术措施，是施工项目安全技术方案的具体落实。安全技术交底一般由技术管理人员根据分部分项工程的具体要求、特点和危险因素编写，是操作者的指令性文件，因而要具体、明确、针对性强，不得用施工现场的安全纪律、安全检查等制度代替，在进行工程技术交底的同时进行安全技术交底。

安全技术交底由公司工程部负责，向项目经理、技术负责人、施工队长等有关部门及人员交底。各工序、工种由项目责任人负责向各班组长交底。

1）安全技术交底的基本要求

（1）安全技术交底必须具体、针对性强。

（2）安全技术交底的内容应针对工程施工中作业人员的潜在危险因素和存在的问题。

（3）应优先采用新的安全技术措施。

（4）各工种的安全技术交底一般与分部分项工程技术交底同时进行。对施工工艺复杂、施工难度较大或作业条件危险的，应当进行各工种的安全技术交底。

（5）双方应在书面安全技术交底上签字确认，主要是防止走过场，并有利于各自责任的确定。

2）安全技术交底的内容

（1）工程项目和分部分项工程的概况。

（2）工程项目和分部分项工程的危险部位。

（3）危险部位采取的具体预防措施。

（4）作业中应注意的安全事项。

（5）作业人员应遵守的安全操作规程和规范。

（6）作业人员发现事故隐患时应采取的措施和发生事故后应及时采取的躲避与急救措施。

1.6.5 组织安全检查

 特别提示

安全生产检查是一项综合性的安全生产管理措施，是科学地评价建筑施工安全生产情况，提高安全生产工作和文明施工的管理水平，预防伤亡事故的发生，确保职工的安全和健康，实现检查评价工作的标准化、规范化，建立良好的安全生产环境，做好安全生产工作的重要手段之一，也是建筑施工企业防止事故、减少职业病的有效措施。

1. 安全生产检查的要求

（1）各种安全检查都应根据检查要求配备足够的资源。

（2）每种安全检查都应有明确的检查目的、项目、内容及标准。

（3）记录是安全评价的依据，要做到详细、真实、可靠，特别是对隐患的检查记录要具体。

（4）检查记录要用定性定量的方法，认真进行系统分析安全评价。

（5）安全评价是安全检查工作重要的组成部分，应存入管理档案。

2. 安全生产检查的内容

安全生产检查工作的内容主要包括以下几个方面。

（1）安全技术措施。根据工程特点、施工方法及施工机械编制了完善的安全技术措施并在施工过程中得到贯彻。

（2）施工现场安全组织。工地上是否有专职安全员组成安全活动小组，工作开展情况，有无完整的施工安全记录。

（3）安全技术交底、操作规章的学习、贯彻情况。

（4）安全设防情况。

（5）个人防护情况。

（6）安全用电情况。

（7）施工现场防火设备。

（8）安全标志牌等。

3. 选择安全生产检查的形式

建筑施工安全生产检查的形式多种多样，主要有定期安全检查、经常性安全检查、专业性安全检查、季节性安全检查、节假日安全检查以及自检、互检和交接安全检查。

4. 确定安全生产检查的方法

随着安全管理科学化、标准化、规范化地发展，目前安全检查基本上都采用安全检查表和一般检查方法进行定性、定量的安全评价。

1）安全检查表

安全检查表是一种初步的定性分析方法，它通过事先拟定的安全检查明细表或清单，对安全生产进行初步的诊断和控制。

2）一般检查方法

安全检查的一般方法主要是通过看、听、嗅、问、查、测、验、析等手段进行检查。

（1）看——就是看现场环境和作业条件，看实物和实际操作，看记录和资料等。

（2）听——听汇报、听介绍、听反映、听意见或批评、听机械设备的运转响声等。

（3）嗅——通过嗅来发现有无不安全或影响职工健康的因素。

（4）问——问影响职业健康和作业安全的问题。

（5）查——查职业健康安全隐患问题，对发生的事故查清原因、追究责任。

（6）测——对影响职业健康安全的有关因素、问题，进行必要的测量、测试、监测等。

（7）验——对影响职业健康安全的有关因素进行必要的试验或化验。

（8）析——分析资料、试验结果等，查清原因，清除职业健康安全隐患。

1.6.6 安全生产评价

为了科学地评价施工项目安全生产情况，提高安全生产工作和文明施工的管理水平，预防伤亡事故的发生，确保职工的安全和健康，结合建筑施工中伤亡事故的规律，按照原建设部《建筑施工安全检查标准》（JGJ 59—1999），对建筑施工中容易发生伤亡事故的主要环节、部位和工艺等的完成情况进行安全检查评价。此评价为定性评价，采用检查评分表的形式，分为安全管理、文明工地、脚手架、基坑支护与模板工程、"三宝""四口"防护、施工用电、物料提升机与外用电梯、塔吊、起重吊装和施工机具共 10 个分项检查表和一张检查评分汇总表。汇总表对 10 个分项内容检查结果进行汇总，利用汇总表所得分值，来确定和评价施工项目总体系统的安全生产工作情况，详细内容参见《建筑施工安全检查标准》（JGJ 59—1999）。

本情境小结

本学习情境是根据现场施工的实际状况和人的认知规律编排的，强调学生的职业认同感和自主学习、小组学习能力的培养。在学习方法上，改变了先学后做的传统模式，尝试着向先做后学、边做边学的方向转变。在以学生为中心、以教师为主导、工学一体的教学改革中做一点积极的探索。

正是基于上述考虑，本学习情境在内容安排方面做了比较大的调整。由教师先介绍一些基本概念，使学生认识表象的脚手架后，即开始进行常用的 3 种脚手架搭设。搭设过程中必然产生为什么这样做的疑问，其后再进行脚手架的各种规定、脚手架设计、脚手架施工方案编制的深入学习。因为脚手架是施工中的重大危险源之一，因此本情境的最后一部分，用很大篇幅和实际案例讲述了规范设计、规范施工和实施安全管理的意义及方法。

关于脚手架应该说离不开两个字，那就是"安全"。因此，有关脚手架的各种规定、设计内容、施工方案、管理措施等，都围绕着安全来讲述。学生在学习过程中，也一定要抓住这条主线。

本情境的重点是扣件式钢管脚手架，兼顾碗扣式脚手架和门式脚手架，其中扣件式钢管脚手架使用最为广泛。落地式外脚手架和楼板层支模架及挑架，大量使用扣件和钢管搭设，围护栏杆也普遍采用扣件和钢管。这主要因为钢管和扣件材料质量较好、装拆灵活、配杆方便、架体稳定性好，且循环使用次数多、围护成本低。门式活动脚手架在室内装修中使用较多，主要是因为它有组合方便、搭拆便利的优势。碗扣式脚手架的立杆间距比较局限，目前使用不多。

值得关注的是附着式爬升脚手架，它适用于高层建筑，科技含量高且经济效益好。本情境虽然没有被列为重点讲解，但提示学生自己查找资料以拓展学习范围。

习　　题

一、单项选择题

(1) 在高层建筑施工中，应优先推广的脚手架是(　　)脚手架。

    A. 钢管扣件式　　　　　　　　　　B. 竹木

    C. 升降式　　　　　　　　　　　　D. 碗扣式

(2) 碗扣式脚手架杆件中，用于脚手架垂直承力杆的是(　　)。

    A. 横杆　　　　　　　　　　　　　B. 斜杆

    C. 顶杆　　　　　　　　　　　　　D. 立杆

(3) 连接脚手架与建筑物，承受并传递荷载，防止脚手架横向失稳的杆件是(　　)。

    A. 固定件　　　　　　　　　　　　B. 剪刀撑

    C. 横向水平扫地杆　　　　　　　　D. 纵向水平杆

(4) 钢管扣件式脚手架中，用于两根呈任意角度交叉钢管的连接的扣件是(　　)。

    A. 对接扣件　　　　　　　　　　　B. 旋转扣件

    C. 直角扣件　　　　　　　　　　　D. 碗扣

(5) 钢管扣件式脚手架搭设时，剪刀撑与地面倾角宜为(　　)。

    A. $45°\sim70°$　　　　　　　　　　B. $45°\sim60°$

    C. $30°\sim60°$　　　　　　　　　　D. $30°\sim70°$

(6) 双排钢管扣件式脚手架一个步架高度以(　　)较为适宜。

    A. 1.5m　　　　　　　　　　　　　B. 1.2m

    C. 1.6m　　　　　　　　　　　　　D. 1.8m

二、多项选择题

(1) 拆除脚手架时，要符合的规定有(　　)。

    A. 开始拆除前，由单位工程负责人进行拆除安全技术交底

    B. 拆除作业应由上而下逐层进行，严禁上下同时作业

    C. 若分段拆除，其高差不应大于 3 步，如高差大于 3 步，应增设连墙件加固

    D. 拆除的各构配件严禁抛掷至地面

    E. 拆除时要设围栏和警戒标志，派专人负责安全警戒

(2) 下列关于扣件式钢管脚手架立杆的构造规定中，正确的是(　　)。

    A. 所有立杆接长都必须采用对接扣件连接

    B. 任何情况下，脚手架底层步距不应大于 2m

    C. 立杆顶端宜高出房屋女儿墙 1m，无女儿墙时，高出檐口 1.5m

    D. 相邻两根立杆的接头不应设在同步内，同步内隔一根立杆的两个相隔接头在高度方向错开的距离不宜小于 500mm

    E. 钢管立杆中的副立杆的高度不应低于 3 步，钢管长度不应小于 6m

(3) 下列关于铺脚手板的规定中，正确的是(　　)。

A. 作业层的脚手板应满铺、铺稳，离开墙面 120～150mm

B. 脚手板、竹串片脚手板、冲压钢板脚手板应设置在 3 杆横向水平杆上

C. 用对接平铺时，脚手板接头处必须设两根小横杆，该两根小横杆的距离不应大于 300mm

D. 用搭接铺设时，两块脚手板的搭接长度必须大于 200mm，每块板伸出横向水平杆的距离不应小于 100mm

E. 铺竹芭脚手板时，按主竹筋垂直于纵向水平杆方向铺设，且采用对接平铺，可不绑扎

(4) 以下拆除脚手架的原则中，正确的是(　　　)

A. 先搭的后拆、后搭的先拆　　　　　B. 先拆上部，后拆下部

C. 主要杆件先拆、次要杆件后拆　　　D. 先拆外面，后拆里面

E. 一步一清，层层拆除

(5) 布置连墙件，要按以下要求(　　　)。

A. 连接点要靠近主节点，距离不大于 500mm

B. 布置方案有菱形、方形、矩形，优先选用菱形

C. 一字形、开口形脚手架，两端要设连墙件

D. 高度 24m 以下的脚手架，宜采用刚性连墙方案

E. 高度超过 24m 的脚手架，必须采用刚性连墙方案

三、简答题

(1) 脚手架的分类有哪些？

(2) 脚手架的基本要求有哪些？

(3) 脚手架的组成及技术要求是什么？

(4) 扣件式钢管脚手架的构成有哪些？各有什么要求？

(5) 脚手架常发生的安全事故主要有哪些类型？

(6) 脚手架的安全要求有哪些？

四、交流与探讨

(1) 支模架搭设中扫地杆起什么作用？

(2) 电梯井里脚手架如何搭设？

学习情境2

模板安装

专业	建筑类相关专业	学习领域	钢筋混凝土工程施工与组织	学习情境	模板安装	建议学间	20 学时
工作情境描述	模板是确定和保证钢筋混凝土基本构件的形状及尺寸满足设计要求的临时性设施，也是钢筋混凝土工程中的一个分项。一般由技术管理人员根据施工图纸和现场实际，制定模板安装方案并进行技术交底和安全交底，然后由木工班组按照审批通过的方案操作						
学习任务	(1) 对常用模板归类分析并进行模板设计 (2) 制定模板安装方案，且实施技术交底和安全交底 (3) 现场操作模板安装 (4) 对安装完成的模板进行验收，并填写标准表格						
学习目标	(1) 能够根据施工图纸进行配板设计和支模架验算 (2) 会制订模板安装方案，并按施工操作规程进行技术交底与安全交底 (3) 能够依据方案进行模板安装，且可以解决施工中常见的技术问题 (4) 可以依据验收标准和施工方案对模板分项工程实施验收和评定						
学习内容	(1) 识读结构施工图且根据现场实际确定模板形式和支模架体系 (2) 模板（支架）的承重特征和计算方法 (3) 模板安装的操作规程以及模板安装专项施工方案的编制要点 (4) 技术交底与安全交底的主要内容 (5) 通过模板安装的实际操作，提出解决常见问题的方法和措施 (6) 模板分项工程验收标准						
教学条件	(1) 所需工具、材料、设备：①胶合板木模板若干；②不同型号的钢模板若干；③木方、钢管若干；④扳手、扣件、套筒、铁锤、螺杆等 (2) 资料：①图纸；②教材和学生工作页；③相关规范和标准等技术资料						
教学方法组织形式	(1) 课堂教学和实训操作轮回交替 (2) 学生分组学习，教师对其过程给予点评和指导						
教学流程	(1) 学生分组查找关于模板的相关规范，明确其基本原理和操作规程 (2) 学生分组进行模板设计并制订模板施工方案 (3) 依据施工方案做技术交底与安全交底 (4) 在教师和外聘教师（师傅）的指导下，学生依据施工图纸和施工方案，实施模板安装 (5) 在教师和外聘教师（师傅）的指导下，组织学生进行自检和模板验收						
学业评价	(1) 能够对常用模板进行归类分析，清楚其形式特征和适用范围 (2) 对模板设计的内容、方法有一个全过程的了解 (3) 可以讲述模板安装的技术要点 (4) 明确模板施工专项方案的主要内容和指导意义 (5) 会做技术交底和安全交底 (6) 按照交底和方案实施模板安装 (7) 可根据验收标准进行模板质量检查与评定						

学习准备

参见"学习情境1"的"学习准备"并参见表 1-1。测量员确定现浇梁的轴线定位及梁底板底的模板面标高，施工员组织模板设计和安装，安全员负责编写模板工程施工方案中有关安全管理的专篇。其余人员职责表述见表1-1。

 引例

在我国中原地区，黄土不仅用来耕作，也用来建造房屋和砌筑院墙。黏土（黄土）烧制成砖，大家都已经非常熟悉，这里不再赘述。以黄土为主材，掺和麦秸和石灰打造的墙壁和院墙，你见过吗？在20世纪50～60年代国家经济困难时期，北方曾提倡"干打垒"，也就是把中原地区农村流行的这种建筑形式，提升到就地取材、艰苦奋斗的高度加以宣传和普及。如图2.1所示。

图2.1 "干打垒"建造的房屋和院墙

问题： 黄土怎样成墙且能让300mm厚的土墙达到2m以上的高度而不倒呢？

 解析

"干打垒"是一种简易的筑墙方法。筑墙时必须使用两块固定的木板，木板中间填入黏土并夯实形成墙体。墙体需要层层夯实，木板也必然逐步向上移动，用"干打垒"方法筑墙所盖的房子完全可以达到预计的高度。

中原（特别是西北）地区因为干旱少雨，当地农村都用干打垒的方法建造房子的4面墙壁。经济条件好一点的人家，在房屋四周的土墙外贴一层砖，给人以砖房的感觉，差一点的就在墙外抹一层草泥。"干打垒"已经有千年的历史了。

筑墙用的木板，与当今的模板十分相像。它的作用是让无形的黏土和掺料成为固定尺度的墙体，且比较平直均匀。同时它也要有一定的强度，可以承受黏土和掺料在夯实过程中产生的冲击力。

由于土墙是层层夯实、渐渐上升的，所以高度和牢固性均能够满足使用要求。而木板的固定、滑移则是筑墙过程中技术要求比较高的一个重要环节。

知识点

　　模板同脚手架一样，也是临时设置的结构。其主要作用是：①可以保证钢筋混凝土构件的外形尺寸符合设计要求；②能承受钢筋混凝土构件自重；③保证作业人员操作时的安全。

　　模板的种类很多，一般工业和民用建筑物以使用钢模板和木模板居多。对于高层或轻钢结构等特殊形式的建筑物、构筑物，其他种类的模板使用量更多，比如滑升模板、压型钢模板等。

　　本学习情境将介绍各类模板的特征和适用范围，并通过实训项目的操作，完成模板设计、模板安装、模板施工方案拟定、模板检查验收等工作。由于学习任务与工作任务对接紧密，相应的理论知识必然贯穿其中，包括模板的相关规定和计算方法、模板安装和拆除要点、模板验收标准、模板施工流程和组织设计。因为模板工程所占用的施工时间较长且人工用量大，所以，劳动力安排和流水段划分也显得十分重要。

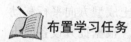

布置学习任务

　　以项目部为单位，查阅资料并将成果汇总整理做成 PPT，项目部内推荐 1 名同学代表该项目部进行交流演讲。项目部之间互评，教师亦参与成果点评和成绩评定。学生讲述的题目如下。

　　（1）木模板的主要优缺点和应用范围。

　　（2）钢模板的主要优缺点和应用范围。

　　（3）滑动模板的主要优缺点和应用范围。

　　（4）压型钢模板的主要优缺点和应用范围。

　　（5）其他模板简介（大模板、爬升模板、飞模等）。

　　特别提示

　　本教材可作为学生查阅和学习的资料之一，教师提倡并鼓励项目部全体人员主动学习，查阅更多资料并向有实践经验的外聘教师和师傅请教，以获得更多的信息。项目部所做的 PPT 如果完全停留在本教材的层面，没有内容的增加或图片的收集，那么本学习任务的成绩将评定为"不合格"。

学习任务 2.1　对常用模板进行归类与分析

　　特别提示

　　模板系统包括模板和支撑两部分。模板按钢筋混凝土构件的几何尺寸制作，施工过程中需要承受自重和作用在其上的荷载。支撑系统是支持模板、保证构件位置正确，且在受荷状态下具有一定强度和稳定性的临时性结构。

2.1.1 常用模板归类

1. 按施工工艺条件分类

1) 预组装模板

由定型模板分段预组成较大面积的模板及其支撑体系，用起重设备吊运到混凝土浇筑位置，多用于大体积混凝土工程。

2) 大模板

由固定单元形成的固定标准系列的模板，多用于高层建筑的墙板体系。用于平面楼板的大模板又称为飞模。

3) 现浇混凝土模板

根据混凝土结构形状不同就地形成的模板，多用于基础、梁、板等现浇混凝土工程。模板支撑多通过支于地面或基坑侧壁以及对拉的螺栓，承受混凝土的竖向和侧向压力。这种模板适应性强，但周转较慢。

4) 垂直滑动的模板

由小段固定形状的模板与提升设备以及操作平台组成的可沿混凝土成型方向平行移动的模板体系。适用于高耸的框架、烟囱、圆形料仓等钢筋混凝土结构。根据提升设备的不同，又可分为液压滑模、螺旋丝杠滑模以及拉力滑模等。

5) 跃升模板

由两段以上固定形状的模板，通过埋设于混凝土中的固定件形成模板支撑条件，承受混凝土施工荷载。当混凝土达到一定强度时，拆模上翻，形成新的模板体系。多用于变直径的双曲线冷却塔、水工结构以及设有滑升设备的高耸混凝土结构工程。

2. 按材料性质分类

1) 木模板

混凝土工程开始出现时，都是使用木材来做模板。木材被加工成木板、木方，然后经过组合成为构件所需的模板。

20 世纪 50 年代我国现浇结构模板主要采用传统的手工拼装木模板，耗用木材量大、施工方法落后。

近些年出现了用多层胶合板作模板料进行施工的方法。用胶合板制作模板，加工成型比较省力，材质坚韧、不透水、自重轻，浇筑出的混凝土外观比较清晰美观。

2) 塑料模板

塑料模板是随着钢筋混凝土预应力现浇密肋楼盖的出现而创制出来的。其形状如一个方的大盆，支模时倒扣在支架上，底面朝上，称为塑壳定型模板。在壳模四侧形成十字交叉的楼盖肋梁。这种模板的优点是拆模快，容易周转，它的不足之处是仅能用在钢筋混凝土结构的楼盖施工中。

3) 钢模板

国内使用的钢模板大致可分为两类，一类为小块钢模，亦称为小块组合钢模。它是以一定尺寸、模数做成不同大小的单块钢模，最大尺寸是 300mm×1500mm×50mm。在施工时按构件所需尺寸，采用 U 形卡将板缝卡紧形成一体。另一类是大模板，它用于墙体的支模，多用在剪力墙结构中，模板的大小按设计的墙身尺寸定型制作。

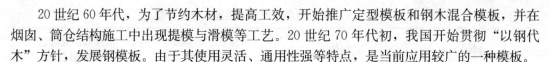

20 世纪 60 年代，为了节约木材，提高工效，开始推广定型模板和钢木混合模板，并在烟囱、筒仓结构施工中出现提模与滑模等工艺。20 世纪 70 年代初，我国开始贯彻"以钢代木"方针，发展钢模板。由于其使用灵活、通用性强等特点，是当前应用较广的一种模板。

4）其他模板

20 世纪 80 年代中期以来，现浇结构模板趋向多样化，模板的发展也较为迅速，主要有胶合板模板、塑料模板、玻璃钢模板、压型钢模、钢木(竹)组合模板、装饰混凝土模板以及复合材料模板等。

2.1.2　常用模板分析

1. 木胶合板模板的特点和选用要求

木胶合板通常由 5、7、9、11 层等奇数层单板经热压固化而胶合成形。相邻层的纹理方向相互垂直，通常最外层表板的纹理方向和胶合板板面的长向平行，如图 2.2 所示。因此，整张木胶合板的长向为强方向，短向为弱方向，使用时必须加以注意。

模板用木胶合板的幅面尺寸，一般宽度为 1200mm 左右，长度为 2400mm 左右，厚约 12～18mm。表 2－1 列出了我国模板常用木胶合板的规格尺寸。

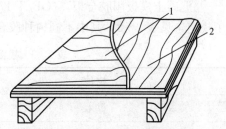

图 2.2　木胶合板纹理方向与使用
1—表板；2—芯板

表 2－1　我国常用木胶合板规格(单位：mm)

厚度	层数	宽度	长度
12.0	至少 5 层	915	1830
5.0	至少 7 层	1220	1830
18.0		91	2135
		1220	2440

1）胶合板模板的特点

胶合板用作混凝土模板具有以下特点。

(1)板幅大，板面平整。既可减少安装工作量、节省现场人工费用，又可减少混凝土外露表面的装饰及磨棱接缝的费用。

(2)承载能力大，特别是经表面处理后，耐磨性好、能多次重复使用。

(3)材质轻。厚 18mm 的木胶板，单位面积质量为 5kg，模板的运输、堆放、使用和管理等都较为方便。

(4)保温性能好，能防止温度变化过快，冬期施工有助于混凝土的保温。

(5)锯截方便，易加工成各种形状的模板。

(6)便于按工程的需要弯曲成形，用作曲面模板。

2）力学性能

木胶合板纵向静弯曲强度、弹性模量见表 2－2。

表 2-2 木胶合板纵向静弯曲强度、弹性模量

树种	柳桉	马尾松、云南松、落叶松	桦木、克隆、阿必东
弹性模量/(N/mm²)	3.5×10^4	4.0×10^4	4.5×10^4
静弯曲强度/(N/mm²)	25	30	35

由于生产胶合板的树种及产地各异，胶合板的静弯曲强度以及弹性模量值不稳定，表 2-2 中的两项指标值目前仅作指导生产用，不能作为使用单位对胶合板的考核指标。

3）胶合性能

模板用胶合板的胶粘剂主要是酚醛树脂。此类胶粘剂胶合强度高，耐水、耐热、耐腐蚀等性能良好，其突出特点是耐沸水性能及耐久性优异。

《混凝土模板用胶合板》（GB/T 17656—2008）对混凝土模板用木胶合板的胶合强度作了规定，见表 2-3，其中不同树种胶合板的胶合强度应符合最低的树种指标值。

表 2-3 模板用胶合板的胶合强度指标值

树种	胶合强度（单个试件指标值）/MPa
桦木	≥1.00
阿必东、马尾松、云南松、荷木、枫香	≥0.80
柳桉、拟赤杨	≥0.70

 特别提示

施工单位购买混凝土模板用胶合板时，首先要判别是否属于Ⅰ类胶合板，即判别该批胶合板是否采用了酚醛树脂胶或其他性能相当的胶粘剂。受试验条件限制，不能做胶合强度试验时，可以用沸水煮小块试件快速简单判别。方法是从胶合板上锯截下 20mm 见方的小块，放在沸水中煮 0.5～1h。用酚醛树脂作为胶粘剂的试件煮后不会脱胶，而用脲醛树脂作为胶粘剂的试件煮后脱胶。

4）选用要求

混凝土模板用木胶合板应选用表面平整、四边平直齐整、具有耐水性的夹板木胶合板。根据制作方法可分为白坯板（表面未经处理）和覆膜胶合板。选用的胶质不同对其防水性能有较大影响，胶用酚醛树脂的防水较好，胶用脲醛的一般只宜防潮，使用中应根据不同工程对象和周转次数来确定、选择不同品质的胶合板。木胶合板出厂时的绝对含水率不得超过 14%。

对平台、楼板、墙体结构宜优先采用胶合板模板，胶合板的尺寸和厚度应根据成品供应情况和模板设计要求选定。

2. 55 型组合钢模板的用途和规格

55 型组合钢模板，又称小钢模，是目前使用较广泛的一种组合式模板。

55 型组合钢模板主要由钢模板，连接件和支撑件 3 部分组成。

　　钢模板采用 Q235 钢材制成，钢板厚 2.5mm，对于宽度≥400mm 的宽面钢模板的钢板厚度应采用 2.75mm 或 3.0mm。钢模板主要包括平面模板、阴角模板、阳角模板、连接角模板等，如图 2.3 和图 2.4 所示。

<table>
<tr><td>图 2.3　平面模板</td><td>图 2.4　阴、阳角模和连接角模板</td></tr>
</table>

　　3. 大模板和压型钢板模板

　　大模板是进行剪力墙结构施工的一种工具式模板，一般配以起重设备进行吊装就位。同时也要求建筑和结构设计做到标准化，以利于大模板周转使用。

　　压型钢板模板一般采用镀锌或经过防腐处理的薄钢板，经冷轧成具有波型截面的钢板，多用于钢结构工程。

　　大模板和压型钢板模板的种类及构造见表 2-4 和表 2-5。

表 2-4　内墙大模板的种类及构造

序号	类型	构造说明
1	整体式大模板	这类模板是按每面墙的大小，将面板、骨架、支撑系统和操作平台焊成整体。其特点是：每一层结构的横墙与纵墙混凝土必须要分两次浇筑，工序多、工期长，且横、纵墙间存在垂直施工缝。另外，这类模板只适用于大面积标准化剪力墙结构施工，如果结构的开间、进深尺寸改变，则需另配制模板施工 这类大模板多采用钢板作面板，具有板面平整光洁、易于清理、耐磨性好等特点，且强度和刚度良好，可周转使用 200 次以上，比较经济
2	组合式大模板	由板面、支撑系统、操作平台等部分组成，它是目前常用的一种模板形式。这种模板是在横墙平模的两端分别附加一个小角模和连接钢板，即横墙平模的一端焊有扁钢做连接件与内纵墙连接，另一端采用长销孔固定角钢与外墙模板连接节点，以使内、外纵墙模板组合在一起，实现能同时浇筑纵横墙混凝土的一种新型模板 为了适应开间、进深尺寸的变化，除了以常用的轴线尺寸为基数作为基本模板外，还另配以 30cm、60cm 的竖条模板，与基本模板端部用螺栓连接，做到大模板的尺寸扩展，因而能适应不同开间、进深尺寸的变化 板面系统由面板、横肋和竖肋以及竖向（或横向）龙骨所组成。面板通常采用 4～6mm 的钢板，也可选用胶合板等材料；横肋一般采用 8 号槽钢，间距 280～350mm；竖肋一般用 6mm 的扁钢，间距 400～500mm，使板面能双向受力

（续）

序号	类型	构造说明
3	筒形大模板	筒形大模板是将一个房间或电梯井的2道、3道或4道现浇墙体的大模板，通过固定架和铰链、脱模器等连接件，组成一组大模板群体。它的优点是：一个房间的模板整体吊装和拆除，因而能减少塔吊吊装次数；模板的稳定性能好，不易倾覆。缺点是自重较大，堆放时占用施工场地大，拆模时需落地，不易在楼层上周转使用 筒形模有：模架式筒形模，这是较早使用的一种筒模，通用性较差；组合式铰接筒模，在筒模四角采用铰接式角模与大模板相连，利用脱模器开启，完成模板支拆；电梯井筒模，是将模板与提升机及支架结合为一体，可用于进深2～2.5m、开间为3m的电梯井施工
4	拼装式大模板	是将面板、骨架、支撑系统以及操作平台全部采用螺栓或销钉连接固定组成的大模板，这种大模板比组合式大模板拆改方便，也可减少因焊接而产生的模板变形问题。其特点是：可以根据房间大小拼装成不同规格的大模板，适应开间、轴线尺寸变化的要求。结构施工完毕后，还可将拼装式大模板拆散另作他用，从而减少工程费用的开支。面板可以采用钢板或木(竹)胶合板，亦可采用组合式钢模板或钢框胶合板模板。采用组合式钢模板或者钢框胶合板模板，以管架或型钢作横肋和竖肋，用角钢(或槽钢)作上下封底，用螺栓和角部焊接作连接固定。它的特点是板面模板可以因地制宜，就地取材。大模板拆散后，板面模板仍可作为组合钢模板使用

表2-5　压型钢板模板的分类与构造

序号	类型	特征	构造说明
1	组合板的压型钢板	既是模板又是用作现浇楼板底面的受拉钢筋。压型钢板，不但在施工阶段承受施工荷载、现浇层钢筋和混凝土的自重，而且在楼板使用阶段还承受使用荷载，从而构成受力系统的一个组成部分	为保证与楼板现浇层组合后能共同承受使用荷载，一般做成以下3种抗剪连接构造 (1) 压钢钢板的截面做成具有楔形肋的纵向波槽 (2) 在压型钢板肋的两内侧和上、下表面，压成压痕、开小洞或冲成不闭合的孔眼 (3) 在压型钢板肋的上表面，焊接与肋相垂直的横向钢筋 在以上任何构造情况下，板的端部均要设置端部栓钉锚固件。栓钉的规格和数量按设计确定
2	非组合板的压型钢板	只作模板使用，即压型钢板在施工阶段，只承受施工荷载和现浇层的钢筋混凝土自重，而在楼板使用阶段不承受使用荷载，只构成楼板结构非受力的组成部分	(1) 可不需要做成抗剪连接构造 (2) 为防止楼板浇筑混凝土时混凝土从压型钢板端部漏出，压型钢板简支端的凸肋端头要做成封端。封端可在工厂加工压型钢板时一并做好，也可以在施工现场，采用与压钢板凸肋的截面尺寸相同的薄钢板，将其凸肋端头用电焊点焊封好

2.1.3　正确选用脱模剂

混凝土脱模剂大致可分为油类、水类和树脂类3种。

1. 油类脱模剂

1) 机柴油

用机油和柴油按 3：7(体积比)配制而成。

2) 乳化机油

先将乳化机油加热至 50～60℃，将磷质酸压碎倒入已加热的乳化机油中拌制使其溶解，再将 60～80℃ 的水倒入，继续搅拌至乳白色为止，然后加入磷酸和苟性钾溶液，继续搅拌均匀。

3) 妥尔油

用妥尔油：煤油：锭子油＝1：7.5：1.5(体积比)配制。

4) 机油皂化油

用机油：皂化油：水＝1：1：6(体积比)混合，用蒸汽拌成乳化剂。

2. 水类脱模剂

主要是海藻酸钠。其配制方法是：海藻酸钠：滑石粉：洗衣粉：水＝1：13.3：1：53.3(质量比)配合而成。先将海藻酸钠浸泡 2～3d，再加滑石粉、洗衣粉和水搅拌均匀即可使用，刷涂、喷涂均可。

3. 树脂类脱模剂

为长效脱模剂，刷一次可周转使用 6 次，如成膜好则可用到 10 次。甲基硅树脂用乙醇胺作固化剂，质量配比为 1000：3～5。气温低或涂刷速度快时，可以多掺一些乙醇胺，反之要少掺。

4. 使用注意事项

(1) 油类脱模剂虽涂刷方便，脱模效果也好，但对结构构件表面有一定污染，影响装饰装修，因此应慎用。其中乳化机油，使用时按乳化机油：水＝1：5(体积比)调配，搅拌均匀后涂刷，效果较好。

(2) 油类脱模剂可以在低温和负温时使用。

(3) 甲基硅树脂成膜固化后，透明、坚硬、耐磨、耐热和耐水性能都很好。涂在钢模面上，不仅起隔离作用，也能起防锈、保护作用。该材料无毒，喷、刷均可。配制时容器工具要干净、无锈蚀，不得混入杂质。工具用毕后，应用酒精洗刷干净并晾干。由于加入了乙醇胺后易固化，不宜多配。故应根据用量配制，用多少配多少。当出现变稠或结胶现象时，应停止使用。甲基硅树脂与光、热、空气等物质接触都会加速聚合，应贮存在避光、阴凉的地方，每次用过后，必须将盖子盖严，防止潮气进入，贮存期不宜超过 3 个月。

在首次涂刷甲基硅树脂脱模剂前，应将板面彻底擦洗干净，打磨出金属光泽，擦去浮锈，然后用棉纱沾酒精擦洗。板面处理越干净，则成模越牢固，周转使用次数越多。采用甲基硅树脂脱模剂，模板表面不准刷防锈漆。当钢模重刷脱模剂时，要趁拆模后板面潮湿时，用扁铲、棕刷、棉丝将浮渣清理干净，否则，干涸后清理就比较困难。

(4) 涂刷脱模剂可以采用喷涂或刷涂，操作要迅速。结膜后不要回刷，以免起胶。涂层要薄而均匀，太厚反而容易剥落。

知识链接

有关滑动模板施工

滑动模板(简称滑模)施工,是现浇混凝土工程的一项施工工艺,与常规施工方法相比,这种施工工艺具有施工速度快、机械化程度高、可节省支模和搭设脚手架所需的工料、能较方便地将模板进行灵活组装并可重复使用的优点。滑模和其他施工工艺相结合(如预制装配、砌筑或其他支模方法等),可为简化施工工艺创造条件,更好地取得综合经济效益。

近年来,随着我国高层建筑、新型结构以及特种工程日益增多,滑模技术又有了许多创新和发展。例如,大(中)吨位千斤顶的应用、支撑杆在结构体内和体外的布置、高强度等级混凝土的应用、混凝土泵送和布料机的应用、"滑框倒模"、"滑提结合"、"滑砌结合"、"滑模拖带"、立井井壁、复合筒壁、抽孔筒壁、双曲线冷却塔等特种滑模施工,均在工程中得到了应用,说明这项技术已逐步成熟。具体应用如图 2.5 和图 2.6 所示。

图 2.5　天津电视塔

图 2.6　滑动模板施工

为了进一步提高滑模施工技术,保证滑模工程质量和施工安全,并使滑模施工规范化,我国自 1988 年以来,相继颁布了《液压滑动模板施工技术规范》(GBJ 113—1987)、《液压滑动模板施工安全技术规程》(JGJ 65—1989)、《滑模液压提升机》(JJ 80—1991)和《滑动模板工程技术规范》(GB 50113—2005)等国家标准和行业标准。采用滑模工艺施工的工程,在设计和施工中除应遵照上述标准外,还应遵照其他有关的标准,如《混凝土结构设计规范》(GB 50010—2010)、《混凝土结构工程施工质量验收规范》(GB 50204—2002)、《烟囱工程施工及验收规范》(GB 50078—2008)。

布置学习任务

请各项目部按照图纸、实训指导书和学生工作页,做好校内实训和校外实训的各项准备工作。校内实训需要与教学进程同步进行,原则上按照先实际操作后理论学习的顺序进行，并符合教学整体设计和单元设计要求。校外实训则需要寻找适宜的工地，以保证教学进程和校外实训对接适当。由于校外实训受各种因素制约较大，实训时间可适度提前或拖后，也可以部分采用视频的方式解决。

各项目部的项目经理组织项目部成员查阅资料，明确操作规程和质量标准。

(1) 标准图集 03G101—1 框架梁和柱构件尺寸的识读方法。

(2) 木模板的安装方法和质量标准。

(3) 钢模板的安装方法和质量标准。

(4) 模板拆除的相关规定。

学习任务 2.2　模板安装和拆除实训

2.2.1　模板安装校内实训项目

钢模板安装步骤

(1) 在教师和外聘教师(师傅)的指导下，完成以下 3 个框架柱的钢模板安装。KZ1 高 1800mm、截面 500mm×600mm，KZ2 高 1800mm、截面 600mm×700mm，KZ3 高 1800mm、截面 650mm×750mm。

(2) 在教师和外聘教师(师傅)的指导下，完成二道剪力墙的钢模板安装。Q1 厚 250mm，长×高＝3600mm×1800mm，Q2 厚 250mm，长×高＝2700mm×1800mm。

探讨

(1) 钢模板的配件都有哪些？分别说说这些配件的作用。

(2) 钢模板的规格较多，对不同尺寸的构件应调整模板规格，这就是配板设计。请根据项目操作的实际情况，总结一下配板的方法。

(3) 钢模板应该进行防锈处理，使用前还要刷脱模剂。采取怎样的防锈措施最为适宜本地区的气候？脱模剂又是如何选用呢？

木模板安装步骤

(1) 在教师和外聘教师(师傅)的指导下，完成板式楼梯梯段底板木模板安装。

(2) 在教师和外聘教师(师傅)的指导下，完成楼板层板底木模板安装。

(3) 在教师和外聘教师(师傅)的指导下，以项目部为单位，完成楼板层所有框架梁、连续梁、悬臂梁的木模板安装。

探讨

(1) 板式楼梯的梯段板是倾斜的，在模板安装前要经过计算确定底板的长度和宽度，能依据图纸计算需要的数据吗？

（2）木模板的板面作为楼板层的底板，必须保证其平整度。在项目操作中，是怎样确定板底标高，又是怎样保证其平整的呢？

（3）梁模板在裁截之前，要根据图纸中梁的标注尺寸进行木模板使用量的计算。请总结出关于识图和模板裁截的简易方法。另外，如果大于4m跨度的梁需要起拱，板底的模板又该如何计算呢？

2.2.2 模板安装校外实训项目

观看工人师傅搭设和拆除木模板的过程，参与完成木模板安装的技术交底、安全交底、模板验收等现场工作。

（1）同现场施工员一起向作业工人进行模板安装的技术交底。

（2）同现场安全员一道对作业工人进行模板安装的安全交底。

（3）根据施工方案，同现场施工员和安全员一起，对正在安装的木模板进行质量和安全检查。

（4）同现场施工员和安全员一起对已经安装就位的各类模板进行验收。

（5）观看木模板拆除。

探讨

（1）木模板安装技术交底和安全交底的内容有哪些？怎样才能让这些工作不流于形式？

（2）在施工现场常看到电锯置放在楼板层上，这样做容易引发哪些安全问题？关于电锯的使用，应该采取哪些防护措施？

（3）模板质量的检查和验收依据哪些标准？

（4）木模板在拆除过程中应该采取哪些安全防护措施？现场是否按规定操作了？

2.2.3 应用案例：模板安装技术交底

技术交底记录		编号	
工程名称	××工程	交底日期	××年××月××日
施工单位	××建筑工程公司	分项工程名称	模板分项工程
交底提要	模板安装各项技术要求		
交底内容如下。 （1）支模过程中应遵守职业健康安全操作规程。如遇途中停歇，应将就位的支顶、模板连接稳固，不得空架浮搁。 （2）模板及其支撑系统在安装过程中，必须设置临时固定设施，严防倾覆。			

（续）

（3）拼装完毕的大块模板或整体模板，吊装前应确定吊点位置，先进行试吊，确认无误后方可正式吊运安装。

（4）安装整块柱模板时，不得将其支在柱子钢筋上代替临时支撑。

（5）支设高度在3m以上的柱模板，四周应设斜撑，并应设立操作平台，低于3m的可用马凳操作。

（6）支设悬挑形式的模板时，应有稳定的立足点。支设临空构筑物模板时，应搭设支架，模板上有预留洞时，应在安装后将洞遮盖。

（7）在支模时，操作人员不得站在支撑上，而应设置立人板，以便操作人员站立。立人板应用木质50mm×200mm的中板为宜，并适当绑扎固定。

（8）承重焊接钢筋骨架和模板一起安装时，模板必须固定在承重焊接钢筋骨架的节点上。

（9）当层间高度大于5m时，若采用多层支架支模，则在两层支架立柱间应铺设垫板，且应平整，上下层支柱要垂直，并应在同一垂直线上。

（10）当模板高度大于5m以上时，应搭脚手架、设防护栏，禁止上下在同一垂直面操作。

（11）特殊情况下在临边、洞口作业时，如无可靠的职业健康安全设施，必须系好安全带并扣好保险钩，高挂低用。经医生确认不宜高处作业人员，不得进行高处作业。

（12）在模板上施工时，堆物（钢筋、模板、木方等）不宜过多，不准集中在一处堆放。

（13）模板安装就位后，要采取防止触电的保护措施，施工楼层上的配电箱必须设漏电保护装置，防止漏电伤人。

（14）支模过程中应遵守安全操作规程，如遇途中停歇，应将就位的支顶、模板连接稳固，不得空架浮搁。拆模间歇时应将松开的部件和模板运走，防止坠下伤人。

（15）模板支设、拆除过程要严格按照设计要求的步骤进行，全面检查支撑系统的稳定性。

问题1　楼梯踏步模板高度如何确定？

 解析

对于房屋楼梯，施工单位多在进行踏步模板设计时，往往忽略了楼（地）面做法的厚度 t，造成了竣工后楼梯踏步高度不一致的现象。纠正该设计疏忽的方法其实很简单，即在进行踏步模板设计时，事先查出楼梯面层做法的厚度及图示踏步高度 h，然后使踏步模板最下边的挡板高度为 $h+t$，最上边挡板高度为 $h-t$，其他挡板高度均为 h。采用此法施工的楼梯，在处理完楼（地）面后，踏步高度一致，符合施工图纸要求。

例如某住宅，层高 2.7m，采用单跑楼梯（图 2.7），施工图示踏步高度 $h=150$mm，楼面做法厚度 $t=50$mm，则其踏步模板最下边挡板高度应为 $h+t=200$mm，最上边挡板高度为 $h-t=100$mm，其余挡板高度均为150mm。

楼梯踏步模板的宽度应按施工图设计。若两个楼梯并列且中间有混凝土隔墙，可使其踏

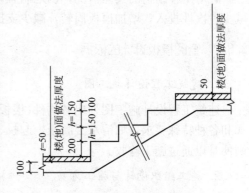

图 2.7　楼梯踏步示意图

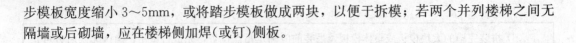

步模板宽度缩小 3~5mm，或将踏步模板做成两块，以便于拆模；若两个并列楼梯之间无隔墙或后砌墙，应在楼梯侧加焊（或钉）侧板。

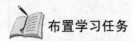布置学习任务

请各项目部按照图纸、实训指导书和学生工作页，做好模板设计的各项准备。以项目部为单位，查阅资料并将成果汇总整理做成 PPT，项目部推荐 1 名同学代表该项目部进行交流演讲。项目部之间互评，教师亦参与成果点评和成绩评定。学生讲述的题目如下。

(1) 模板承受的荷载，如何归类、计算、组合？

(2) 钢模板的配板计算方法。

(3) 木模板的计算方法。

学习任务 2.3　模 板 设 计

2.3.1　确定模板设计的内容和原则

1. 模板设计的内容

主要包括选型、选材、配板、荷载计算、结构设计和绘制模板施工图等。各项设计的内容和详尽程度，可根据工程的具体情况和施工条件确定。

2. 模板设计的主要原则

1) 实用性

主要应保证混凝土结构的质量。具体要求如下。

(1) 接缝严密、不漏浆。

(2) 保证构件的形状尺寸和相互位置正确无误。

(3) 模板的构造简单、支拆方便。

2) 安全性

保证在施工过程中，不变形，不破坏，不倒塌。

3) 经济性

针对工程结构的具体情况，因地制宜，就地取材。在确保工期、质量的前提下，尽量减少一次性投入，增加模板周转，减少支拆用工，实现文明施工。

2.3.2　查阅模板设计的依据

1. 建筑工程设计施工图

建筑工程设计施工图列出各构件（楼板、梁、柱、墙）的几何尺寸、构造要求、结构形式和各种特殊要求，如清水混凝土、起拱、防渗等，施工时必须满足这些条件与要求，否则便难以通过施工验收。

2. 施工组织设计与施工方案

为了使建筑施工取得较好的经济效益，需要对工程施工部署作出全面与合理的分析与

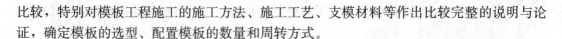

比较，特别对模板工程施工的施工方法、施工工艺、支模材料等作出比较完整的说明与论证，确定模板的选型、配置模板的数量和周转方式。

3. 建筑结构设计与施工规范

在模板工程设计时，必须遵守各种建筑结构的设计规范以及应用各种计算手册，如大跨度、超重、超高结构施工时，必须采用《钢结构设计规范》与有关钢结构设计手册，也应套用《建筑结构静力计算手册》等有关资料。各种施工规范必须严格遵守，如《混凝土结构工程施工质量验收规范》、《建筑施工高处作业安全技术规范》等。

4. 施工企业技术设备与施工材料

施工企业技术力量、机械装备与机具以及支模材料等决定支模方法、施工工艺。因为施工项目部都希望采用自己熟悉的、成熟的施工方法，企业现有的施工机械以及传统使用的施工工艺，这样施工比较有把握，施工速度快，又比较安全。

2.3.3 荷载计算

1. 模板荷载

1) 静荷载标准值

(1) 模板自重标准值。包括模板面板、支撑结构和连接件的自重以及安全防护结构，如护栏等的自重荷载。自重荷载标准值应根据模板设计图纸计算模板结构自重力。一般肋形楼板及无梁楼板的自重荷载见表2-6。

表2-6　模板自重荷载标准值(kN/m²)

项次	模板构件名称	竹(木)模板	定型组合钢模板
1	平板的模板及小楞	0.3～0.35	0.5
2	楼板模板(其中包括梁的模板)	0.5～0.35	0.75
3	当楼层高度4m以下时，楼板模板及其支撑结构(包括连接件)	0.75～0.80	1.1

(2) 新浇混凝土自重标准值。普通混凝土取24kN/m³，钢筋混凝土取25～25.5kN/m³。

(3) 新浇混凝土对模板侧面的压力标准值。采用内部振捣器时，新浇筑的混凝土作用于模板的最大侧压力，可按以下两式计算，并取两式中的较小值。

$$F = 0.22\gamma_0 t_0 \beta_1 \beta_2 V^{1/2} \tag{2-1}$$

$$F = \gamma_C H \tag{2-2}$$

式中：F——新浇混凝土对模板的最大侧压力(kN/m²)；

γ_C——混凝土的重力密度(kN/m³)；

t_0——新浇混凝土的初凝时间(h)，可按实测确定，当缺乏试验资料时，可采用$t_0 = 200/T + 15$计算(T为混凝土的温度℃)；

V——混凝土的浇筑速度(m/h)；

H——混凝土侧压力计算位置处至新浇混凝土顶面的总高度(m)；

β_1——外加剂影响修正系数,不掺外加剂时取 1.0,掺具有缓凝作用的外加剂时取 1.2;

β_2——混凝土坍落度影响修正系数,当坍落度小于 30mm 时取 0.85,50~90mm 时取 1.0,110~150mm 取 1.15。

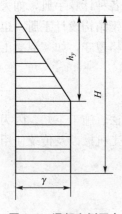

图 2.8 混凝土侧压力分布示意图

混凝土侧压力的计算分布如图 2.8 所示。

其中,有效压头高度 h_y 可按下列公式计算

$$h_y = F/\gamma_c \qquad (2-3)$$

2)活荷载标准值

(1)施工人员及施工设备荷载标准值。

① 计算模板板面及直接支撑模板板面的小楞时,均布荷载取 3.0kN/m²,另应以集中荷载 3.0kN 进行验算。比较两者所得的弯矩值,取其中较大者。

② 计算支撑结构立柱及其他支撑结构构件时,均布荷载取折减系数 0.8 左右。

③ 高层建筑施工上料平台荷载取 1.5kN/m²,但要考虑动力系数 1.2~2.0。

④ 大型浇筑设备如混凝土输送泵等按实际情况计算。

⑤ 混凝土堆集料高度超过 100mm 以上者,按实际堆集高度计算。

(2)振捣混凝土产生的荷载标准值。

① 对水平面模板产生的垂直荷载为 2kN/m²。

② 对垂直面模板,在新浇混凝土侧压力有效压头高度以内,取 4kN/m²;有效压头高度外不予考虑。

(3)倾倒混凝土时产生的荷载标准值。倾倒混凝土时,对垂直面模板产生的水平荷载见表 2-7。

表 2-7 倾倒混凝土时产生的水平荷载标准值(kN/m²)

项次	向模板内供料方法	水平荷载
1	溜槽、串筒或导管	2
2	容量小于 0.2m³ 的运输器具	2
3	容量为 0.2~0.8m³ 的运输器具	4
4	容量大于 0.8m³ 的运输器具	6

注:本荷载作用范围在有效压头高度内。

2.荷载分项系数和调整系数

根据《建筑结构荷载规范》(GB 50009—2001)中第 3.2.5 条,在模板施工方案进行一般模板结构构件计算时,各类荷载应乘以相应的活荷载分项系数与调整系数,其要求如下。

1)分项系数

(1)恒荷载分项系数。

① 当其效应对结构不利时,乘以分项系数 1.2。

② 当进行挠度计算时取分项系数为 1.0,对抗倾覆有利的恒荷载,其分项系数可取 0.9。

（2）活荷载分项系数。

① 一般情况下分项系数取 1.4。

② 模板的操作平台结构，当活荷载标准值大于 $4kN/m^2$ 时，分项系数可适当缩小（一般取 1.3）。

2）调整系数

（1）一般钢模板结构，其荷载设计值可乘以 0.85 的调整系数；但对冷弯薄壁型钢模板结构，其设计荷载值的调整系数为 1.0。

（2）木模板结构考虑到一般混凝土施工时都要湿润模板和浇水养护，含水率难以控制，故不乘以调整系数，以保证结构施工安全。

（3）在沿海和风荷载较大地区，应防止模板结构在风荷载作用下倾倒，应从构造上采取有效措施。当验算模板结构在自重力和风荷载作用下的抗倾倒稳定性时，风荷载按《建筑结构荷载规范》（GB 50009—2001）中第七章的规定采用，其中基本风压值应乘以调整系数 0.8。

（4）在模板上有动力设备时，应考虑动力系数进行调整。

3. 模板结构计算荷载组合

模板结构计算荷载组合应按《建筑结构荷载规范》（GB 50009—2001）中第 3.2 节规定进行计算。荷载编号见表 2-8，荷载组合见表 2-9。

表 2-8　荷 载 编 号

荷载名称	荷载编号	荷载名称	荷载编号
模板结构的自重	①	振捣混凝土时产生的荷载	⑤
新浇混凝土自重	②	新浇混凝土对模板侧面的压力	⑥
钢筋自重	③	倾倒混凝土时产生的荷载	⑦
施工人员及施工设备的自重	④	—	

表 2-9　荷 载 组 合

项次	模板结构项目	荷载组合	
		计算承载能力	验算挠度
1	平板及薄壳的模板及支架	①+②+③+④	①+②+③
2	梁和拱板的底板及支架	①+②+③+⑤	①+②+③
3	梁、拱、柱（边长≤300mm）、墙（厚≤100mm）的侧面模板	⑤+⑥	⑥
4	大体积结构、柱（边长>300mm）、墙（厚>100mm）	⑥+⑦	⑥

注：计算承载能力时，荷载组合中各项荷载均采用荷载设计值，即荷载标准值乘以相应的分项系数和调整系数。挠度验算时，荷载组合中各项荷载均采用荷载标准值。

4. 熟记荷载取值的基本要求

（1）《混凝土结构工程施工质量验收规范》（GB 50204—2002）中第 8.3 节，对现浇混凝土结构施工提出了具体要求（详见该规范表 8.3.2-1）。模板面板及其支撑结构的刚度直接影响所浇筑混凝土结构的外观形状与尺寸的准确性，因此，模板结构除必须保证足够的承载能力外，还应保证有足够的刚度。验算模板及支撑结构时，其最大变形值应满足规范要求。根据长期施工经验，支模时模板安装精度应符合下列要求。

① 对于结构表面不做装修的外露模板，为模板构件计算跨度的 1/400。

② 对于结构表面要做装修的隐蔽模板，为模板构件计算跨度 1/250。

③ 支撑结构的压缩变形或弹性挠度，应小于相应结构跨度的 1/1000。

另外 GB 50204—2002 第 4.2.5 条提出模板起拱要求，当梁板跨度等于或大于 4m 时，模板应根据设计要求起拱；当设计无要求时，起拱高度宜为全长跨度的 1/1000～3/1000。钢模板可取偏小值，木模板可取偏大值。组合钢模板结构的允许挠度，执行《组合钢模板技术规范》（GB 50214—2001）的规定。

（2）由于模板倒塌事故时有发生，为预防该类事故发生，模板中的结构计算方案十分重要，特别是模板支撑体系的稳定性计算。有的模板倒塌事故中，$\phi48$ 钢管的压应力不足 100N/m^2，远小于钢材抗压强度，主要原因是支撑系统整体性不足和钢管局部失稳。在计算过程中，需验算模板支撑主要构件立杆的稳定性、承受荷载的水平杆抗弯能力及力传递的扣件能力。另外立杆用回转扣件接长时产生的偏心荷载不可忽视，在计算中应该重视。扣件 $\phi48$ 钢管支模体系构造技术措施极为重要，由于支模计算模型并不完善，计算结果可靠性还需要构造技术措施来弥补，如剪刀撑、支模架水平杆与立体柱和墙连接等，这些技术措施是保证支模体系稳定的重要技术手段，在支模方案中应该高度重视。

2.3.4 应用案例：楼板模板计算

1. 面板计算

楼板、梁面板和柱的侧模都是受弯构件，应验算模板面板抗弯强度及刚度。根据其龙骨（楞）的间距和模板面板的大小，按单向简支或连续板计算。

本工程模板采用镀膜竹胶合板，其标准抗弯强度 $f_m \geqslant 17\text{N/mm}^2$，顺纹抗拉 $f_m \geqslant 10\text{N/mm}^2$，顺纹抗剪 $f_v \geqslant 1.7\text{N/mm}^2$，弹性模量 $E = 4.0 \times 10^3\text{N/mm}^2$。混凝土楼板厚 200mm，方木楞为 40mm×50mm，间距为 360mm，取 1000mm 的板带，按多跨连续板计算。

木板厚 12mm，其截面模量（宽为 1000mm）

$$W = 1/6 \times 1000\text{mm} \times (12\text{mm})2 = 24 \times 103\text{mm}^3$$

板的设计抗弯强度

$$Ft = f_m/1.55 = 11\text{N/mm}^2$$

荷载计算如下。

混凝土板的自重

$$0.2\text{m} \times 25.5\text{kN/m}^3 = 5.1\text{kN/mm}^2$$

模板自重

$$0.5\text{kN/m}^2$$
$$\Sigma = 5.6\text{kN/m}^2$$

活荷载

$$3.0\text{kN/m}^2$$

荷载组合

$$5.6 \times 1.2 + 3.0 \times 1.4 = 6.72 + 4.2 = 10.92(\text{kN/m}^2)$$

取 1000mm 板带，则总荷载为 10.92kN/m^2，按三跨连续梁进行计算（图 2.9），跨度为 360mm。

$$M=0.1\times10.92\times0.36^2=0.142(\text{kN}\cdot\text{m})$$

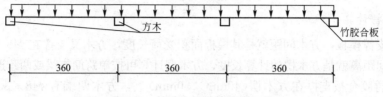

图 2.9 竹胶合板计算简图(一)

模板的弯曲应力

$$\sigma=\frac{0.142\times10^6}{24\times10^3}=5.92(\text{N/mm}^2)<F_1=11\text{N/mm}^2$$

施工均布荷载为集中荷载(图 2.10)。

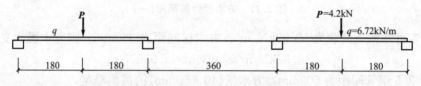

图 2.10 竹胶合板计算简图(二)

均布荷载

$$5.6\times1.2=6.72(\text{kN/m})$$

集中荷载

$$3.0\times1.4=4.2(\text{kN})$$

查文献《建筑结构静力计算手册》,求出集中荷载内力系数为 0.213,则

$$M=0.1\times6.72\times0.36^2+0.213\times4.2\times0.36=0.087+0.322=0.409\text{kN}\cdot\text{m}$$

$$\sigma=\frac{0.409\times10^6}{24\times10^3}=17(\text{N/mm}^2)>F_1=11\text{N/mm}^2$$

由于板的弯曲应力已大于竹胶合板抗弯强度,改用板厚为 18mm,则

$$W=1/6\times1000\text{mm}\times(18\text{mm})^2=54\times10^3\text{mm}^3$$

$$\sigma=\frac{0.409\times10^6}{54\times10^3}=7.57(\text{N/mm}^2)<F_1=11\text{N/mm}^2$$

挠度计算(均布荷载)时荷载不乘以分项系数,则

$$g=5.6+3.0=8.6(\text{kN/m})=8.6\text{N/mm}$$

查文献《建筑结构静力计算手册》,可查得均布荷载下跨中挠度系数为 0.677(最大值),故得挠度

$$f=0.677\times\frac{gl^4}{100EI}$$

木板惯性距 I 计算如下。

板宽 $b=1000\text{mm}$,厚 $h=18\text{mm}$。

$$I=1/12bh^3=1/12\times1000\times18^3=0.486\times10^6(\text{mm})$$

胶合板弹性模量 $E=4.0\times10^3\text{N/mm}^2$

$$f=\frac{0.677\times8.6\times360^4}{100\times4.0\times10^3\times0.486\times10^6}=0.5(\text{mm})$$

$$\frac{f}{l}=\frac{0.5}{360}=\frac{1}{720}<1/250$$

2. 方木楞计算

方木楞支撑模板，方木间距就是其模板面积受荷长度，方木又支撑在 $\phi48\times3.5$ 钢管上，两根钢管之间距离就是方木楞的计算长度，方木楞计算可按单跨简支梁或两跨连续梁计算。

上例中竹胶合板支撑在方木楞（40mm×50mm）上，方木两端有 $\phi48\times3.5$ 钢管支撑，按简支梁计算方木楞的弯矩，如图 2.11 所示。

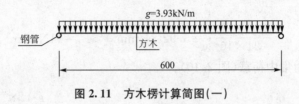

图 2.11　方木楞计算简图（一）

由例 1 可知模板荷载为 $10.92kN/m^2$，方木楞间距为 360mm，则方木楞承受均布荷载

$$10.92kN/m^2\times0.36m=3.93kN/m$$

$\phi48\times3.5$ 钢管间距为 600mm，方木楞（40×50mm）的截面模量

$$W=1/6\times40mm\times(50mm)^2=16.7\times10^3mm$$

$$M=1/8\times3.93\times0.6^2=0.176(kN\cdot m)$$

$$\sigma=\frac{M}{W}=\frac{0.176\times10^6}{16.7\times10^3}=10.5(N/mm^2)<13N/mm^2$$

挠度计算。

方木楞惯性距

$$I=1/12\times bh^3=1/12\times40\times50^3=417\times10^3(mm^4)$$

弹性模量

$$E=9\,000N/m^2$$

方木楞承受荷载　$(5.6+3.0)\times0.36=3.1(kN/m)=3.1N/mm$

按简支梁计算挠度

$$f=\frac{5gl^4}{384EI}=\frac{5\times3.1\times600^4}{384\times9\,000\times417\times10^3}=1.4(mm)$$

$$\frac{f}{l}=\frac{1.4}{600}=\frac{1}{428}<1/250$$

3. 支模架计算

支模架水平钢管 $\phi48\times3.5$ 由立杆（$\phi48\times3.5$）钢管支撑，立杆间距就是水平钢管的计算长度，一般情况下，水平钢管是受弯构件，可按三跨连续梁计算，也可按下式简化计算，如图 2.12 所示。

$$M=0.1\times gl^2$$

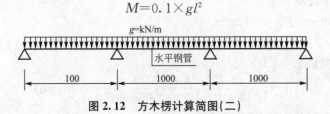

图 2.12　方木楞计算简图（二）

当水平杆承受集中荷载时，则最不利状态，按三跨连续梁计算，也可简化计算如下

$$M=0.213\times PL$$

式中：P——集中荷载，通常是方木楞传来的荷载；

M——水平杆的弯矩；

g——水平杆承载的竖向均布荷载；

L——计算长度。

上例中方木楞承受均布荷载为 3.93kN/m，方木楞计算长度为 600mm，两端另加 100mm，则方木楞支撑在水平钢管的荷重

$$P=l/2\times3.93\times(0.6+0.1\times2)=1.572(\text{kN})$$

水平钢管计算长度为 1 000mm，查文献《建筑结构静力计算手册》可得系数 0.213。

$$M=0.213\times1.572\times1.0^2=0.335(\text{kN}\cdot\text{m})$$

$$\sigma=\frac{M}{W}=\frac{0.335\times10^6}{5.08\times10^3}=66(\text{N/mm}^2)<205\text{N/mm}^2$$

上式计算中未计钢管的自重，钢管的截面模量为 5.08cm^3。

按三跨连续梁计算，查文献《建筑结构静力计算手册》可得最大挠度系数为 1.615，则

$$f=\frac{kpl^3}{100EI}=\frac{1.615\times1.572\times10^3\times1\,000^3}{100\times2.06\times10^5\times12.09\times10^4}=1.011(\text{mm})<1000/250=4\text{mm}$$

按三跨连续梁计算，查文献《建筑结构静力计算手册》得支座剪力系数为 0.615＋ 0.5＝1.15，水平钢管传递给立杆的荷载为

$$1.15p=1.15\times1.572=1.81\text{kN}<8\text{kN}$$

故水平杆通过扣件传递给立杆满足规范要求。

由于楼板支模架立杆荷载很小，故不必验算立杆强度与稳定性，但必须按规范 JGJ 130—2011 的要求设置剪刀撑。

 **知识链接**

钢模板配板设计

组合钢模板是目前使用较广泛的一种通用性组合模板。用它进行现浇钢筋混凝土结构施工，可事先按设计要求组拼成基础、梁、柱、墙等各种大型模板，整体吊装就位。也可以采用散装散拆方法，比较方便灵活。进行钢模板配板设计，绘制钢模板配板图一般应遵循下列原则和要求。

(1) 尽可能选用 P3015 或 P3012 钢模板为主板，其他规格的钢模板作为拼凑模板之用。这样可减少拼接，节省工时和配件，增强整体刚度，拆模也方便。

(2) 配板时，应以长度为 1500mm、1200mm、900mm、500mm，宽度为 300mm、200mm、150mm、100mm 等规格的平面模板为配套系列，这样基本上可配出以 50mm 为模数的模板。在实际使用时，个别部位不能满足的尺寸可用少量木材拼补。同时，应对多方案进行比较，择优选用拼木面积较小的布置方案。

(3) 钢模板排列时，模板的横放或立放要慎重考虑。一般应以钢模板的长度沿着墙、板的长度方向、柱子的高度方向和梁的长度方向排列。这种排列方法称之为横排。这样有利于使用长度较大的钢模板，也有利于钢楞或桁架支撑的合理布置。

(4) 要合理使用转角模板，对于构造上无特殊要求的转角可以不用阳角模板，而用连接角模代替。阳角模板宜用在长度大的转角处。柱头、梁口和其他短边转角部位如无合适的阴角模板也可用方木代替。一般应避免钢模板的边肋直接与混凝土面相接触，以利拆摸。

（5）绘制钢模板配板图时，尺寸要留有余地。一般4m以内可不考虑。超过4m时，每4～5m要留3～5mm，调整的办法大都采用木模补齐，或安装端头时统一处理。

布置学习任务

以项目部为单位，查阅资料并将成果汇总整理做成PPT，项目部推荐1名同学代表该项目部进行交流演讲。项目部之间互评，教师亦参与成果点评和成绩评定。学生讲述的题目如下。

（1）模板安装完成后为什么要验收，验收的程序和验收的标准是什么？

（2）模板拆除需要具备哪些条件？做一份模板拆除的安全交底。

学习任务2.4 模板验收与模板拆除

2.4.1 学习模板验收标准

1. 主控项目

模板安装完成后，应对其承载能力、刚度和稳定性进行检查和质量评定，这项工作称之为模板验收。只有经过验收合格的模板，才可以投入使用，模板验收标准见表2-10～表2-13。

表2-10 主控项目内容及验收要求

项次	项目内容	规范编号	质量要求	验收方法
1	模板支撑、立柱位置和垫板	第4.2.1条	安装现浇结构的上层模板及其支架时，下层楼板应具有承受上层荷载的能力，或加设支架；上、下层支架的立柱应对准，并铺设垫板	检查数量：全数检查 检查方法：对照模板设计文件和施工技术方案进行现场查验
2	避免隔离剂沾污钢筋和混凝土	第4.2.2条	在涂刷模板隔离剂时，不沾污钢筋和混凝土接槎处	检查数量：全数检查 检查方法：观察

2. 一般项目

表2-11 一般项目内容及验收要求

项次	项目内容	规范编号	质量要求	验收方法
1	模板安装的一般要求	第4.2.3条	模板安装应满足下列要求。（1）模板的接缝不应漏浆；在浇筑混凝土前，木模板应浇水湿润，但模板内部不应有积水。（2）模板与混凝土的接触面应清理干净并涂刷隔离剂，但不得采用影响结构性能或妨碍装饰工程施工的隔离剂。（3）浇筑混凝土前，模板内的杂物应清理干净。（4）对清水混凝土工程及装饰混凝土工程，应使用能达到设计效果的模板	检查数量：全数检查 检查方法：观察

（续）

项次	项目内容	规范编号	质量要求	验收方法
2	用做模板的地坪、胎膜质量	第4.2.4条	用做模板的地坪、胎膜等应平整光洁，以免产生影响，致使建筑物质量的下沉、裂缝、起砂或鼓起	检查数量：全数检查 检查方法：观察
3	模板起拱高度	第4.2.5条	对跨度不小于4m的现浇钢筋混凝土梁、板，其模板应按设计要求起拱，当设计无具体要求时，起拱高度宜为跨度的1/1000～2/1000	检查数量：在同一检验批内，对梁，应抽查构件数量的10%，且不少于3件；对板，应按有代表性的自然间抽查10%，且不少于3间；对大空间结构，板可按纵、横轴划线分面检查，抽查10%，且不少于3面 检查方法：水准仪或拉线、钢尺检查
4	预埋件、预留孔允许偏差	第4.2.6条	固定在模板上的预埋件、预留孔和预留洞均不得遗漏，且应安装牢固，其偏差应符合规定	检查数量：在同一检验批内，对梁、柱和独立基础，应抽查构件数量的10%，且不少于3件；对墙和板，应按有代表性的自然间抽查10%，且不少于3间；对大空间结构，墙可按相邻轴线间高度5m左右划分检查面，板可按纵横轴线划分检查面，抽查10%，且均不少于3面 检查方法：钢尺检查
5	现浇结构模板安装允许偏差	第4.2.7条	现浇结构模板安装的偏差应符合规定	检查数量：在同一检验批内，对梁、柱和独立基础，应抽查构件数量的10%，且不少于3件；对墙和板，应按有代表性的自然间抽查10%，且不少于3间；对大空间结构，墙可按相邻轴线间高度5m左右划分检查面，板可按纵、横轴线划分检查，抽查10%，且均不少于3面
6	预制构件模板安装允许偏差	第4.2.8条	预制构件模板安装的偏差应符合规定	检查数量：首次使用及大修后的模板应全数检查；使用中的模板应定期检查，并根据使用情况不定期抽查

表2-12　预埋件和预留孔洞的允许偏差

项目	允许偏差/mm
预埋钢板中心线位置	3
预埋管、预留孔中心线位置	3

（续）

项目		允许偏差/mm
插筋	中心线位置	5
	外露长度	+10，0
预埋螺栓	中心线位置	2
	外露长度	+10，0
预留洞	中心线位置	10
	尺寸	+10，0

注：检查中心线位置时，应沿纵、横两个方向量测，并取其中的较大值。

表 2－13　现浇结构模板安装的允许偏差及检验方法

项目		允许偏差/mm	检验方法
轴线位置		5	钢尺检查
底模上表面标高		±5	水准仪或拉线、钢尺检查
界面内部尺寸	基础	±10	钢尺检查
	柱、墙、梁	+4，−5	钢尺检查
层高垂直度	不大于5m	6	经纬仪或吊线、钢尺检查
	大于5m	8	经纬仪或吊线、钢尺检查
相邻两板表面高低差		2	钢尺检查
表面平整度		5	2m靠尺和塞尺检查

注：检查轴线位置，应沿纵、横两个方向量测，并取其中的较大值。

2.4.2　填写验收记录表

模板验收过程中，应对照验收标准填写相关表格，并作为存档资料备查。模板拆除也是如此，同样有相应的表格需要填写并留档保存。具体参见表 2－14 与表 2－15。

表 2－14　模板安装工程检验批质量验收记录

（GB 50204—2002）

单位(子单位)工程名称				
分部(子分部)工程名称			验收部位	
施工单位			项目经理	
施工执行标准名称及编号				
施工质量验收规范的规定		施工单位检查评定记录		监理(建设)单位验收记录
主控项目	1	模板支撑、立柱位置和垫板	第4.2.1条	
	2	避免隔离剂沾污	第4.2.2条	

（续）

	1	模板安装的一般要求			第4.2.3条							
一般项目	2	用作模板地坪、胎膜质量			第4.2.4条							
	3	模板起拱高度			第4.2.5条							
	4	预埋件、预留孔允许偏差	预埋钢板中心线位置/mm		3							
			预埋管、预留孔中心线位置/mm		3							
			插筋	中心线位置/mm	5							
				外露长度/mm	+10, 0							
			预埋螺栓	中心线位置/mm	2							
				外露长度/mm	+10, 0							
			预留洞	中心线位置/mm	10							
				尺寸/mm	+10, 0							
	5	模板安装允许偏差	轴线位置/mm		5							
			底模上表面标高/mm		±5							
			截面内部尺寸/mm	基础	±10							
				柱、墙、梁	+4, -5							
			层高垂直度/mm	不大于5mm	6							
				大于5mm	8							
			相邻两板表面高低差/mm		2							
			表面平整度/mm		5							

施工单位检查评定结果	专业工长(施工员)		施工班组长	
	项目专业质量检查员		年 月 日	
监理(建设)单位验收结论	专业监理工程师 (建设单位项目专业技术负责人)		年 月 日	

表 2-15　模板拆除工程检验批质量验收记录

(GB 50204—2002)

单位(子单位)工程名称					
分部(子分部)工程名称				验收部位	
施工单位				项目经理	
施工执行标准名称及编号					
施工质量验收规范的规定				施工单位检查评定记录	监理(建设)单位验收记录
主控项目	1	底模及其支架拆除时的混凝土强度	第4.3.1条		
	2	后张法预应力构件侧模和底模的拆除时间	第4.3.2条		
	3	后浇带拆模和支顶	第4.3.3条		
一般项目	1	避免拆模损伤	第4.3.4条		
	2	模板拆除、堆放和清运	第4.3.5条		
施工单位检查评定结果		专业工长(施工员)		施工班组长	
		项目专业质量检查员　　　　　年　月　日			
监理(建设)单位验收结论		专业监理工程师(建设单位项目专业技术负责人)　　　　年　月　日			

2.4.3　现浇混凝土结构拆模条件

对于整体式结构的拆模期限，应遵守以下规定。

(1)非承重的侧面模板，在混凝土强度能保证其表面及棱角不因拆除模板而损坏时，方可拆除。

(2)底模板在混凝土强度达到表 2-16 的规定后，方可拆除。

表 2-16　底模拆除时的混凝土强度要求

构件类型	构件跨度/m	达到设计的混凝土立方体抗压强度标准值的百分率(%)
板	≤2	≥50
	>2,≤8	≥75
	>8	≥100

(续)

构件类型	构件跨度/m	达到设计的混凝土立方体抗压强度标准值的百分率(%)
梁、拱、壳	≤8	≥75
	>8	≥100
悬臂构件	—	≥100

（3）已拆除模板及其支架的结构，应在混凝土达到设计强度后，才允许承受全部计算荷载。施工中不得超载使用已拆除模板的结构，严禁堆放过量建筑材料。当承受施工荷载大于计算荷载时，必须经过核算加设临时支撑。

（4）钢筋混凝土结构如在混凝土未达到表2-16所规定的强度时进行拆模及承受部分荷载，应经过计算复核结构在实际荷载作用下的强度。必要时应加设临时支撑，但需说明的是表2-16中的强度系指抗压强度标准值。强度在常温下可以按曲线表2-17推算，而在低温时应按所做的同条件试块压出的值来确定。所以冬期施工拆模时间离浇筑完毕时间较长。

表 2-17　混凝土强度与温度、龄期的关系曲线

控制混凝土所用水泥种类	关系曲线
42.5	

（5）多层框架结构当需拆除下层结构的模板和支架，而其混凝土强度尚不能承受上层模板和支架所传来的荷载时，则上层结构的模板应选用减轻荷载的结构(如悬吊式模板、桁架支模等)，但必须考虑其支撑部分的强度和刚度，或对下层结构另设支柱(或称再支撑)后，才可安装上层结构的模板。

2.4.4　详细说明拆模程序和注意事项

1. 拆模程序

（1）模板拆除一般是先支的后拆、后支的先拆，先拆非承重部位，后拆承重部位，并做到不损伤构件或模板。

（2）肋形楼盖应先拆柱模板，再拆楼板底模、梁侧模板，最后拆梁底模板。拆除跨度较大的梁下支柱时，应先从跨中开始分别拆向两端。侧立模的拆除应按自上而下的原则进行。

（3）工具式支模的梁、板模板的拆除，应先拆卡具，顺口方木、侧板，再松动木楔，使支柱、桁架等平稳下降，逐段抽出底模板和横档木，最后取下桁架、支柱、托具。

（4）多层楼板模板支柱的拆除。当上层模板正在浇筑混凝土时，下一层楼板的支柱不得拆除；再下一层楼板支柱，仅可拆除一部分。跨度为 4m 及 4m 以上的梁，均应保留支柱，其间距不得大于 3m；其余再下一层楼的模板支柱，当楼板混凝土达到设计强度时，方可全部拆除。

2. 拆模注意事项

（1）拆除时不要用力过猛、过急，拆下来的木料应整理好及时运走，做到活完地清。

（2）在拆除模板过程中，如发现混凝土有影响结构安全的质量问题时，应暂停拆除。经处理后，方可继续拆除。

（3）拆除跨度较大的梁下支柱时，应先从跨中开始，分别拆向两端。

（4）多层楼板模板支柱的拆除，其上层楼板正在浇筑混凝土时，下一层楼板模板的支柱不得拆除，再下一层楼板的支柱，仅可拆除一部分。

（5）拆模间歇时，应将已活动的模板、牵杆、支撑等运走或妥善堆放，防止因扶空、踏空而坠落。

（6）模板上有预留孔洞者，应在安装后将洞口盖好。混凝土板上的预留孔洞应在模板拆除后随即将洞口盖好。

（7）模板上架设的电线和使用的电动工具，应用 36V 的低压电源或采用其他有效的安全防护措施。

（8）拆除模板一般用长撬棍，人不许站在正在拆除的模板下。在拆除模板时要防止整块模板掉下，拆模人员要站在门窗洞口外拉支撑，防止模板突然全部掉落伤人。

（9）高空拆模时，应有专人指挥，并在下面标明工作区，暂停人员过往。

（10）定型模板要加强保护，拆除后即清理干净、堆放整齐，以利再用。

（11）已拆除模板及其支架的结构，应在混凝土强度达到设计强度等级后，才允许承受全部计算荷载。当承受施工荷载大于计算荷载时，必须经过核算，加设临时支撑。

2.4.5 应用案例：模板拆除安全交底

安全交底记录		编号	
工程名称	××工程	交底日期	×年×月×日
施工单位	××建筑工程公司	分项工程名称	模板
交底提要	模板安全拆除的各项要求		

交底内容如下。
（1）高处、复杂结构模板的装拆，事先应有可靠的职业健康安全措施。
（2）拆楼层外边模板时，应有防高空坠落及防止模板向外倒跌的措施。
（3）在模板拆装区域周围，应设置围栏，并挂明显的标志牌，禁止非作业人员入内。
（4）拆模起吊前，应检查对拉螺栓是否拆净，在确无遗漏并保证模板与墙体完全脱离后方准起吊。
（5）模板拆除后，在清扫和涂刷隔离剂时，模板要临时固定好。板面相对停放之间，应留出 500~600mm 宽的人行通道，模板上方要用拉杆固定。
（6）拆模后模板或木方上的钉子应及时拔除或敲平，防止钉子扎脚。
（7）模板所用的脱模剂在施工现场不得乱扔，以防止影响环境质量。
（8）拆模时，临时脚手架必须牢固，不得用拆下的模板作脚手架。
（9）组合钢模板拆除时，上下应有人接应，模板随拆随运走，严禁从高处抛掷。

（续）

（10）拆基础及地下工程模板时，应先检查基坑土壁状况，如有不安全因素，必须在采取职业健康安全措施后，方可作业。拆除的模板和支撑件不得在基坑上口1m以内堆放，应随拆随运走。

（11）拆模必须一次性拆清，不得留有无撑模板。混凝土板有预留孔洞时，拆模后，应随时在其周围做好职业健康安全护栏，或用板将孔洞盖住，防止作业人员因扶空、踏空而坠落。

（12）拆模间歇时，应将已活动的模板、拉杆、支撑等固定牢固，防止其突然掉落伤人。

（13）拆模时，应逐块拆卸，不得成片松动、撬落或拉倒，严禁作业人员在同一垂直面上同时操作。

（14）拆4m以上模板时，应搭脚手架或工作台，并设防护栏杆。严禁站在悬臂结构上敲拆底模。

（15）两人抬运模板时，应相互配合、协同工作。传递模板、工具，应用运输工具或绳索系牢后升降，不得乱抛。

（16）拆楼层外边模板时，应有防高空坠落及防止模板向外倒跌的措施。

（17）模板放置时应满足稳定要求，两块大模板应采取板面相对的存放方法。

（18）施工楼层上不得长时间存放模板，当模板临时在施工楼层存放时，必须有可靠的防止倾倒措施，禁止沿外墙周边存放在外挂架上。

（19）模板起吊前，应检查吊装用绳索、卡具及每块模板上的吊钩是否完整有效，并应拆除一切临时支撑，检查无误后方可起吊。

（20）模板安装就位后，要采取防止触电的保护措施，施工楼层上的配电箱必须设漏电保护装置，防止漏电伤人。

技术负责人：	交底人：	接交人：

本情境小结

模板虽然是临时性的设施，但它对建筑物的构件尺寸、外观形态、混凝土浇筑和施工过程安全均有重大影响。同时，它也是费工费时的一道工序。因此，对模板的设计和安装必须引起高度重视。

传统的木模板依然在工程项目中占有很大比重，关于木模板的设计、安装、拆除自然是学习的重点。近些年较多使用多层合一的大张木模板，因强度好、剪裁方便、平整度高、价格合理而备受施工人员青睐。小型钢模板使用也很多，主要是周转次数多，保养相对比较简单。但钢模板需要根据构件尺寸进行配板设计，有时还需要补充少量的木模板才能满足实际要求。总体看这两种类型的模板应用广泛，也容易被施工人员熟悉和掌握。

值得注意的是，各类新型模板，无论在使用数量方面还是使用范围方面都有迅速增多增大的趋势。从长远发展的角度，学生不能忽视这部分内容的学习。压型钢模板、滑动钢模板等，其施工工艺已经相当成熟，相信它们在高层建筑不断增多的情况下，会得到更加普遍的应用。

习　题

一、单项选择题

(1) 模板按( )分类，可分为现场拆装式模板、固定式模板和移动式模板。

A. 材料　　　　　　　　　　　　　B. 结构类型

C. 施工方法　　　　　　　　　　　D. 施工顺序

(2) 拆装方便、通用性较强、周转率高的模板是( )。

A. 大模板　　　　　　　　　　　　B. 组合钢模板

C. 滑升模板　　　　　　　　　　　D. 爬升模板

(3) 在常用模板中，具有轻便灵活、拆装方便、周转率高、接缝多且严密性差、混凝土成型后外观质量差等特点的是( )。

A. 木模板　　　　　　　　　　　　B. 组合钢模板

C. 钢框木胶合板模板　　　　　　　D. 钢大模板

(4) 模板支设正确的是( )。

A. 模板及其支架按经批准的施工技术方案进行

B. 模板允许漏浆

C. 模板内杂物可以不清理

D. 4.5m 跨度模板允许凹陷

(5) 跨度为 4.5m 的模板，底模板拆模时的混凝土强度要求不低于( )。

A. 30N/mm²　　　　　　　　　　　B. 15N/mm²

C. 24N/mm²　　　　　　　　　　　D. 22.5N/mm²

(6) 滑升模板的组成是( )。

A. 模板系统和支撑系统　　　　　　B. 模板、支撑和连接件

C. 模板和连接件　　　　　　　　　　D. 模板系统、操作平台系统和提升系统

二、多项选择题

(1) 模板及其支架应具有足够的(　　)。

A. 刚度　　　　　　　　　　　　　　B. 强度

C. 稳定性　　　　　　　　　　　　　D. 密闭性

E. 湿度

(2) 用作模板的地坪、胎膜等应平整光洁，不得产生影响构件质量的(　　)。

A. 下沉　　　　　　　　　　　　　　B. 裂缝

C. 起砂　　　　　　　　　　　　　　D. 起鼓

E. 坡度

(3) 模板的拆除顺序一般是(　　)。

A. 先支的先拆　　　　　　　　　　　B. 先支的后拆

C. 后支的先拆　　　　　　　　　　　D. 后支的后拆

E. 先拆板模后拆柱模

(4) 大模板存放必须将地脚螺栓提上去，使自稳角成为(　　)。

A. 40°～50°　　　　　　　　　　　B. 50°～60°

C. 60°～70°　　　　　　　　　　　D. 70°～80°

(5) 混凝土结构模板拆除时，以下说法正确的有(　　)。

A. 底模及其支架拆除时间根据周转材料租期需要确定，无需考虑其他影响因素

B. 侧模及其支架拆除时的混凝土强度应能保证其表面棱角不受损伤

C. 后浇带模板的拆除和支顶应按施工技术方案执行

D. 模板拆除时，不应对楼面形成冲击荷载

E. 拆除的模板和支架宜分散堆放并及时清运

(6) 模板工程安全检查的保证项目是(　　)。

A. 支撑系统　　　　　　　　　　　　B. 模板验收

C. 模板存放　　　　　　　　　　　　D. 支、拆模板

三、简答题

(1) 对模板的基本要求是什么？

(2) 拆模作业应注意的安全事项有哪些？

(3) 高大模板支撑系统的定义是什么？

(4) 如何对模板分项工程实施验收？

四、交流与探讨

(1) 模板安装的基本原则是什么？

(2) 门窗洞口木模板的搭设方法有哪些？

(3) 弧形墙的钢模板怎样搭设？

(4) 现浇楼板如何起拱？

(5) 后浇带的模板怎样搭设？

(6) 框架结构模板的施工要点有哪些？

学习情境3

钢筋制作

专业	建筑类相关专业	学习领域	钢筋混凝土工程施工与组织	学习情境	钢筋制作	建议学时	40学时
工作情境描述	钢筋制作是钢筋混凝土工程施工的主要环节。工程技术人员首先要识读结构施工图，并做出钢筋下料单和相关技术交底，然后由钢筋班组长安排工人进行钢筋加工和制作，完成后由技术人员对钢筋隐蔽工程实施验收						
学习任务	(1) 识读结构施工图 (2) 依据图纸进行钢筋翻样并填写钢筋下料单 (3) 做钢筋分项工程的技术交底和安全交底 (4) 按下料单加工、制作钢筋 (5) 按照技术交底现场绑扎梁、板、柱这些基本构件的钢筋 (6) 钢筋隐蔽工程验收						
学习目标	(1) 正确识读结构施工图 (2) 明确钢筋混凝土结构中基本构件的受力特点和相互关系 (3) 清楚受力钢筋和构造钢筋在构件中的部位和名称 (4) 能够依据图纸进行钢筋翻样且填写下料单 (5) 能够按下料单和技术交底进行钢筋制作和安装 (6) 依据验收标准对钢筋隐蔽工程进行验收						
学习内容	(1) 系列标准图集中有关结构图识读的方法和规则 (2) 钢筋的主要性能、技术参数和构造要求 (3) 钢筋混凝土结构中基本构件的受力特征 (4) 钢筋翻样的原则和方法 (5) 钢筋分项工程技术交底与安全交底的主要内容 (6) 钢筋分项工程验收标准						
教学条件	(1) 所需工具、材料、设备：①相关型号和数量的钢筋；②钢筋加工台一个；③钢筋切割机、煨弯机、电焊机各一台；④钢筋钳子和绑钩若干。 (2) 资料：①规范、图集、图纸；②教材和学生工作页；③钢筋下料单和验收表。						
教学方法组织形式	(1) 课堂教学和实训操作轮回交替 (2) 学生分组学习，教师对其过程给予点评和指导						
教学流程	(1) 学生分组查阅有关建筑钢材的技术资料，全面了解钢筋的基本性能 (2) 比照现场实物，分析钢筋混凝土构件的受力特征 (3) 小组讨论、学习结构施工图的平法设计规则，识读教师发放的图纸 (4) 以小组为单位进行钢筋翻样 (5) 做好钢筋工程的技术交底与安全交底 (6) 在实训基地进行钢筋混凝土基本构件的钢筋绑扎 (7) 组织检查验收、填写标准表格						
学业评价	(1) 能够准确说出钢筋的基本性能 (2) 清楚钢筋混凝土基本构件的受力特征及其配筋方式 (3) 可以讲述平法设计规则的要点，并正确识读结构施工图 (4) 明确钢筋的各种连接方式和构造要求，会做钢筋翻样 (5) 能够指认常用的钢筋加工机具 (6) 按照交底和施工图纸现场绑扎钢筋 (7) 可根据验收标准进行钢筋隐蔽工程验收						

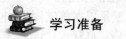 **学习准备**

参见"学习情境1"的"学习准备"和表1-1，与其职责表述不同之处见表3-1。

表 3 - 1　部分项目部人员名单

姓名	职务	岗位职责	备注
	测量员	协助施工员对下料单中的钢筋进行现场量测，并作出钢筋截断计划。协助质检员量测受力钢筋锚固长度和箍筋间距。	
	施工员	依据图纸和资料员提供的资料，组织大家识读结构施工图并实施钢筋翻样和施工方案拟定，同时完成相应的技术交底工作；带领项目部成员进行钢筋绑扎。	
	安全员	负责编写钢筋工程施工方案中有关安全管理的专篇；组织项目部学习安全操作规程并做安全交底；对项目操作过程实施安全检查并填写相关检查记录表。	

 引例

工业革命给建筑业带来了前所未有的繁荣和生机。法国埃菲尔铁塔便是一个象征机器文明、展示工业技术和文化成就、被法国人爱称为"铁娘子"的钢铁巨人。这个巨人的诞生，标志着钢铁和建筑成了密不可分的整体。至此一座座摩天大楼拔地而起，钢材作为它强劲的骨骼成为人们关注的重点。

问题：钢筋缘何而来？它在钢筋混凝土结构中起什么作用呢？

 解析

法国有个名叫莫尼尔的园艺师，因为花坛经常被游客踏碎、花盆也时常因换土不慎打破而冥思苦想："有什么办法可使人们既能踏上花坛，又不容易踩坏花坛，且花盆完好呢？"后来他从花木的根系纵横交错把松软的泥土牢牢地连在了一起这件事上得到启发，将铁丝仿照花木根系编成网状，然后和水泥、砂石一起搅拌，做成花坛和花盆，结果非常牢固。这应该是钢筋混凝土的最早雏形。

随着钢材在建筑中使用的数量越来越多，钢材的品种和形式也同步增加，其中钢筋的使用量最大。它在钢筋混凝土结构中主要承受拉力，这是由钢筋的力学性能决定的。

 知识点

钢筋是工业和民用建筑必不可少的结构性建筑材料。由于钢筋混凝土结构仍然是当代最主要的结构形式，因此钢筋的抗拉性能、焊接性能、冷弯性能等是关注的重点。

实际工作中有一个环节十分重要，那就是钢筋翻样。所谓钢筋翻样就是根据施工图纸和相关图集，把钢筋混凝土构件(包括基础、柱、梁、板、墙)里的钢筋型号、形状、长度、数量用图表的方式展现出来，钢筋工以此为据进行备料和加工。能够进行钢筋翻样的前提是识读结构施工图，这也是本学习情境将重点训练的内容。熟练应用平法设计规则和钢筋构造要求进行钢筋翻样，以及对钢筋隐蔽工程实施验收是本学习情境里主要的学习任务。

 布置学习任务

以项目部为单位，查阅资料并将成果汇总整理做成 PPT，项目部推荐 1 名同学代表该项目部进行交流演讲。项目部之间互评，教师也参与成果点评和成绩评定。学生讲述的题目如下。

(1) 谈谈钢筋的物理和化学性能，以及这些性能在实际工程中的表现和应用。

(2) 讲述钢筋的力学性能并说明其在工程中的重要意义。

(3) 通过案例说明钢筋的工艺性能也是钢筋的一个不能忽视的指标。

(4) 讲讲钢筋的锚固性能。

 特别提示

本教材可作为学生查阅和学习的资料之一，教师提倡并鼓励项目部全体人员主动学习，查阅更多资料并向有实践经验的外聘教师和师傅请教，以获得更多的信息。项目部所做的 PPT 如果完全停留在本教材的层面，没有内容的增加或图片的收集，那么本学习任务的成绩将评定为"不合格"。

学习任务 3.1　描述钢筋的基本性能

3.1.1　钢筋的分类

 特别提示

钢筋混凝土结构中常用的钢材有钢筋和钢丝(包括钢绞线)两类：直径在 6mm 以上者称为钢筋，直径在 5mm 以内者称为钢丝。

钢筋种类繁多、性能各异。可以按化学成分、屈服强度、外表形态、生产工艺等进行分类。

1. 按化学成分划分

按化学成分，钢筋可分为普通碳素钢及合金钢(表 3-2)。

表 3-2　钢材的类别及用途

类别		C(%)	合金元素(%)	用途
普通碳素钢	低碳钢	<0.25	—	建筑钢材、高强度钢丝
	中碳钢	0.25～0.6		
	高碳钢	0.6～1.4		
合金钢	低合金钢	—	<5	建筑钢材
	中合金钢		5～10	
	高合金钢		>10	

随着含碳量的增加，其强度、硬度增加，但塑性、韧性减少。建筑中常用普通低碳钢。

在普通碳素钢中加入某些合金元素，如锰、钛、硅、钒，而冶炼成的钢称为合金钢。这些钢中有些含碳量也较高，但由于加入了合金元素，不但强度提高，而且其他性能有所改善。建筑上常用低合金钢。

2. 按屈服强度划分

按屈服强度可分为 HPB235 级、HRB335 级、HRB400 级及 HRB500 级、RRB400 级钢筋，其中 HPB235 级～HRB500 级为热轧钢筋，RRB400 级钢筋为余热处理钢筋，它们的屈服强度分别如下。

(1) HPB235 级：屈服点为 235MPa，抗拉强度为 370MPa。

(2) HRB335 级：屈服点为 335MPa，抗拉强度为 490MPa。

(3) HRB400 级：屈服点为 400MPa，抗拉强度为 570MPa。

(4) HRB500 级：屈服点为 500MPa，抗拉强度为 630MPa。

(5) RRB400 级：屈服点为 440MPa，抗拉强度为 600MPa。

3. 按外形划分

(1) 光面钢筋：断面为圆形，表面无刻纹，使用时需加弯钩。又分为光面圆钢和光面方钢筋。

(2) 螺纹钢筋：表面轧制成螺旋纹、人字纹以增大与混凝土的黏结力。

(3) 精轧螺纹钢筋：新近开发的用作预应力钢筋的新品种，钢号为 40Si2MnV。

(4) 刻痕钢丝：由光面钢筋经机械压痕而成。

(5) 钢绞线：用 2 根、3 根或 7 根圆钢丝捻制而成。

此外还有压波钢丝、冷轧钢筋。

4. 按生产工艺划分

按钢筋生产工艺，混凝土结构用的普通钢筋可分为两类：热轧钢筋和冷加工钢筋（冷轧带肋钢筋、冷轧扭钢筋、冷拔螺旋钢筋）。冷拉钢筋与冷拔低碳钢丝已逐渐淘汰。

5. 按供货方式划分

按钢筋供货方式可分为盘圆钢筋（直径≤10mm）和直条钢筋（长 6～12m），根据需方要求，也可按其他规格定尺供应。

钢筋分类堆放，如图 3.1 所示。

(a) 现场(一)　　　　　　　　　　　　　(b) 现场(二)

图 3.1　钢筋分类堆放

3.1.2 钢筋的基本性能

1. 钢筋的物理性能

1）密度

单位体积钢材的重量（现称质量）为密度，单位为 g/cm^3。对于不同的钢材，其密度亦稍有不同。钢筋的密度按 $7.85g/cm^3$ 计算。

2）可熔性

钢材在常温时为固体，当其温度升高到一定程度，就能熔化成液体，这叫做可熔性。钢材开始熔化的温度叫熔点。纯铁的熔点为 1534℃。

3）线（膨）胀系数

钢材加热时膨胀的能力叫热膨胀性。受热膨胀的程度常用线（膨）胀系数来表示。钢材温度上升 1℃时，伸长的长度与原来长度之比值叫钢材的热（膨）胀系数，单位符号为 $mm/(mm \cdot ℃)$。

4）热导率

钢材的导热能力用热导率来表示。工业上用的热导率是以面积热流量除以温度梯度来表示，单位符号为 $W/(mm \cdot K)$。

2. 钢筋的化学性能

（1）耐腐蚀性。钢筋在介质的侵蚀作用下被破坏的现象称为腐蚀。钢材抵抗各种介质（大气、水蒸气、酸、碱、盐）侵蚀的能力，称为耐腐蚀性。

（2）抗氧化性。有些钢筋在高温下不被氧化而能稳定工作的能力称为抗氧化性。

（3）钢筋中合金元素的影响。在钢筋中，除绝大部分是铁元素外，还存在很多其他元素。在钢筋中，这些元素有碳、硅、锰、钒、钛、铌等。此外，还有杂质元素硫、磷以及可能存在的氧、氢、氮。

① 碳（C）。碳与铁形成化合物渗碳体，分子式 Fe_3C，性硬而脆。随着钢筋中含碳量的增加，钢筋中渗碳体的量也增多，钢筋的硬度、强度也提高，而塑性、韧性则下降，性能变脆，焊接性能也随之变坏。

② 硅（Si）。硅是强脱氧剂，在含量小于 1‰时，能使钢筋的强度和硬度增加，但含量超过 2‰时，会降低钢的塑性和韧性，并使焊接性能变差。

③ 锰（Mn）。锰是一种良好的脱氧剂，又是一种很好的脱硫剂。锰能提高钢的强度和硬度，但如果含量过高，会降低钢的塑性和韧性。

④ 钒（V）。钒是良好的脱氧剂，能除去钢筋中的氧，钒能形成碳化物碳化钒，提高了钢筋的强度和淬透性。

⑤ 钛（Ti）。钛与碳形成稳定的碳化物，能提高钢筋的强度和韧性，还能改善钢筋的焊接性能。

⑥ 铌（Nb）。铌作为微合金元素，在钢筋中形成稳定的化合物碳化铌（NbC）、氮化铌（NbN），或它们的固溶体 Nb(CN)弥散析出，可以阻止奥氏体晶粒粗化，从而细化铁素体晶粒，提高钢筋的强度。

⑦ 硫（S）。硫是一种有害杂质。硫几乎不溶于钢筋，它与铁生成低熔点的硫化铁（FeS），导致热脆性。焊接时，容易产生焊缝热裂纹和热影响区液化裂纹，使焊接性能变

坏。硫以薄膜形式存在于晶界，使钢筋的塑性和韧性下降。

⑧ 磷（P）。磷也是一种有害杂质。磷使钢的塑性和韧性下降，提高钢的脆性转变温度，引起冷脆性。磷还恶化钢的焊接性能，使焊缝和热影响区产生冷裂纹。

除此之外，钢中还可能存在氧、氢、氮，部分是从原材料中带来的，部分是在冶炼过程中从空气中吸收的。氧、氮超过溶解度时，多数以氧化物、氮化物形式存在。这些元素的存在均会导致钢筋强度、塑性及韧性的降低，使钢筋性能变坏。但是，当钢中含有钒元素时，由于氮化钒（VN）的存在，能起到沉淀强化、细化晶粒等有利作用。

3. 钢筋力学性能

1）抗拉性

热轧钢筋具有软钢性质，有明显的屈服点，其应力-应变图如图 3.2 所示。从图 3.2 中可以看出，在应力达到 a 点之前，应力与应变成正比，呈弹性工作状态，a 点的应力值 σ_p 称为比例极限；在应力超过 a 点之后，应力与应变不成比例，有塑性变形；当应力达到 b 点，钢筋到达了屈服阶段；应力值保持在某一数值附近上下波动而应变继续增加，取该阶段最低点 c 点的应力值称为屈服点的应力值称为屈服点 σ_s；超过屈服阶段后，应力与应变又呈上升状态，直至最高点 d，称为强化阶段，d 点的应力值称为抗拉强度（强度极限）σ_b；从最高点 d 至断裂点 e' 钢筋产生颈缩现象，荷载下降、伸长增长，很快被拉断。冷轧带肋钢筋的应力-应变图（图 3.3），呈硬钢性质，无明显屈服点。一般将对应于塑性应变为 0.2% 时的应力定为屈服强度，并以 $\sigma_{0.2}$ 表示。

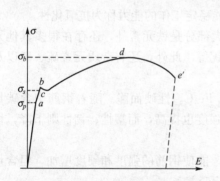

图 3.2　热轧钢筋的应力-应变图

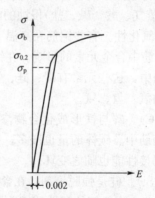

图 3.3　冷轧带肋钢筋的应力-应变图

提高钢筋强度，可减少用钢量、降低成本，但并非强度越高越好。高强钢筋在高应力下往往引起构件过大的变形和裂缝。因此，对普通混凝土结构，设计强度限值为 360MPa。

2）延性

钢筋的延性通常用拉伸试验测得的伸长率和断面收缩率表示，影响延性的主要因素是钢筋材质。热轧低碳钢筋强度虽低，但延性好。随着加入合金元素和碳的量增加，强度提高但延性减小。对钢筋进行热处理和冷加工同样可提高强度，但延性降低。

（1）伸长率。用 δ 表示，它的计算式为

$$\delta = \frac{\text{标距长度内总伸长值}}{\text{标距长度 } L} \times 100\% \qquad (3-1)$$

一般热轧钢筋的标距取 10 倍钢筋直径长或 5 倍钢筋直径长，其伸长率分别用 δ_{10} 和 δ_5

表示。钢丝的标距取 100 倍直径长，用 δ_{100} 表示。

伸长率是衡量钢筋(钢丝)塑性性能的重要指标，伸长率愈大，钢筋的塑性愈好。

(2) 断面收缩率。其计算公式为

$$\frac{断面}{收缩率}=\frac{试件的原始截面面积-试件拉断时断口截面面积}{试件的原始截面面积}\times 100\% \qquad (3-2)$$

3) 耐疲劳性

钢筋混凝土构件在交变荷载的反复作用下，往往在应力远小于屈服点时，发生突然的脆性断裂，这种现象叫做疲劳破坏。

4) 冲击韧性

冲击韧性是指钢材抵抗冲击荷载的能力，其指标是通过标准试件的弯曲冲击韧性试验确定的，是衡量钢材质量的一项指标。特别对经常承受冲击荷载作用的构件，要经过冲击韧性的鉴定，如重量级的吊车梁等。冲击韧性越大，表明钢材的冲击韧性越好。

4. 钢筋的工艺性能

1) 焊接性能

钢材的可焊性是指被焊钢材在采用一定焊接材料、焊接工艺条件下，获得优质焊接接头的难易程度，也就是钢材对焊接加工的适应性。它包括以下两个方面。

(1) 工艺焊接性，也就是接合性能，指在一定焊接工艺条件下焊接接头中出现各种裂纹及其他工艺缺陷的敏感性和可能性。这种敏感性和可能性越大，则其工艺焊接性越差。

(2) 使用焊接性，是指在一定焊接条件下焊接接头对使用要求的适应性，以及影响使用可靠性的程度。这种适应性和使用可靠性越大，则其使用焊接性越好。

钢筋的化学成分对钢筋焊接性能的影响。

(1) 碳(C)。钢筋中含碳量的多少，对钢筋的性能有决定性的影响。含碳量增加时，强度和硬度提高，但塑性和韧性降低，焊接和冷弯性能也降低，钢的冷脆性提高。

(2) 磷(P)。磷是钢材的有害元素，能显著降低钢的塑性、韧性和焊接性能。

(3) 硅(Si)。在含量小于 1‰ 时，可显著提高钢的抗拉强度、硬度、抗蚀性能、湿氧化能力；如含量过高，则会降低钢的塑性和韧性，并使焊接性能更差。

(4) 锰(Mn)。能显著提高钢的屈服强度和抗拉强度，改善钢的热加工性能，故锰的含量不应低于标准规定。但含量过高时，可焊性差。

(5) 硫(S)。硫也是钢材的有害元素，能显著降低钢的焊接性能、机械性能、抗蚀性能和疲劳强度，使钢变脆。

2) 冷弯性能

冷弯性能是指钢筋在常温(20±30)℃条件下承受弯曲变形的能力。冷弯是检验钢筋原材料质量和钢筋焊接接头质量的重要项目之一。通过冷弯试验更容易暴露钢材内部存在的夹渣、气孔、裂纹等缺陷，特别是焊接接头如有缺陷时，在进行冷弯试验过程中能够敏感地暴露出来。

冷弯性能指标通过冷弯试验确定，常用弯曲角度 α 和弯心直径 d 对试件的厚度或直径 a 的比值来表示。弯曲角度愈大，弯心直径对试件厚度或直径的比值愈小，表明钢筋的冷弯性能越好，如图 3.4 所示。

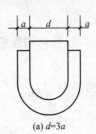

(a) $d=3a$ (b) $d=2a$ (c) $d=a$ (d) $d=0$

图 3.4　钢筋的冷弯图

5. 钢筋的锚固性能

钢筋混凝土结构中，两种性能不同的材料能够共同受力是由于它们之间存在着黏结锚固作用，这种作用使接触面两边的钢筋与混凝土之间能够实现应力传递，从而在钢筋与混凝土中建立起结构承载所必须的工作应力。

钢筋在混凝土中的黏结锚固作用有：①胶结力——接触面上的化学吸附作用，但其影响不大；②摩阻力——它与接触面的粗糙程度及侧压力有关，且随滑移发展其作用逐渐减小；③咬合力——这是带肋钢筋横肋对肋前混凝土挤压而产生的，为带肋钢筋锚固力的主要来源；④机械锚固力——这是指弯钩、弯折及附加锚固等措施(如焊接锚板、贴焊钢筋等)提供的锚固作用。

钢筋基本锚固长度，取决于钢筋强度及混凝土抗拉强度，并与钢筋外形有关。《混凝土结构设计规范》(GB 50010—2010)给出了受拉钢筋的锚固长度 l_a 的计算公式。

$$l_a = \zeta_a l_{ab} \tag{3-3}$$

式中：l_a——受拉钢筋的锚固长度；

　　　ζ_a——锚固长度修正系数，按 GB 50010—2010 第 8.3.2 条规定取用，当多于一项时，可按连乘计算，但不应小于 0.6。预应力钢筋取 1.0。

式(3-3)应用时，应将计算所得的基本锚固长度乘以对应于不同锚固条件的修正系数。

 **知识链接**

怎样识别"地条钢"？

"地条钢"是一种劣质钢材，以报废的钢轨、废旧的自行车和回收的破铜烂铁等杂物为原料，由个体小厂用工频炉等淘汰设备，通过平烧或立烧等落后工艺制造出来的钢材。这种直接用原料投炉熔化后流入地槽形成的钢条，称为"地条钢"。

"地条钢"的特点：①不具备普通钢材的机械性能、强度和刚度，熔点低、气孔多；②不具备普通钢材的化学性能，成分复杂，大部分含碳量高。

近几年来，在一些地方连续发生的楼房倒塌、桥梁垮塌等恶性事故中，有相当一部分原因与建筑钢材的质量有关。统计数据表明，房屋失火事故中有 80% 左右是由于使用劣质电线、低压电器和开关引起的，其原材料也是用这种"地条钢"制成的。

识别劣质钢材是建筑施工人员的职责，也是施工人员应掌握的最基本的常识。首先查看钢材的产地、品牌和出厂合格证，对来路不明的钢材绝对不能使用；其次对准备使用的钢材进行复验。

有下列情况之一者，就有可能是采用"地条钢"加工成的劣质钢筋，应及时送试验室进一步检验查明。

（1）外观粗糙，肋的棱角不分明，有裂纹。

（2）国家标准要求钢筋弯曲 180°（或及 90°）不裂，但劣质钢筋弯曲时很容易断裂，有些钢筋落到地上就断成几截。

（3）切割费时、火花大，锯片磨损严重。

（4）可焊性差，在做电弧搭接焊、竖向钢筋电渣压力焊或水平钢筋窄间隙焊时，试件在焊缝熔合处烧断。

（5）采用套筒螺纹连接接头时，钢筋头螺纹难以切削，车刀崩掉或烧毁，使用寿命大幅度下降，完整的螺纹少。

（6）采用套筒冷挤压连接接头时，钢筋端头压断在套筒内，做抗拉试验时，钢筋从套筒根部断裂。

 布置学习任务

以项目部为单位，查阅资料并将成果汇总整理做成 PPT，项目部推荐 1 名同学代表该项目部进行交流演讲。项目部之间互评，教师也参与成果点评和成绩评定。学生讲述的题目如下。

（1）用弯矩图和剪力图的形式，描述单跨梁（两端简支单跨梁、两端固定单跨梁、一端固定悬臂梁）在均布荷载作用下的力学特征。

（2）用弯矩图和剪力图的形式，描述多跨连续梁（两端简支五跨连续梁、两端固定五跨连续梁）在均布荷载作用下的力学特征。

（3）用弯矩图的形式，描述框架梁柱在均布荷载作用下的力学特征。

（4）用弯矩图和剪力图的形式，描述以桩基承台为支座的基础梁（单跨梁、五跨梁）在均布荷载作用下的力学特征。

学习任务 3.2 分析钢筋混凝土构件的受力特征

3.2.1 钢筋混凝土构件的特点概述

 特别提示

混凝土是用水泥、碎石、砂子、水及外加剂拌制均匀，并浇筑凝结硬化的人工石材。建筑行业把它写成"混凝土"字，说明它和天然石材一样具有很高的抗压强度。在混凝土中配置一定数量的钢筋，让钢筋承受拉力，混凝土承受压力，从而形成合理受力的结构材料，并作为建筑骨架被称为钢筋混凝土构件。

1. 钢筋与混凝土共同作用的条件

钢筋和混凝土是两种不同的材料，它们能够在一起承受外加的荷载主要是因为钢筋与混凝土之间结合后具有一种黏结力（亦称握裹力），它能使钢筋与混凝土的结合保持到构件破坏时仍然存在。

钢筋与混凝土之间的黏结力是由以下几方面因素产生的。

（1）混凝土在硬化过程中产生收缩，体积缩小，混凝土将钢筋压紧，钢筋在受拉滑动时，钢筋与混凝土之间产生的摩阻力阻止滑动。

（2）混凝土中的水泥胶浆能与钢筋表面产生两种物质的胶粘力。

（3）经变形的钢筋（如螺纹钢筋、冷轧带肋钢筋）与混凝土之间还有机械的咬合力，使钢筋不能滑动，变形钢筋的黏结力要比光圆钢筋大。

（4）钢筋与混凝土两者有着相近的温度膨胀系数。钢筋的温度膨胀系数为 0.000012，混凝土的温度膨胀系数为 0.00001～0.000014。这样，在外界温度变化产生热胀冷缩时，不会因两种材料胀缩不一产生温度应力而破坏黏结力。

2. 钢筋混凝土构件的特点

（1）混凝土是脆性材料，抗压强度较高而抗拉强度低。钢筋则延展性较好，并具有很强的抗拉强度。从材料性能看，互补性明显。

（2）拌合料具有可塑性，可以按工程要求浇筑成不同形状和尺寸的构件。

（3）可以在水中凝结硬化，适于建造水下工程。

（4）与钢筋有牢固的黏结力，在钢筋混凝土构件中能与钢筋很好地协同工作。这是由于钢筋一般是埋设于钢筋混凝土构件的受拉区，构件工作时钢筋受拉、混凝土受压，这就充分利用了钢筋抗拉强度高，混凝土抗压强度高的特点。而且钢筋和混凝土有基本相同的温度膨胀系数，当温度变化时两者不会产生较大的相对变形而引起附加应力。另外，混凝土包裹钢筋，可使钢筋免受锈蚀。

（5）有良好的耐久性，维护费用低，与钢、木结构相比还有较好的耐火性。

（6）就地取材，材料成本低。

（7）适应性强、可模性好，钢筋混凝土构件可根据需要选择现场浇筑和预制安装等。

（8）施工受季节影响大。

（9）自重大、抗裂差、施工复杂。

3.2.2 分析钢筋混凝土构件的受力特征

1. 常用的钢筋混凝土结构形式

1）框架结构

框架按跨度分为单跨和多跨两类；按立面形状可分为对称的、不对称的，等高的、不等高的；按受力体系分为平面框架和空间框架；按施工方法可分为现浇整体式框架和预制装配节点整浇式框架、预制现浇整体式框架。以线条图来表示其各种形式，如图 3.5 所示。

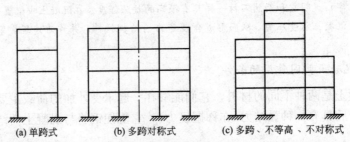

(a) 单跨式　　　　　(b) 多跨对称式　　　　(c) 多跨、不等高、不对称式

图 3.5　框架结构形式

框架结构的平面和立面的布置，应根据使用要求确定。一般的房屋宽度远小于其长度，因此纵向（长向）的房屋刚度容易保证，横向的刚度相比之下要差一些。所以在设计

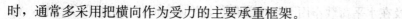

时，通常多采用把横向作为受力的主要承重框架。

框架结构在纵横两个方向，其构件的连接点都采用刚接，而不采用横向为框架（节点刚接）、纵向为铰接排架的受力体系。

2）排架结构

由屋架、柱和基础组合成的单层承重骨架体系，它的屋架是简支在柱子顶上的，柱子的一端嵌固在基础上，这种承重体系称为排架结构。

排架结构也有许多种形式，如为单跨和多跨、对称和不对称、等跨与不等跨、等高与不等高；有吊车和无吊车等形式。

3）板柱式结构

它是由板和柱组成的多层承重骨架体系，过去也称无梁楼盖。板和柱是整体连接的，这种结构特点是室内没有梁，空间通畅明亮、平面布置灵活，与框架结构相比，同样层高时，净空间高度显得高。它多应用于公共建筑、仓库、多层厂房等。

板柱结构可分为平板板柱结构和密肋板板柱结构；以板柱处节点不同分为有柱帽式板柱结构和无柱帽式板柱结构；以施工方法不同分为现浇整体式板柱结构、升板法施工的板柱结构、预应力拼装法板柱结构等。由于板柱结构取消了梁，所以板的厚度要比框架结构中的板厚得多，建造成本较大。

4）刚架结构

它是由柱和直线形、弧形或折线形横梁刚性连接的承重骨架体系，称为刚架或门式刚架。它也分为单跨、多跨，等跨、不等跨，等高与不等高等形式。刚架在跨度方向上一般采用对称布置。按构造分为无铰刚架、两铰刚架和三铰刚架，如图3.6所示。刚架结构具有较大的空间，因此用于礼堂、食堂、室内体育馆、仓库等建筑较多。

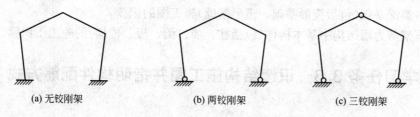

(a) 无铰刚架　　　　　　　　(b) 两铰刚架　　　　　　　　(c) 三铰刚架

图3.6　刚架结构

5）剪力墙结构

由钢筋混凝土墙体来承受全部竖向和水平荷载的结构，称为剪力墙结构。采用该类结构体系的房屋，主要是为了抵抗较大的水平力，尤其在地震区，剪力墙结构多用于住宅、高层公寓、办公楼、学校等。剪力墙结构施工一般采用大模板、滑模等工艺。

剪力墙结构的优点是整体刚度好，缺点是固定了房屋内的分隔，在使用上灵活性差。

6）框架-剪力墙结构

它是由框架和剪力墙共同承受竖向荷载和水平荷载的结构，简称为框剪结构体系。结构中，剪力墙主要抵抗水平荷载。它兼有框架结构和剪力墙结构的优点，属于中等刚性结构。它与框架结构相比，能减少水平位移，平面布置上比剪力墙结构灵活，所以在一般高层建筑中采用较多。

7）筒体结构

由密柱（柱间距小于3m）、高梁（梁高度大于2m）组成的空间框架筒，或由剪力墙围成

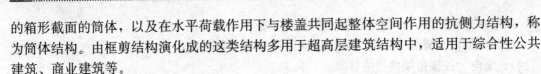

的箱形截面的筒体，以及在水平荷载作用下与楼盖共同起整体空间作用的抗侧力结构，称为筒体结构。由框剪结构演化成的这类结构多用于超高层建筑结构中，适用于综合性公共建筑、商业建筑等。

2. 指明实际工程中的构件名称

钢筋混凝土构件按照受力情况可分为受压构件、受拉构件、受扭构件、受弯构件、弯剪扭构件等等。在实际工程中，找找这些基本构件，并根据前面所学习的知识，指明构件的名称。

(1) 梁(受弯构件)：单跨简支梁、两端固定梁、悬臂梁(外伸梁)，多跨连续梁(等跨与不等跨连续梁)，曲梁，井字梁。

(2) 板(受弯构件)：现浇楼板(单向板和双向板)，筏形基础底板，箱型基础底板，板式楼梯，异形板，无梁楼盖。

(3) 柱和桩基础(受压构件)：独立柱，预制柱，异形柱，构造柱，管桩。

(4) 螺旋楼梯(弯剪扭构件)：圆弧形螺旋楼梯。

 布置学习任务

教师为每个项目部提供一套框架剪力墙结构的施工图和图集 G101 全套，项目部组织自学和集体学习。教师以提问、点评、讲解以及从项目部中间选派代表讲述等多种方式，让同学们学会识读结构施工图。各项目部需要准备的题目如下。

(1) 各种桩基(包括管桩、钻孔灌注桩、人工挖孔桩、桩基承台和基础梁)施工图的识读。

(2) 各类浅基础(包括独立柱基础、钢筋混凝土条形基础)施工图的识读。

(3) 各类深基础(包括筏形基础、箱型基础)施工图的识读。

(4) 框架剪力墙结构中基本构件(包括柱、墙、梁、板、楼梯)的施工图识读。

学习任务 3.3　识读结构施工图并指明构件配筋方式

特别提示

建筑结构施工图平面整体设计方法(简称平法)，是我国混凝土结构施工图表示方法的重大改革，曾被国家科委列为"'九五'国家级科技成果重点推广计划"(项目编号：97070209A)，被建设部列为"一九九六年科技成果重点推广项目"(项目编号：96008)。

平法的表达形式，概括来讲，是把结构构件的尺寸和配筋等，按照平面整体表示方法制图规则，整体直接表达在各类构件的结构平面布置图上，再与标准构造详图相配合，即构成一套新型完整的结构设计。平法改变了传统的将构件从结构平面布置图中索引出来，再逐个绘制配筋详图的繁琐方法。

(1) 平法施工图。平法施工图系在分构件类型绘制的结构平面布置图上，直接按制图规则标注每个构件的几何尺寸和配筋。在平法施工图之前，还应有结构设计总说明。

(2) 标准构造详图。标准构造详图统一提供的是平法施工图中未表达的节点构造和构件本体构造等，且不需结构设计工程师设计绘制的内容。

对于比较复杂的工业与民用建筑，当某些部位的形状比较复杂时，需要增加局部模板图、开洞和预埋件平面图或立面图，必要时亦可增加局部构件正投影图或截面图。

3.3.1 学习平法设计规则

平法结构施工图的表达方式，主要有平面注写方式、列表注写方式、截面注写方式3种。采用的一般原则是以平面注写方式为主，列表注写方式与截面注写方式为辅，可由设计者根据具体工程情况进行选择。各种表达方式所表达的内容相同，一般以平面注写方式为主的依据是：平面注写方式在原位表达，信息量高且集中，易平衡、校审、修改和读图；列表注写方式的信息量大且集中，但非原位表达，对设计内容的平衡、校审、修改、读图欠直观，故而作为辅助方式；截面注写方式，则适用于构件形状比较复杂或为异形构件的情况。

平法的各种表达方式，有统一的注写顺序，依次如下。

（1）构件编号及整体特征（如梁的跨数等）。

（2）截面尺寸。

（3）截面配筋。

（4）必要的说明。

按平法设计绘制结构施工图时，必须对所有的构件进行编号。

平法施工图的构件编号中，含有构件的类型代号和序号等，其中以类型代号为连接纽带，将平法施工图中的构件和与其配合的节点构造及构件构造准确无误地关联在一起。例如，框架梁的代号为KL，对应于标准构造详图中关于框架梁的节点构造和构件构造；屋面框架梁的代号为WKL，对应于标准构造详图中关于屋面框架梁的节点构造和构件构造；非框架梁（指未与柱连接构成框架的梁）的代号为L，对应标准构造详图中关于非框架梁的节点构造和构件构造。

3.3.2 图集03G101—1简介

1. 构件代号

（1）柱：KZ、KZZ、XZ、LZ、QZ。

（2）墙：Q。

（3）梁：KL、WKL、KZL、LXL、JSL。

（4）洞：JD、YD。

2. 柱平面截面注写

详见图集03G101—1第11页。

3. 剪力墙截面注写

详见图集03G101—1第21页。

4. 梁平法平面注写

详见图集03G101—1第31页。

5. 钢筋保护层厚度和锚固长度规定

详见图集03G101—1第33—34页。

6. 构造要求

详见图集03G101—1第33—69页。

3.3.3　图集 03G101—2 简介

1. AT 型楼梯平面注写及构造

详见图集 03G101—2 第 16—17 页。

2. DT 型楼梯平面注写及构造

详见图集 03G101—2 第 23 页。

3. 钢筋锚固和搭接

详见图集 03G101—2 第 15 页。

3.3.4　图集 04G101—3 简介

1. 基础梁平面注写

详见图集 04G101—3 第 10 页。

2. 梁板式基础平板注写

详见图集 04G101—3 第 15 页。

3. 柱下板带和跨中板带注写

详见图集 04G101—3 第 20 页。

4. 平板式基础平板注写

详见图集 04G101—3 第 21 页。

5. 钢筋锚固及保护层厚度规定

详见图集 04G101—3 第 25—27 页。

6. 构造详图

详见图集 04G101—3 第 25—59 页。

3.3.5　图集 04G101—4 简介

1. 现浇楼面板注写

详见图集 04G101—4 第 9 页。

2. 钢筋锚固和保护层厚度规定

详见图集 04G101—4 第 22 页。

3.3.6　图集 08G101—5 简介

1. 箱形基础构件编号

详见图集 08G101—5 第 6 页。

2. 箱基底板分板区几种标注

详见图集 08G101—5 第 7 页。

3. 箱基底板和顶板非贯通筋原位标注

详见图集 08G101—5 第8—9页。

4. 箱基外墙和内墙集中标注

详见图集 08G101—5 第11—13页。

5. 箱基洞口过梁集中标注

详见图集 08G101—5 第14—15页。

3.3.7　图集 06G101—6 简介

1. 独立柱平面注写

详见图集 06G101—6 第18页。

2. 条形基础平面注写

详见图集 06G101—6 第28页。

3. 钢筋锚固及保护层厚度规定

详见图集 06G101—6 第39页。

 布置学习任务

教师给每个项目部安排钢筋翻样的学习任务。教师将以提问、点评、讲解以及从项目部中间选派代表讲述等多种方式，让同学们通过钢筋翻样训练，更加准确地识读结构施工图。各项目部的任务如下。

(1) 桩基承台和基础梁钢筋翻样。

(2) 各类浅基础(包括独立柱基础、钢筋混凝土条形基础)钢筋翻样。

(3) 各类深基础(包括筏形基础、箱型基础)钢筋翻样。

(4) 框架剪力墙结构中基本构件(包括柱、墙、梁、板、楼梯)钢筋翻样。

学习任务 3.4　钢筋翻样并填写配料单

 特别提示

施工员(或钢筋班组长)根据施工图纸，绘制钢筋混凝土构件中的钢筋形状，且标注其型号、数量、下料长度的工作过程称为钢筋翻样。钢筋翻样的成果是能够让钢筋工现场加工制作钢筋的配料单，它是钢筋分项工程中的重要环节。

3.4.1　计算钢筋下料长度

1. 钢筋下料长度的常规计算

钢筋因弯曲或弯钩会使其长度变化，在配料中不能直接根据图纸中的尺寸下料。必须了解混凝土保护层、钢筋弯曲、弯钩等规定，再根据图中尺寸计算其下料长度。各种钢筋下料长度计算如下。

（1）直钢筋下料长度＝构件长度－保护层厚度＋弯钩增加长度。

（2）弯起钢筋下料长度＝直段长度＋斜段长度－弯曲调整值＋弯钩增加长度。

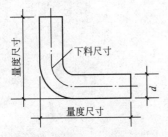

（3）箍筋下料长度＝箍筋周长＋箍筋调整值。

上述钢筋需要搭接的话，还应增加钢筋搭接长度。

1）弯曲调整值

筋弯曲后的特点：①在弯曲处内皮收缩、外皮延伸、轴线长度不变；②在弯曲处形成圆弧。钢筋的量度方法是沿直线量外包尺寸（图 3.7），因此，弯起钢筋的量度尺寸大于下料尺寸，两者之间的差值称为弯曲调整值。弯曲调整值，根据理论推算并结合实践经验列表 3-3。

图 3.7　钢筋弯曲时的量度方法

表 3-3　钢筋弯曲调整值

钢筋弯曲角度	30°	45°	60°	90°	135°
钢筋弯曲调整值	$0.35d$	$0.5d$	$0.85d$	$2d$	$2.5d$

注：d 为钢筋直径。

2）弯钩增加长度

钢筋的弯钩形式有 3 种：半圆弯钩、直弯钩及斜弯钩（图 3.8）。半圆弯钩是最常用的一种弯钩；直弯钩只用在柱钢筋的下部，箍筋和附加钢筋中；斜弯钩只用在直径较小的钢筋中。

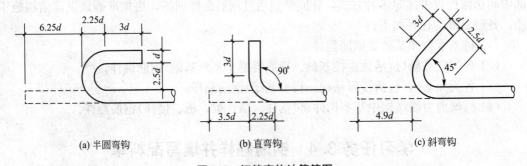

(a) 半圆弯钩　　　　(b) 直弯钩　　　　(c) 斜弯钩

图 3.8　钢筋弯钩计算简图

光圆钢筋的弯钩增加长度，按图 3.8 所示的简图（弯心直径为 $2.5d$、平直部分为 $3d$）计算可得：对半圆弯钩为 $6.25d$，对直弯钩为 $3.5d$，对斜弯钩为 $4.9d$，d 为钢筋直径。

在生产实践中，由于实际弯心直径与理论弯心直径有时不一致，钢筋粗细和机具条件不同等而影响平直部分的长短（手工弯钩时平直部分可适当加长，机械弯钩时可适当缩短），因此在实际配料计算时，对弯钩增加长度常根据具体条件采用经验数据，见表 3-4。

表 3-4　半圆弯钩增加长度参考表（用机械弯）

钢筋直径/mm	≤6	8～10	12～18	20～28	32～36
一个弯钩长度/mm	$4d$	$6d$	$5.5d$	$5d$	$4.5d$

3）弯起钢筋斜长

弯起钢筋斜长计算简图，如图3.9所示。弯起钢筋斜长系数见表3-5。

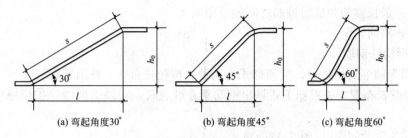

(a) 弯起角度30°   (b) 弯起角度45°   (c) 弯起角度60°

图3.9 弯起钢筋斜长计算简图

表3-5 弯起钢筋斜长系数

弯起角度	$a=30°$	$a=45°$	$a=60°$
斜边长度 s	$2h_o$	$1.41h_o$	$1.15h_o$
底边长度 l	$1.732h_o$	h_o	$0.575h_o$
增加长度 $s-l$	$0.268h_o$	$0.41h_o$	$0.575h_o$

注：h_o 为弯起高度。

4）箍筋调整值

箍筋调整值（见表3-6），即为弯钩增加长度和弯曲调整值两项之差或和，根据箍筋量外包尺寸或内皮尺寸确定，如图3.10所示。

表3-6 箍筋调整值

箍筋量度方法	箍筋直径/mm			
	4～5	6	8	10～12
量外包尺寸(mm)	40	50	60	70
量内皮尺寸(mm)	80	100	120	150～170

注：h_o 为弯起高度。

2. 特殊问题处理

1）变截面构件箍筋

根据比例原理，每根箍筋的长短差数 Δ，可按下式计算（图3.11）

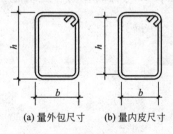

(a) 量外包尺寸   (b) 量内皮尺寸

图3.10 箍筋量度方法

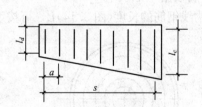

图3.11 变截面构件箍筋

$$\Delta = \frac{l_c - l_d}{n-1} \qquad (3-4)$$

式中：$l_c =$ 箍筋的最大高度；

l_d＝箍筋的最小高度；

n——箍筋个数，等于 $s/a+1$；

s——最长箍筋和最短箍筋之间的总距离；

a——箍筋间距。

2）圆形构件钢筋

在平面为圆形的构件中，配筋形式有两种：按弦长布置、按圆形布置。

（1）按弦长布置。先根据下式算出钢筋所在处弦长，再减去两端保护层厚度，得出钢筋长度。

当配筋为单数间距时（图 3.12(a)）

$$l_i=a\sqrt{(n+1)^2-(2i-1)^2} \tag{3-5}$$

当配筋为双数间距时（图 3.12(b)）

$$l_i=a\sqrt{(n+1)^2-(2i)^2} \tag{3-6}$$

式中：l_i——第 i 根（从圆心向两边计数）钢筋所在的弦长；

a——钢筋间距；

n——钢筋根数，等于 $D/a-1$（D——圆直径）；

i——从圆心向两边计数的序号数。

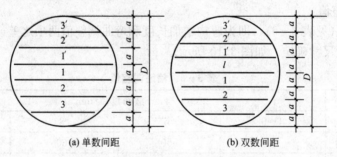

(a) 单数间距　　　　　　　　　(b) 双数间距

图 3.12　圆形构件钢筋（按弦长布置）

（2）按圆形布置。一般可用比例方法先求出每根钢筋的圆直径，再乘圆周率算得钢筋长度（图 3.13）。

3）曲线构件钢筋

（1）曲线钢筋长度。根据曲线形状不同，可分别采用下列方法计算。圆曲线钢筋的长度，可用圆心角 θ 与圆半径 R 直接算出，或通过弦长 L 与矢高 h 查《建筑施工手册》中"施工常用数据"表得出。

抛物线钢筋的长度（图 3.14）L，可按下式计算。

图 3.13　圆形构件钢筋（按圆形布置）

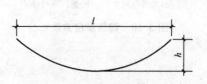

图 3.14　抛物线钢筋长度

$$L = \left(1 + \frac{8h^2}{3l^2}\right)l \qquad (3-7)$$

式中：L——抛物线的水平投影长度；

　　　h——抛物线的矢高。

其他曲线状钢筋的长度，可用渐近法计算，即分段按直线计，然后总加。如图 3.15 所示的曲线构件，设曲线方程式 $y = f(x)$，沿水平方向分段，每段长度为 l（一般取为 0.5m），求已知 x 值时的相应 y 值，然后计算每段长度，例如，第 3 段长度为

$$\sqrt{(y_3 - y_2)^2 + l^2} \qquad (3-8)$$

（2）曲线构件箍筋高度，可根据已知曲线方程式求解。方法是先根据箍筋的间距确定 x 值，代入曲线方程式求 y 值，然后计算该处的梁高 $h = H - y$，再扣除上下保护层厚度，即得箍筋高度。

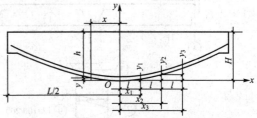

图 3.15　曲线钢筋长度

对一些外形比较复杂的构件，用数学方法计算钢筋长度有困难时，也可用放足尺（1∶1）或放小样（1∶5）的办法求钢筋长度。

3. 关注配料计算的注意事项

（1）在设计图纸中，钢筋配置的细节问题没有注明时，一般可按构造要求处理。

（2）配料计算时，钢筋的形状和尺寸在满足设计要求的前提下要有利于加工安装。

（3）配料时还要考虑施工需要的附加钢筋。例如，后张预应力构件预留孔道定位用的钢筋井字架、基础双层钢筋网中保证上层钢筋网位置用的钢筋撑脚、墙板双层钢筋网中固定钢筋间距用的钢筋撑铁、柱钢筋骨架增加的四面斜筋撑等。

3.4.2　应用案例：钢筋翻样并填写配料单

已知某教学楼钢筋混凝土框架梁 KL_1 的截面尺寸与配筋，如图 3.16 所示，共计 5 根。混凝土强度等级为 C25。求各种钢筋下料长度。

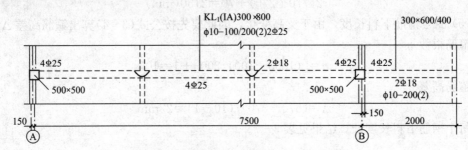

图 3.16　钢筋混凝土框架梁 KL_1 平法施工图

1. 绘制钢筋翻样图

根据"配筋构造"的有关规定，得出以下结论。

（1）纵向受力钢筋端头的混凝土保护层为 25mm。

（2）框架梁纵向受力钢筋 $\phi 25$ 的锚固长度为 $35 \times 25 = 875$mm，伸入柱内的长度可达 $500 - 25 = 475$mm，需要向上（下）弯 400mm。

（3）悬臂梁负弯矩钢筋应有两根伸至梁端，包住边梁后斜向上伸至梁顶部。

（4）吊筋底部宽度为次梁宽＋2×50mm，按45°向上弯至梁顶部，再水平延伸20d＝20×18＝360mm。

对照框架梁 KL₁ 尺寸与上述构造要求，绘制单根钢筋翻样图（图3.17），并将各种钢筋编号。

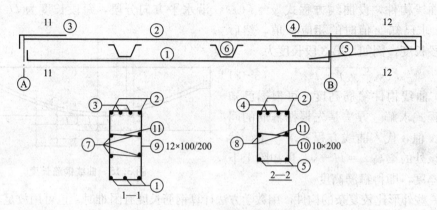

图3.17　KL₁框架梁钢筋翻样图

2. 计算钢筋下料长度

计算钢筋下料长度时，应根据单根钢筋翻样图尺寸，并考虑各项调整值。

（1）①号受力钢筋下料长度为

$$(7800-2×25)+2×400-2×2×25=8450(mm)$$

（2）②号受力钢筋下料长度为

$$(9650-2×25)+400+350+200+500-3×2×25-0.5×25=10888(mm)$$

（3）⑥号吊筋下料长度为

$$350+2(1060+360)-4×0.5×25=3140(mm)$$

（4）⑨号箍筋下料长度为

$$2(770+270)+70=2150(mm)$$

（5）⑩号箍筋下料长度，由于梁高变化，因此要先按公式（3-4）算出箍筋高差 △。

箍筋根数

$$n=[(1850-100)/200]+1=100$$

箍筋高差

$$\Delta=(570-370)/(10-1)=22mm$$

每个钢筋下料长度计算结果见表3-7。

表3-7　构件名称：KL₁梁，5根钢筋配料单

钢筋编号	简图	钢号	直径/mm	下料长度/mm	单位根数	合计根数	重量/mm
①	400 ⌐ 7750 ⌐	ϕ	25	8450	3	15	448
②	400 ⌐ 9600 ⌐ 500 350 200	ϕ	25	10887	2	10	419

（续）

钢筋编号	简图	钢号	直径/mm	下料长度/mm	单位根数	合计根数	重量/mm
③	400 ⌐ 2742	φ	25	3092	2	10	119
④	4617 ⌐ 350	φ	25	4917	2	10	189
⑤	2300	φ	18	2300	2	10	46
⑥	360 \ 1060 350 1060 / 360	φ	18	3140	4	20	126
⑦	7200	φ	14	7200	4	20	174
⑧	2050	φ	14	2050	2	10	25
⑨	270 770	φ	10	2150	46	230	305
⑩₁	270 570	φ	10	1750	1	5	48
⑩₂		φ	10	1706	1	5	
⑩₃		φ	10	1662	1	5	
⑩₄	548×270	φ	10	1626	1	5	
⑩₅	526×270	φ	10	1574	1	5	
⑩₆	504×270	φ	10	1530	1	5	
⑩₇	482×270	φ	10	1484	1	5	
⑩₈	460×270	φ	10	1440	1	5	
⑩₉	437×270	φ	10	1396	1	5	
⑩₁₀	415×270	φ	10	1350	1	5	
	393×270						
	370×270						
⑪	266	φ	8	334	28	140	18
—	—	—	—	—	—	—	总量 1957kg

特别提示

钢筋配料计算完成后，由翻样的施工员或钢筋班组长填写配料单。根据施工进度的实际情况，将列入加工计划的配料单交给加工制作的料场工人。钢筋工按照配料单进行钢筋加工，且给每一种编号的钢筋制作一块料牌。不同型号的钢筋加工好以后，绑扎相应的标牌并分类存放，方便钢筋安装时取料正确。钢筋配料单和料牌应严格校对，必须准确无误，以免返工耗时。

布置学习任务

教师给每个项目部安排钢筋代换的学习任务。教师将以提问、点评、讲解以及从项目部中间选派代表讲述等多种方式，让同学们能够正确实施钢筋代换。任务是：分别将桩基承台、基础梁、独立柱基础、条形基础、筏形基础、箱型基础、框架柱、剪力墙、框架梁、楼梯板中 $\phi20$ 的钢筋用 $\phi22$ 代换，$\phi14$ 的钢筋用 $\phi12$ 的代换。

学习任务 3.5　钢 筋 代 换

特别提示

实际工程中经常会遇到市场供应的钢筋不能满足设计需求，或者施工现场有存量钢筋，希望用于正在施工的项目中的情况。当钢筋的品种、级别或规格需作变更时，应办理设计变更文件。设计变更一般采取钢筋代换的方法解决设计与现实的矛盾。

3.5.1　明确代换原则

当施工中遇有钢筋的品种或规格与设计要求不符时，可参照以下原则进行钢筋代换。

（1）等强度代换：当构件受强度控制时，钢筋可按强度相等原则进行代换。

（2）等面积代换：当构件按最小配筋率配筋时，钢筋可按面积相等原则进行代换。

（3）当构件受裂缝宽度或挠度控制时，代换后应进行裂缝宽度或挠度验算。

3.5.2　钢筋等强代换探讨

1. 计算方法

$$n_2 \geqslant \frac{n_1 d_1^2 f_{y1}}{d_2^2 f_{y2}} \tag{3-9}$$

式中：n_2——代换钢筋根数；

　　n_1——原设计钢筋根数；

　　d_2——代换钢筋直径；

　　d_1——原设计钢筋直径；

　　f_{y2}——代换钢筋抗拉强度设计值（表 3-8）；

　　f_{y1}——原设计钢筋抗拉强度设计值。

上式有两种特例。

（1）设计强度相同、直径不同的钢筋代换

$$n_2 \geqslant n_1 \frac{d_1^2}{d_2^2} \tag{3-10}$$

（2）直径相同、强度设计值不同的钢筋代换

$$n_2 \geqslant n_1 \frac{f_{y1}}{f_{y2}} \tag{3-11}$$

表 3-8　钢筋强度设计值(N/mm²)

项次	钢筋种类	符号	抗压强度设计值 f_y	抗压强度设计值 f_y
1	热轧钢筋	HPB235	Φ	210	210
		HRB335	Φ	300	300
		HRB400	Φ	360	360
		RRB400	Φ^R	360	360
2	冷轧带肋钢筋	LL550	—	360	360
		LL650	—	430	380
		LL800	—	530	380

2. 说明构件截面有效高度的影响

钢筋代换后,有时由于受力钢筋直径加大或根数增多而需要增加排数,则构件截面的有效高度 h_0 减小、截面强度降低。通常对这种影响可凭经验适当增加钢筋面积,然后再作截面强度复核。

对矩形截面的受弯构件,可根据弯矩相等按下式复核截面强度。

$$N_2\left(h_{02}-\frac{N_2}{2f_cb}\right)\geqslant N_1\left(h_{01}-\frac{N_1}{2f_cb}\right) \tag{3-12}$$

式中：N_1——原设计的钢筋拉力,等于 As_1f_{y1}(As_1——原设计钢筋的截面面积);

f_{y1}——原设计钢筋的抗拉强度设计值;

N_2——代换钢筋拉力,同上;

h_{01}——原设计钢筋的合力点至构件截面受压边缘的距离;

h_{02}——代换钢筋的合力点至构件截面受压边缘的距离;

f_c——混凝土的抗压强度设计值,对 C20 混凝土为 9.6N/mm²,对 C25 混凝土为 11.9N/mm²,对 C30 混凝土为 14.3N/mm²;

b——构件截面宽度。

3. 关注代换注意事项

钢筋代换时,必须充分了解设计意图和代换材料性能,并严格遵守现行《混凝土结构设计规范》的各项规定。凡重要结构中的钢筋代换,应征得设计单位同意。

(1)对某些重要构件,如吊车梁、薄腹梁、桁架下弦等,不宜用 HPB235 级光圆钢筋代替 HRB335 和 HRB400 级带肋钢筋。

(2)钢筋代换后,应满足配筋构造规定,如钢筋的最小直径、间距、根数、锚固长度等。

(3)同一截面内,可同时配有不同种类和直径的代换钢筋,但每根钢筋的拉力差不应过大(如同品种钢筋的直径差值一般不大于 5mm),以免构件受力不匀。

(4)梁的纵向受力钢筋与弯起钢筋应分别代换,以保证正截面与斜截面强度。

(5)偏心受压构件(如框架柱、有吊车厂房柱、桁架上弦等)或偏心受拉构件做钢筋代换时,不取整个截面配筋量计算,应按受力面(受压或受拉)分别代换。

(6)当构件受裂缝宽度控制时,如以小直径钢筋代换大直径钢筋,强度等级低的钢筋代替强度等级高的钢筋,则可不做裂缝宽度验算。

3.5.3 应用案例：钢筋代换

【案例 1】 今有一块 6m 宽的现浇混凝土楼板，原设计的底部纵向受力钢筋采用 HPB235 级 φ12 钢筋@120mm，共计 50 根。现拟改用 HRB335 级 Φ 12 钢筋，求所需 Φ 12 钢筋根数及其间距。

解： 本题属于直径相同、强度等级不同的钢筋代换，采用公式(3-11)计算

$$n_2 = 50 \times \frac{210}{300} = 35（根），间距 = 120 \times \frac{50}{35} = 171.4（mm）取 170mm。$$

【案例 2】 今有一根 400mm 宽的现浇混凝土梁，原设计的底部纵向受力钢筋采用 HRB335 级 Φ 22 钢筋，共计 9 根，分二排布置，底排为 7 根，上排为 2 根。现拟改用 HRB400 级 Φ 25 钢筋，求所需 Φ 25 钢筋根数及其布置。

解： 本题属于直径不同、强度等级不同的钢筋代换，采用公式(3-9)计算

$$n_2 = 9 \times \frac{22^2 \times 300}{25^2 \times 360} = 5.81（根），取 6 根。$$ 一排布置，增大了代换钢筋的合力点至构件截面受压边缘的距离 h_0，有利于提高构件的承载力。

【案例 3】 已知梁的截面面积尺寸如图 3.18 所示，采用 C20 混凝土制作。原设计的纵向受力钢筋采用 HRB400 级 Φ 20 钢筋，共计 6 根，单排布置，中间 4 根分别在二处弯起。现拟改用 HRB335 级 Φ 22 钢筋，求所需钢筋根数及其布置。

解： (1) 弯起钢筋与纵向受力钢筋分别代换，以 2 Φ 20 为单位，按公式(3-9)代换 Φ 22 钢筋，$n_2 = (2 \times 20^2 \times 360)/(22^2 \times 300) = 1.98（根），取 2 根。

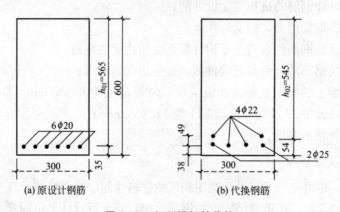

图 3.18 矩形梁钢筋代换

(2) 代换后的钢筋根数不变，但直径增大，需要复核钢筋净间距 $s = (300 - 2 \times 25 - 6 \times 22)/5 = 23.6（mm）< 25mm，需要布置为两排(底排 4 根、二排 2 根)。

(3) 代换后的构件截面有效高度 h_{02} 减小，需要按公式(3-12)复核截面强度。

$$h_{01} = 600 - 35 = 565（mm），\quad h_{02} = 600 - \frac{36 \times 4 + 2 \times 83}{6} = 548（mm）$$

$$N_1 \left(h_{01} \frac{N_1}{2f_c b} \right) = 6 \times 314 \times 360 \left(565 - \frac{6 \times 314 \times 360}{2 \times 9.6 \times 300} \right)$$

$$= 303.2 \times 10^6（kN \cdot m）= 303.2 kN \cdot m$$

$$N_2 \left(h_{02} - \frac{N_2}{2f_c b} \right) = 6 \times 380 \times 300 \left(548 - \frac{6 \times 380 \times 300}{2 \times 9.6 \times 300} \right) = 293.4（kN \cdot m）< 303.2 kN \cdot m$$

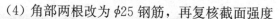

（4）角部两根改为 $\phi25$ 钢筋，再复核截面强度

$$N_2\left(h_{02}-\frac{N_2}{2f_cb}\right)=(4\times380+2\times491)\times300\left(546-\frac{2502\times360}{2\times9.6\times300}\right)=312.2(\mathrm{kN\cdot m})$$

小结：代换钢筋采用 $4\phi22+2\phi25$，按图 3.18(b) 布置，满足原设计要求。

布置学习任务

教师给每个项目部安排关于钢筋加工制作的学习任务。教师将以提问、点评、讲解以及从项目部中间选派代表讲述等多种方式，让同学们熟悉钢筋加工的过程，并理解相关的原理。每个项目部的任务如下。

（1）通过各种途径收集钢筋加工使用的工具和设备，说明其操作方法。

（2）讲述钢筋绑扎的构造要求和适用范围。

（3）讲述钢筋焊接的形式、适用范围和主要优缺点。

（4）讲述钢筋焊接质量的检查和保证质量的措施。

学习任务 3.6　钢筋制作概述

3.6.1　认识钢筋加工机具和设备

常见的钢筋加工机具和设备有切断机、弯曲机、电渣压力焊机、闪光对焊、调直机，参见图 3.19～图 3.23。

图 3.19　切断机

图 3.20　弯曲机

图 3.21　电渣压力焊机

图 3.22 闪光对焊

图 3.23 调直机

3.6.2 钢筋除锈

钢筋的表面应洁净。油渍、漆污和用锤敲击时能剥落的浮皮、铁锈等应在使用前清除干净。在焊接前，焊点处的水锈应清除干净。

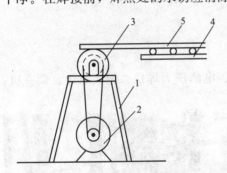

图 3.24 电动除锈机

1—支架；2—电动机；3—圆盘钢丝刷；4—滚轴台；5—钢筋调直

钢筋的除锈，一般可通过以下两个途径：①在钢筋冷拉或钢丝调直过程中除锈，对大量钢筋的除锈较为经济省力；②用机械方法除锈，如采用电动除锈机除锈，对钢筋的局部除锈较为方便。此外，还可采用手工除锈（用钢丝刷、砂盘）、喷砂和酸洗除锈等途径。

电动除锈机，如图 3.24 所示。该机的圆盘钢丝刷有成品供应，也可用废钢丝绳头拆开编成，其直径为 20～30cm、厚度为 5～15cm、转速为 1000r/min 左右，电动机功率为 1.0～1.5kW。为了减少除锈时灰尘飞扬，应装设排尘罩和排尘管道。

在除锈过程中发现钢筋表面的氧化铁皮鳞落现象严重并已损伤钢筋截面，或在除锈后钢筋表面有严重的麻坑、斑点伤蚀截面时，应降级使用或剔除不用。

3.6.3 钢筋调直

1. 钢筋调直机

钢筋调直机的技术性能，见表 3-9。

表 3-9 钢筋调直机技术性能

机械型号	钢筋直径 /mm	调直速度 /(m/min)	断料长度 /mm	电机功率 kW	外形尺寸/mm 长×宽×高	机重 /kg
GT3/8	3～8	40、65	300～6500	9.25	185×741×1400	1280
GT6/12	6～12	36、54、72	300～6500	12.6	177×535×1457	1230

2. 数控钢筋调直切断机

数控钢筋调直切断机是在原有调直机的基础上应用电子控制仪，准确控制钢筋断料长度，并自动计数。

钢筋数控调直切断机已在有些构件厂采用，断料精度高(偏差仅约 1～2mm)，并实现了钢筋调直切断自动化。采用此机时，要求钢筋表面光洁，截面均匀，以免钢筋移动时速度不匀，影响切断长度的精确性。

3.6.4　钢筋切断

(1) 将同规格钢筋根据不同长度长短搭配、统筹排料。一般应先断长料、后断短料，减少短头、减少损耗。

(2) 断料时应避免用短尺量长料，防止在量料中产生累计误差。为此，宜在工作台上标出尺寸刻度线并设置控制断料尺寸用的挡板。

(3) 钢筋切断机的刀片，应由工具钢热处理制成。刀片的形状如图 3.25 所示。安装刀片时，螺丝要紧固，刀具要密合(间隙不大于 0.5mm)。固定刀片与冲切刀片刀口的距离：对直径≤20mm 的钢筋宜重叠 1～2mm，对直径＞20mm 的钢筋宜留 5mm 左右。

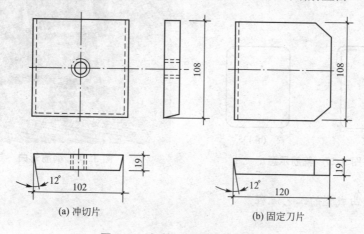

(a) 冲切片　　　　　　　　(b) 固定刀片

图 3.25　钢筋切断机的刀片形状

(4) 在切断过程中，如发现钢筋有劈裂、缩头或严重的弯头等必须切除；如发现钢筋的硬度与该钢种有较大的出入，应及时向有关人员反映，查明情况。

(5) 钢筋的断口，不得有马蹄形或起弯等现象。

3.6.5　钢筋弯曲

1. 学习钢筋弯钩和弯折的有关规定

1) 受力钢筋

(1) HPB235 级钢筋末端应作 180°弯钩，其弯弧内直径不应小于钢筋直径的 2.5 倍，弯钩的弯后平直部分长度不应小于钢筋直径的 3 倍。

(2) 当设计要求钢筋末端需作 135°弯钩时(图 3.26(b))，HRB335 级、HRB400 级钢筋的弯弧内直径 D 不应小于钢筋直径的 4 倍，弯钩的弯后平直部分长度应符合设计要求。

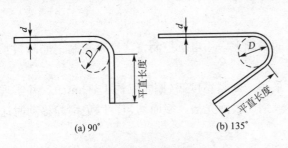

（a）90°   （b）135°

图 3.26　受力钢筋弯折

（3）钢筋作不大于 90°的弯折时（图 3.26(a)），弯折处的弯弧内直径不应小于钢筋直径的 5 倍。

2）箍筋

除焊接封闭环式箍筋外，箍筋的末端应作弯钩。弯钩形式应符合设计要求，当设计无具体要求时，应符合下列规定。

（1）箍筋弯钩的弯弧内直径应不小于受力钢筋的直径。

（2）箍筋弯钩的弯折角度：一般结构，不应小于 90°；有抗震等要求的结构应为 135°（图 3.27）。

（3）箍筋弯后的平直部分长度：对一般结构，不宜小于箍筋直径的 5 倍；对有抗震等要求的结构，不应小于箍筋直径的 10 倍。

施工现场的钢筋弯曲如图 3.28 所示。

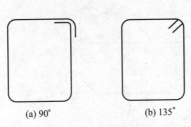

（a）90°   （b）135°

图 3.27　箍筋示意

图 3.28　钢筋弯曲

2. 钢筋弯曲成型的工艺流程

1）划线

钢筋弯曲前，对形状复杂的钢筋(如弯起钢筋)，根据钢筋料牌上标明的尺寸，用石笔将各弯曲点位置划出。划线时应注意以下几点。

（1）根据不同的弯曲角度扣除弯曲调整值，其扣法是从相邻两段长度中各扣一半。

（2）钢筋端部带半圆弯钩时，该段长度划线时增加 $0.5d$（d 为钢筋直径）。

（3）划线工作宜从钢筋中线开始向两边进行；两边不对称的钢筋，也可从钢筋一端开始划线，如划到另一端有出入时，则应重新调整。

2）钢筋弯曲成型

钢筋在弯曲机上成型时，心轴直径应是钢筋直径的 2.5～5.0 倍，成型轴宜加偏心轴套，以便适应不同直径的钢筋弯曲需要。弯曲细钢筋时，为了使弯弧一侧的钢筋保持平直，挡铁轴宜做成可变挡架或固定挡架(加铁板调整)。

钢筋弯曲点线和心轴的关系，由于成型轴和心轴在同时转动，就会带动钢筋向前滑移，因此，钢筋弯 90°时，弯曲点约与心轴内边缘齐；弯 180°时，弯曲点线距心轴内边缘为 $1.0d$～$1.5d$(钢筋硬时取大值)。

特别提示

对 HRB335 与 HRB400 钢筋，不能弯过头再弯过来，以免钢筋弯曲点处发生断裂。

3.6.6 钢筋连接

1. 闪光对焊现场

闪光对焊是将两个钢筋安放成对接形式，利用焊接电流通过两根钢筋接触点产生的电阻热，使接触点金属熔化，产生强烈飞溅，形成闪光，迅速施加顶锻力完成的一种施焊方法，如图 3.29 所示。

图 3.29 闪光对焊现场

2. 电阻点焊

电阻点焊是将两个钢筋安放成交叉叠接形式，压紧于两电极之间，利用电阻热融化母材金属，加压形成焊点的一种施焊方法。

3. 电弧焊

电弧焊是以焊条作为一极、钢筋作为另一极，利用焊接电流通过产生的电弧热进行焊接的一种方法，如图 3.30 所示。钢筋电弧焊包括帮条焊、搭接焊、坡口焊和熔槽帮条焊等接头形式。焊接时应符合下列要求。

图 3.30 电弧焊

（1）应根据钢筋级别、直径、接头形式和焊接位置选择焊条、焊接工艺和焊接参数。

（2）焊接时，引弧应在垫板、帮条或形成焊缝的部位进行，不得烧伤主筋。

（3）焊接的线与钢筋应接触紧密。

（4）焊接过程中应及时清渣，焊缝表面应光滑，焊缝余高应平缓过渡，弧坑应填满。

4. 电渣压力焊

电渣压力焊是将两根钢筋安放成竖向对接形式，利用焊接电流通过两根钢筋端面间隙，在焊剂层下形成电弧过程和电渣过程，产生电弧热和电阻热，熔化钢筋，加压完成的一种施焊方法，如图 3.31 所示。这种焊接方法比电弧焊节省钢材，工效高、成本低，适用于现浇钢筋混凝土结构中竖向或斜向(倾斜度在 4∶1 范围内)钢筋的连接。电渣压力焊在供电条件差、电压不稳、雨季或防火要求高的场合应慎重选用。

图 3.31　电渣压力焊

5. 套筒挤压连接

套筒挤压连接是将两根待接钢筋插入钢套筒，用挤压连接设备沿径向挤压钢套筒，使之产生塑性变形，依靠变形后的钢套筒与被连接钢筋纵、横肋产生的机械咬合成为整体的钢筋连接方法。

这种接头质量稳定性好，可与母材等强，但操作工人工作强度大，有时液压油污染钢筋，综合成本较高。钢筋挤压连接要求钢筋最小中心距为 90mm。

图 3.32　机械连接

6. 直螺纹套筒连接

直螺纹套筒连接是先将钢筋端头镦粗，再切削成直螺纹，然后用带直螺纹的套筒将钢筋两端拧紧的钢筋连接方法。如图 3.32 所示。

镦粗直螺纹钢筋接头的特点是：钢筋端部经冷镦后不仅直径增大，使套丝后丝扣底部横截面积不小于钢筋原截面积，而且由于冷镦后钢材强度的提高，致使接头部位有很高的强度。

这种接头的螺纹精度高、接头质量稳定性好，操作简便、连接速度快、价格适中。

 布置学习任务

教师给每个项目部发放相关图纸并布置关于钢筋绑扎的学习任务。项目部根据图纸、实训指导书和学生工作页做好实训准备。教师及外聘教师共同指导学生在校内和校外进行

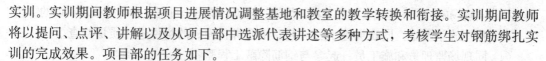

实训。实训期间教师根据项目进展情况调整基地和教室的教学转换和衔接。实训期间教师将以提问、点评、讲解以及从项目部中选派代表讲述等多种方式，考核学生对钢筋绑扎实训的完成效果。项目部的任务如下。

    (1) 讲述基础底板钢筋绑扎的操作方法。

    (2) 讲述基础梁钢筋绑扎的操作方法。

    (3) 讲述基础承台钢筋绑扎的操作方法。

    (4) 讲述梁钢筋绑扎的操作方法。

    (5) 讲述板钢筋绑扎的操作方法。

    (6) 讲述柱钢筋绑扎的操作方法。

    (7) 讲述剪力墙钢筋绑扎的操作方法。

    (8) 讲述楼梯钢筋绑扎的操作方法。

学习任务 3.7 钢筋绑扎实训

3.7.1 钢筋绑扎校内实训项目

 钢筋混凝土基本构件的钢筋绑扎步骤

    (1) 在教师和外聘教师(师傅)的指导下，完成钻孔灌注桩基础三角承台钢筋的绑扎。

    (2) 在教师和外聘教师(师傅)的指导下，完成独立柱基础钢筋的绑扎。

    (3) 在教师和外聘教师(师傅)的指导下，完成钢筋混凝土条形基础钢筋的绑扎。

    (4) 在教师和外聘教师(师傅)的指导下，完成钢筋混凝土梁式筏形基础钢筋的绑扎。

    (5) 在教师和外聘师傅的指导下，项目部分工合作，完成钢筋混凝土楼板层钢筋的绑扎，包括梁(框架梁、多跨连续梁、简支梁、悬臂梁)、现浇板、框架柱、剪力墙和板式楼梯。

 探讨

    (1) 三角承台受力钢筋的摆放和钻孔桩的位置有什么关系？钢筋翻样时应注意哪些问题？

    (2) 基础底板的钢筋一般都是双层双向布设，上层和下层钢筋的布设有什么规律(每层钢筋中两个方向的钢筋，排上面还是排下面，怎样选择？)？

    (3) 楼板层内基本构件很多，钢筋绑扎顺序是怎样的？请对框架梁、多跨连续梁、简支梁、悬臂梁、框架柱、剪力墙和板式楼梯进行钢筋绑扎排序。

3.7.2 钢筋绑扎校外实训项目

 观看(部分操作)工人师傅在施工现场加工制作钢筋和调运绑扎钢筋的过程，参与完成钢筋分项工程的技术交底、安全交底、质量检查、隐蔽工程验收等现场工作。

    (1) 同现场施工员和安全员一道对作业工人进行钢筋分项工程的技术交底和安全交底。

（2）同现场施工员一起观看钢筋下料、焊接、挂牌、调运全过程，参与楼板层钢筋的绑扎。

（3）根据施工图纸，同现场施工员一起对钢筋绑扎完成的构件进行质量检查。

（4）同现场监理员和施工员一起参与钢筋隐蔽工程验收。

探讨

（1）钢筋现场加工时哪些工序比较危险？有什么防范措施？

（2）钢筋绑扎容易出现哪些质量问题？

（3）钢筋隐蔽工程验收依据什么标准？

（4）汇总施工现场的钢筋加工设备和机具。

问题1：钢筋绑扎前应做好哪些准备？

问题2：怎样才能让钢筋绑扎接头符合构造要求？

问题3：基础钢筋绑扎要点有哪些？

问题4：柱钢筋绑扎要点有哪些？

问题5：墙钢筋绑扎要点有哪些？

问题6：梁板钢筋绑扎要点有哪些？

解析

1. 钢筋绑扎前应做好以下准备

（1）核对成品钢筋的钢号、直径、形状、尺寸和数量等是否与料单、料牌相符。如有错漏，应纠正增补。

（2）准备绑扎用的铁丝、绑扎工具（如钢筋钩、带扳口的小撬棍）、绑扎架等。

钢筋绑扎用的铁丝，可采用20～22号铁丝，其中22号铁丝只用于绑扎直径12mm以下的钢筋。铁丝长度可参考表3-7的数值采用。因铁丝是成盘供应的，故习惯上是按每盘铁丝周长的几分之一来切断。

（3）准备控制混凝土保护层用的水泥砂浆垫块或塑料卡。水泥砂浆垫块的厚度应等于保护层厚度。垫块的平面尺寸：当保护层厚度等于或小于20mm时为30mm×30mm，大于20mm时为50mm×50mm。当在垂直方向使用垫块时，可在垫块中埋入20号铁丝。

塑料卡的形状有两种：塑料垫块和塑料环圈，如图3.33所示。塑料垫块用于水平构件（如梁、板），在两个方向均有凹槽，以便适应两种保护层厚度。塑料环圈用于垂直构件（如柱、墙），使用时钢筋从卡嘴进入卡腔。由于塑料环圈有弹性，可使卡腔的大小能适应钢筋直径的变化。

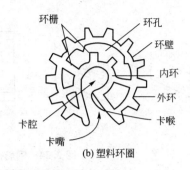

(a) 塑料垫块　　　　　　　　(b) 塑料环圈

图 3.33　控制混凝土保护层用的塑料卡

（4）划出钢筋位置线。平板或墙板的钢筋，在模板上划线；柱的箍筋，在两根对角线主筋上划点；梁的箍筋，则在架立筋上划点；基础的钢筋，在两向各取一根钢筋划点或在垫层上划线。

钢筋接头的位置，应根据来料规格，结合构造规定对有关接头位置、数量的规定，使其错开，在模板上划线。

（5）绑扎形式复杂的结构部位时，应先研究逐根钢筋穿插就位的顺序，并与模板工联系讨论支模和绑扎钢筋的先后次序，以减少绑扎困难。

2. 钢筋绑扎接头应注意以下几点

（1）钢筋绑扎接头宜设置在受力较小处。同一纵向受力钢筋不宜设置两个或两个以上接头。接头末端至钢筋弯起点的距离不应小于钢筋直径的 10 倍。

（2）同一构件中相邻纵向受力钢筋的绑扎搭接接头宜相互错开。同一连接区段内，纵向受拉钢筋绑扎搭接接头面积百分率及箍筋配置要求，可参照相关规定。

绑扎搭接接头中钢筋的横向间距不应小于钢筋直径，且不应小于 25mm。

（3）当纵向受拉钢筋的绑扎搭接接头面积百分率不大于 25% 时，其最小搭接长度应符合构造要求；当纵向受拉钢筋搭接接头面积百分率大于 25% 时，搭接长度的数值应增大，并参照相关规定执行。

（4）当出现下列情况，如钢筋直径大于 25mm、混凝土凝固过程中受力钢筋易受扰动、涂环氧树脂的钢筋、带肋钢筋末端采取机械锚固措施、混凝土保护层厚度大于钢筋直径的 3 倍、抗震结构构件等，纵向受拉钢筋的最小搭接长度应符合构造规定。

（5）在绑扎接头的搭接长度范围内应采用铁丝绑扎 3 点。

3. 基础钢筋绑扎要点

（1）钢筋网的绑扎应在四周两行钢筋交叉点处每点扎牢，中间部分交叉点可相隔交错扎牢，但必须保证受力钢筋不位移。双向主筋的钢筋网，则须将全部钢筋相交点扎牢。绑扎时应注意相邻绑扎点的铁丝扣要成“八”字形，以免网片歪斜变形。

（2）基础底板采用双层钢筋网时，在上层钢筋网下面应设置钢筋撑脚或混凝土撑脚，以保证钢筋位置正确。

钢筋撑脚的形式与尺寸如图 3.34 所示，每隔 1m 放置一个。其直径选用：当板厚 $h \leqslant 30cm$ 时为 8～10mm；当板厚 $h = 30～50cm$ 时为 12～14mm；当板厚 $h > 50cm$ 时为 16～18mm。

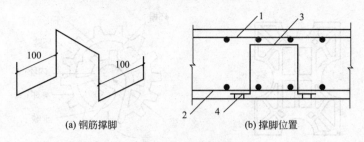

| (a) 钢筋撑脚 | (b) 撑脚位置 |

图 3.34　钢筋撑脚撑

1—上层钢筋层；2—下层钢筋网；3—撑脚；4—水泥垫块

（3）钢筋的弯钩应朝上，不要倒向一边，但双层钢筋网的上层钢筋弯钩应朝下。

（4）独立柱基础为双向弯曲，其底面短边的钢筋应放在长边钢筋的上面。

（5）现浇柱插筋位置一定要固定牢靠，以免造成柱轴线偏移。

（6）对厚片筏上部钢筋网片，可采用钢管临时支撑体系。如图 3.35（a）所示，绑扎上部钢筋网片用的钢管支在上部钢筋网片绑扎完毕后，需置换出水平钢管。为此另取一些垂直钢管通过直角扣件与上部钢筋网片的下层钢筋连接起来（该处需另用短钢筋段加强），替换了原支撑体系，如图 3.35（b）所示。在混凝土浇筑过程中，逐步抽出垂直钢管，如图 3.35（c）所示，此时上部荷载可由附近的钢管及上、下端均与钢筋网焊接的多个拉结筋来承受。由于混凝土不断浇筑与凝固，拉结筋细长比减少，提高了承载能力。

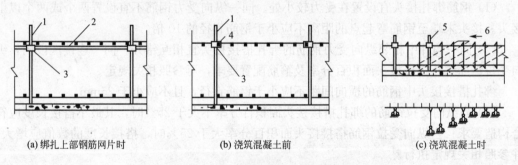

| (a) 绑扎上部钢筋网片时 | (b) 浇筑混凝土前 | (c) 浇筑混凝土时 |

图 3.35　厚片筏上部钢筋网片的钢管临时支撑

1—垂直钢管；2—水平钢管；3—下层水平钢筋；5—待拔钢管；6—混凝土浇筑方向

4．柱钢筋绑扎要点

（1）柱中的竖向钢筋搭接时，角部钢筋的弯钩应与模板成 45°（多边形柱为模板内角的平分角，圆形柱应与模板切线垂直），中间钢筋的弯钩应与模板成 90°。如果用插入式振捣器浇筑小型截面柱时，弯钩与模板的角度不得小于 15°。

（2）箍筋的接头（弯钩叠合处）应交错布置在四角纵向钢筋上，箍筋转角与纵向钢筋交叉点均应扎牢（箍筋平直部分与纵向钢筋交叉点可间隔扎牢），绑扎箍筋时绑扣相互间应成"八"字形。

（3）下层柱的钢筋露出楼面部分，宜用工具式柱箍将其收进一个柱筋直径，以利上层柱的钢筋搭接。当柱截面有变化时，其下层柱钢筋的露出部分，必须在绑扎梁的钢筋之前，先行收缩准确。

（4）框架梁、牛腿及柱帽等钢筋应放在柱的纵向钢筋内侧。

（5）柱钢筋的绑扎应在模板安装前进行。

5. 墙钢筋绑扎要点

（1）墙（包括水塔壁、烟囱筒身、池壁等）的垂直钢筋每段长度不宜超过 4m（直径≤12mm）或 6m（直径＞12mm），水平钢筋每段长度不宜超过 8m，以利绑扎。

（2）墙的钢筋网绑扎同基础，钢筋的弯钩应朝向混凝土内。

（3）用双层钢筋网时，在两层钢筋间应设置撑铁，以固定钢筋间距。撑铁可用直径6～10mm 的钢筋制成，长度等于两层网片的净距（图 3.36），间距约为 1m，相互错开排列。

（4）墙的钢筋，可在基础钢筋绑扎之后、浇筑混凝土前插入基础内。

（5）墙钢筋的绑扎也应在模板安装前进行。

6. 梁板钢筋绑扎要点

（1）纵向受力钢筋采用双层排列时，两排钢筋之间应垫以直径≥25mm 的短钢筋，以保持其设计距离。

（2）箍筋的接头（弯钩叠合处）应交错布置在两根架立钢筋上，其余同柱。

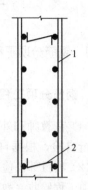

图 3.36 墙钢筋的撑铁
1—钢筋网；2—撑铁

（3）板的钢筋网绑扎与基础相同，但应注意板上部的负筋，要防止被踩下，特别是雨篷、挑檐、阳台等悬臂板，要严格控制负筋位置，以免拆模后断裂。

（4）板、次梁与主梁交叉处，板的钢筋在上，次梁的钢筋居中，主梁的钢筋在下（图 3.37）；当有圈梁或垫梁时，主梁的钢筋在上（图 3.38）。

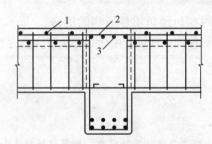

图 3.37 板、次梁与主梁交叉处钢筋
1—板的钢筋；2—次梁钢筋；3—主筋钢筋

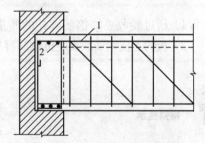

图 3.38 主梁与垫梁交叉处钢筋
1—主梁钢筋；2—垫梁钢筋

（5）框架节点处钢筋穿插十分稠密时，应特别注意梁顶面主筋间的净距要有 30mm，以利浇筑混凝土。

（6）梁钢筋的绑扎与模板安装之间的配合关系：①梁的高度较小时，梁的钢筋架空在梁顶上绑扎，然后再落位；②梁的高度较大（≥1.0m）时，梁的钢筋宜在梁底模上绑扎，其两侧模或一侧模后装。

（7）梁板钢筋绑扎时应防止水电管线将钢筋抬起或压下。

 布置学习任务

以项目部为单位，结合现场实训并查阅资料，围绕钢筋隐蔽工程验收这一典型工作任务，汇报学习成果。将材料汇总整理做成 PPT，项目部推荐 1 名学生代表该项目部进行交流演讲。学生讲述的题目如下。

（1）钢筋分项工程验收的意义、程序、方法、依据是什么？

（2）钢筋分项工程验收时容易出现哪些问题？有什么防范措施？

学习任务 3.8 钢筋分项工程验收实训

3.8.1 钢筋分项工程验收校内实训项目

 钢筋分项工程验收步骤

（1）在教师和外聘教师（师傅）的指导下，以项目部为单位，对本项目部完成的钢筋绑扎进行自检，根据自检情况集中整改。

（2）项目部自检且整改完毕，可向教师提出验收申请，教师批准后安排验收小组进行钢筋分项工程验收。教师担任验收小组的组长，外聘教师（师傅）担任副组长，组员由各项目部的质检员和施工员组成。验收小组对发现的问题以书面形式通知各项目部，并限时整改。

（3）项目经理组织项目部成员进行整改，整改完成后，通知验收小组复检。复检合格后，验收小组填写钢筋分项（隐蔽）工程验收的相关表格。

 探讨

（1）通过验收总结钢筋绑扎的质量通病，同时探讨预防质量通病的措施。

（2）板的上皮钢筋或支座负钢筋容易弯曲或变形移位，现场使用什么办法解决更为有效？

 特别提示

钢筋隐蔽工程验收前，应提供钢筋出厂合格证与检验报告及进场复验报告，钢筋焊接接头和机械连接接头力学性能试验报告。

 问题 1：钢筋隐蔽工程验收的内容、方法、标准是什么？

 解析

1. 钢筋隐蔽工程验收的内容

钢筋安装完成之后，在浇筑混凝土之前，应进行钢筋隐蔽工程验收，其内容如下。

（1）纵向受力钢筋的品种、规格、数量、位置等。

（2）钢筋连接方式、接头位置、接头数量、接头面积百分率等。

（3）箍筋、横向钢筋的品种、规格、数量、间距等。

（4）预埋件的规格、数量、位置等。

2. 钢筋隐蔽工程验收的方法和要求

1）主控项目

（1）钢筋安装时，受力钢筋的品种、级别、规格和数量必须符合设计要求。

① 检查数量：全数检查

② 检查方法：观察、钢尺检查。

（2）纵向受力钢筋的连接方式应符合设计要求。

① 检查数量：全数检查。

② 检查方法：观察。

2）一般项目

（1）钢筋接头位置、接头面积百分率、绑扎搭接长度等应符合设计或构造要求。

（2）箍筋、横向钢筋的品种、规格、数量、间距等应符合设计要求。

（3）钢筋安装位置的偏差，应符合表 3-10 的规定。

检查数量：在同一检验批内，对梁、柱和独立基础，应抽查构件数量的 10%，且不少于 3 件；对墙和板，应按有代表性的自然间抽查 10%，且不少于 3 间；对大空间结构，墙可按相邻轴数间高 5m 左右划分检查面，板可按纵、横轴线划分检查面，抽查 10%，且均不少于 3 面。

表 3-10　检验方法及偏差要求

项目			允许偏差/mm	检验方法
绑扎钢筋网	长、宽		±10	钢尺检查
	网眼尺寸		±20	钢尺量连续 3 档，取最大值
绑扎钢筋骨架	长		±10	钢尺检查
	宽、高		±5	钢尺检查
受力钢筋	间距		±10	钢尺量两端、中间各一点，取最大值
	排距		±5	
	保护层厚度	基础	±10	钢尺检查
		柱、梁	±5	钢尺检查
		板	±3	钢尺检查
绑扎箍筋、横向钢筋间距			±20	钢尺量连续 3 档，取最大值
钢筋起点位置			20	钢尺检查
预埋件	中心线位置		±5	钢尺检查
	水平高差		+3, 0	钢尺和塞尺检查

注：（1）检查预埋件中心线位置时，应沿纵、横两个方向量测，并取其中的较大值；

　　（2）表中梁类、板类构件上部纵向受力钢筋保护层厚度的合格点率应达到 90% 及以上，且不得有超过表中数值 1.5 倍的尺寸偏差。

3.8.2 钢筋分项工程验收资料汇总

特别提示

钢筋分项工程验收完成的同时，相关资料亦应填写齐全。主要有钢筋原材料检验批质量验收记录、钢筋加工检验批质量验收记录、钢筋连接检验批质量验收记录、钢筋安装检验批质量验收记录。由于实训条件的制约，仅对钢筋安装实施了模拟验收，也就是通常所说的钢筋隐蔽工程验收。

以下是关于钢筋验收的相关表格（表3-11～表3-14），请同学们到校外实训基地查阅上述资料，并学习验收标准和表格的填写方法。

表 3-11 钢筋原材料检验批质量验收记录

（GB 50204—2002）   编号：010602(1)/020102(1)□□□

工程名称				分项工程名称		项目经理	
施工单位				验收部位			
施工执行标准名称及编号						专业工长（施工员）	
分包单位				分包项目经理		施工班组长	
质量验收规范的规定				施工单位自检记录		监理（建设）单位验收记录	
主控项目	1	原材料抽检	钢筋进场时应按规定抽取试件做力学性能试验，其质量必须符合有关标准的规定。（第5.2.1条）				
	2	有抗震要求框架结构	纵向受力钢筋的强度应满足设计要求。对一、二级抗震等级，检验所得的强度实测值应符合下列规定：①钢筋的抗拉强度实测值与屈服强度实测值的比值不应小于1.25；②钢筋的屈服强度实测值与强度标准值的比值不应大于1.3。（第5.2.2条）				
	3		当发现钢筋脆断、焊接性能不良或力学性能显著不正常等现象时，应对该批钢筋进行化学成分检验或其他专项检验。（第5.2.3条）				
一般项目	1	钢筋表观质量	钢筋应平直、无损伤，表面不得有裂纹、油污、颗粒状或片状老锈。（第5.2.4条）				
施工操作依据							
质量检查记录							
施工单位检查结果评定		项目专业质量检查员：				项目专业技术负责人： 年　月　日	
监理（建设）单位验收结论		专业监理工程师： （建设单位项目专业技术负责人） 年　月　日					

表 3 - 12　钢筋加工检验批质量验收记录

(GB 50204—2002)　　　　　　　　　　　　编号：010602(2)/020102(2)□□□□

工程名称			分项工程名称		项目经理	
施工单位			验收部位			
施工执行标准名称及编号					专业工长(施工员)	
分包单位			分包项目经理		施工班组长	

		质量验收规范的规定		施工单位自检记录	监理(建设)单位验收记录
主控项目	1	受力钢筋弯钩和弯折	① HPB235 级钢筋末端应作 180°弯钩，其弯弧内直径不应小于 2.5d，弯钩的弯后平直部分长度不应小于 3d； ② 当设计要求钢筋末端需作 135°弯钩时，HRB335 级、HRB400 级钢筋的弯弧内直径不应小于 4d，弯钩的弯后平直部分长度应符合设计要求； ③ 钢筋作不大于 90°的弯折时，弯折处的弯弧内直径不应小于 5d。(第 5.3.1 条)		
	2	箍筋末端弯钩	弯钩形式应符合设计要求。 当设计无具体要求时：①弯弧内直径除应满足第 1 条的规定外，尚应不小于受力钢筋直径；②弯折角度对一般结构，不应小于 90°，对有抗震等要求的结构，应为 135°；③箍筋弯后平直部分长度对一般结构，不宜小于箍筋直径的 5 倍，对有抗震等要求的结构，不应小于箍筋直径的 10 倍。(第 5.3.2 条)		
一般项目	1	钢筋调直	宜采用机械方法，也可采用冷拉方法。当采用冷拉方法调直钢筋时，HPB235 级钢筋冷拉率不宜大于 4%，HRB335 级、HRB400 级、RRB400 级钢筋的冷拉率不宜大于 1%。(第 5.3.3 条)		

			项目	允许偏差/mm														
一般项目	2	钢筋加工的允许偏差	受力钢筋顺长度方向全长的净尺寸	±10														
			弯起钢筋的弯折位置	±20														
			箍筋内净尺寸	±5														

施工操作依据		
质量检查记录		
施工单位检查结果评定	项目专业质量检查员：	项目专业技术负责人： 　　　　　年　月　日
监理(建设)单位验收结论	专业监理工程师： (建设单位项目专业技术负责人)	 　　　　　年　月　日

表 3-13　钢筋连接检验批质量验收记录

（GB 50204—2002）　　　　　　　　　　　　　　编号：010602(3) 020102(3)□□□

工程名称			分项工程名称		项目经理	
施工单位			验收部位			
施工执行标准 名称及编号					专业工长 （施工员）	
分包单位			分包项目经理		施工班组长	
质量验收规范的规定					施工单位 自检记录	监理（建设） 单位验收记录
主控项目	1	纵向受力钢筋 的连接方式	应符合设计要求。　　　　　　（第5.4.1条）			
	2	接头试件	应作力学性能检验，其质量应符合有关规程的 规定。　　　　　　　　　　　（第5.4.2条）			
一般项目	1	接头位置	宜设在受力较小处。①同一纵向受力钢筋不宜设 置两个或两个以上接头。②接头末端至钢筋弯起点 距离不应小于钢筋直径的10倍。 　　　　　　　　　　　　　　（第5.4.3条）			
	2	接头外观 质量检查	应符合有关规程规定。　　　　（第5.4.4条）			
	3	受力钢筋机 械连接或焊 接接头设置	宜相互错开。在连接区段长度为35倍 d 且不小 于500mm范围内，接头面积百分率应符合下列规 定：①受拉区不宜大于50％；②不宜设置在有抗震 设防要求的框架梁端、柱端的箍筋加密区；当无法 避开时，机械连接接头不应大于50％。③直接承受 动力荷载的结构构件中，不宜采用焊接接头。当采 用机械连接时不应大于50％。 　　　　　　　　　　　　　　（第5.4.5条）			
	4	绑扎搭接接头	按规范要求相互错开。接头中钢筋的横向净距不 应小于钢筋直径，且不应小于25mm。搭接长度应 符合规范规定；连接区段 $1.3L_L$ 长度内，接头面积 百分率：①对梁类、板类及墙类构件，不宜大于 25％；②对柱类构件，不宜大于50％。③确有必要 时对梁内构件不宜大于50％。　（第5.4.6条）			
	5	箍筋配置	在梁、柱类构件的纵向受力钢筋搭接长度范围 内，应按设计要求配置箍筋。 　当设计无具体要求时：①箍筋直径不应小于搭接 钢筋较大直径的0.25倍；②受拉搭接区段的箍筋 间距不应大于搭接钢筋较小直径的5倍，且不应大 于100mm；③受压搭接区段的箍筋间距不应大于搭 接钢筋较小直径的10倍，且不应大于200mm； ④当柱中纵向受力钢筋直径大于25mm时，应在搭 接接头两个端面外100mm范围内各设置两个箍筋， 其间距宜为50mm。　　　　　　（第5.4.7条）			
施工操作依据						
质量检查记录						
施工单位检查 结果评定		项目专业 质量检查员： 			项目专业 技术负责人： 　　　年　月　日	
监理（建设） 单位验收结论		专业监理工程师： （建设单位项目专业技术负责人） 　　　　　　　　　　　年　月　日				

表 3 - 14　钢筋安装检验批质量验收记录

（GB 50204—2002）　　　　　　　　　　　　　　　　编号：010602(4)/020102(4)□□□

工程名称				分项工程名称		项目经理	
施工单位				验收部位			
施工执行标准 名称及编号						专业工长 （施工员）	
分包单位				分包项目经理		施工班组长	

	质量验收规范的规定				施工单位自检记录	监理（建设） 单位验收记录
主控项目	钢筋安装时，受力钢筋的品种、级别、规格和数量必须符合设计要求。					

		项目		允许偏差/mm									
一般项目	钢筋安装位置的偏差	绑扎钢筋网	长、宽	±10									
			网眼尺寸	±20									
		绑扎钢筋骨架	长	±10									
			宽、高	±5									
		受力钢筋	间距	±10									
			排距	±5									
			保护层厚度 基础	±10									
			保护层厚度 柱、梁	±5									
			保护层厚度 板、墙、壳	±3									
		绑扎钢筋、横向钢筋间距		±20									
		钢筋弯起点位置		20									
		预埋件	中心线位置	5									
			水平高差	+3,0									

施工操作依据		
质量检查记录		

施工单位检查 结果评定	项目专业 质量检查员：　　　　　项目专业 　　　　　技术负责人：　　　　　年　月　日
监理（建设） 单位验收结论	专业监理工程师： （建设单位项目专业技术负责人）　　　　　年　月　日

问题1：钢筋混凝土条形基础交接处的钢筋怎样绑扎才算正确？

解析

隐蔽工程检查验收中发现，钢筋混凝土条形基础交接处钢筋的配置方法存在误区。现将常见的错误配筋方法及相应的正确配筋方法分述如下。

1. 错误的配筋方法

(1) 将横墙的受力筋及分布筋沿横墙方向通长布置，直到纵墙方向的条形基础内边沿处，而将纵墙的受力筋及分布筋留置至横墙方向条形基础内边沿处，如图 3.39、图 3.40 所示。这种配筋方法只简单地分割出横墙与纵墙配筋区域，不符合条基 L 形、T 形交接处受力的特点。

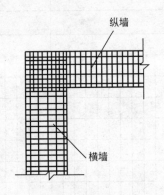

图 3.39　错误配筋方法 L 形接头

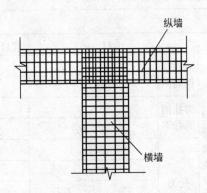

图 3.40　错误配筋方法 T 形接头

(2) 将 L 形、T 形交接处受力筋及分布筋按纵墙、横墙两个方向同时配置，直至纵、横墙方向条形基础外边沿。这样，交接处的钢筋将重叠布置，受力筋及分布筋将在此重叠、弯曲，给混凝土浇筑带来麻烦，因配筋过密，混凝土难以振捣，造成该处混凝土露筋、蜂窝、麻面等质量问题，同时也造成不必要的钢材浪费，如图 3.41 和图 3.42 所示。

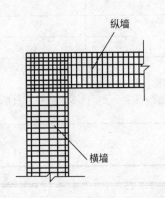

图 3.41　钢筋重叠布置 L 形接头

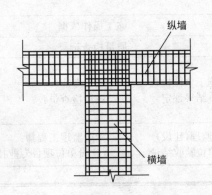

图 3.42　钢筋重叠布置 T 形接头

2. 正确的配筋方法

(1) 在 L 形交接处，主要受力轴线 A 墙受力筋排至 B 墙条形基础外边沿（保留 35mm

钢筋保护层）。分布筋沿 A 墙方向通长布置。另一轴线 B 墙受力筋排至 A 墙条形基础外边沿，保留 35mm 钢筋保护层，B 墙分布筋在交接处断开，但须保留 $3d$ 的钢筋锚固长度，即伸入 A 墙条形基础内边沿 $35d$，如图 3.43 所示。在 L 形交接处，当遇两方向受力筋交叉布置时，主要受力轴线 A 墙受力筋在下，B 墙受力筋在上。

（2）在 T 形交接处，纵墙的受力筋、分布筋沿纵墙方向通长布置；横墙的受力筋排至超过纵墙条形基础内边沿 $B/4$（B 为纵墙条形基础宽度）处，分布筋配置与受力筋同位置处断开，如图 3.44 所示。当遇两方向受力筋交叉布置时，纵墙受力筋在下，横墙受力筋在上。

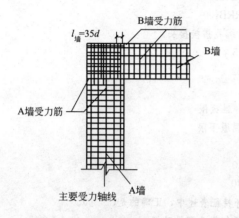

图 3.43　正确配筋方法 L 形接头

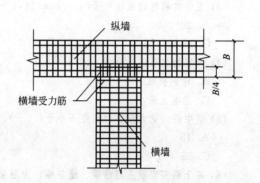

图 3.44　正确配筋方法 T 形接头

本情境小结

（1）钢筋制作与安装是钢筋混凝土结构施工的重头戏，具有施工过程长、资金投入多、技术要求高、工艺较复杂的特点。随着建筑企业的发展壮大和工人整体素质的提高，钢筋制作和安装也正朝着规范化和标准化的方向迈进。

（2）钢筋作为钢筋混凝土构件中主要承受拉力的重要材料，掌握其各种性能，特别是力学性能尤为重要，这也是做好钢筋分项工程施工的基础条件。

（3）钢筋翻样是钢筋加工前的一道工序，过去由施工员完成。近年来，钢筋班组自行完成的较多。但作为施工员，进行钢筋翻样训练，可以培养精确识图、熟练应用标准图集的基本功。所以，钢筋翻样和填写下料单是本学习情境的主要任务。

（4）钢筋制作和安装以及技术交底和安全交底相对容易学习和掌握。实训的目的也主要围绕识读结构施工图，特别是平法规则而进行。

（5）钢筋隐蔽工程验收是钢筋分项工程质量的最后一道关口，在实际工程中是非常重要的环节。因此，本学习情境设专篇进行操练，验收的程序、方法、内容和相关表格的填写均按照工作过程设置，方便学生学习和掌握。

习 题

一、单项选择题

(1) 钢筋进场时，应按现行国家标准的规定抽取试件做( )检验，其质量必须符合有关标准的规定。

A. 尺寸规格　　　　　　　　　　　B. 表面光洁度

C. 力学性能　　　　　　　　　　　D. 局部外观

(2) 在热轧钢筋等级中，光圆钢筋是( )。

A. HPB235　　　　　　　　　　　B. HRB335

C. HRB400　　　　　　　　　　　D. RRB400

(3) 当受拉钢筋的直径大于( )mm 时，不宜采用绑扎搭接接头。

A. 20　　　　　　　　　　　　　　B. 25

C. 28　　　　　　　　　　　　　　D. 22

(4) 钢筋的屈服强度是指( )。

A. 比例极限　　　　　　　　　　　B. 弹性极限

C. 屈服上限　　　　　　　　　　　D. 屈服下限

(5) 梁中纵向受力钢筋的间距不小于( )。

A. 15　　　　　　　　　　　　　　B. 20

C. 25　　　　　　　　　　　　　　D. 30

(6) 关于钢筋混凝土超筋梁、适筋梁、少筋梁的破坏特征表述中，正确的是( )。

A. 超筋梁为塑性破坏　　　　　　　B. 适筋梁为塑性破坏

C. 少筋梁易破坏　　　　　　　　　D. 都是塑性破坏

(7) 钢筋混凝土梁中承受剪力的钢筋主要是( )。

A. 纵向钢筋(无弯起)　　　　　　　B. 箍筋

C. 腰筋　　　　　　　　　　　　　D. 架力筋

(8) 柱、墙基础插筋弯钩长度 a 值最小值为( )。

A. 10d　　　　　　　　　　　　　B. 12d

C. 150mm　　　　　　　　　　　D. 300mm

(9) 柱的第一根箍筋距基础顶面的距离是( )。

A. 50mm　　　　　　　　　　　B. 100mm

C. 箍筋加密区间距　　　　　　　　D. 箍筋加密区间距/2

二、多项选择题

(1) 关于弯起钢筋的作用中，说法正确的是( )。

A. 在跨中附近和纵向受拉钢筋一样可以承担正弯矩

B. 其弯起段可以承受弯矩和剪力共同产生的拉应力

C. 弯起后的水平段有时还可以承受支座处的负弯矩

D. 可用于承担因混凝土收缩和温度变化产生的应力

E. 可用于固定受力钢筋的位置，以便绑扎成钢筋骨架

(2) 在钢筋混凝土板中，分布钢筋的作用包括( )。

A. 承受由弯矩作用产生的拉力

B. 承受由剪力作用产生的拉力

C. 将板面上的集中荷载均匀地传递给受力钢筋

D. 在施工过程中固定受力钢筋的位置

E. 抵抗因混凝土收缩及温度变化在垂直受力钢筋方向产生的拉力

（3）下列关于板中分布钢筋的叙述正确的是（　　）。

　　A. 分布钢筋是起固定受力筋位置的作用

　　B. 分布钢筋不受力

　　C. 分布钢筋的间距不宜大于 250mm

　　D. 分布钢筋的间距不宜大于 300mm

　　E. 单位宽度分布钢筋用量不应小于单位宽度上受力钢筋用量的 15％

（4）钢筋混凝土梁中，（　　）属于构造配筋。

　　A. 受压纵筋　　　　　　　　B. 箍筋

　　C. 弯起钢筋　　　　　　　　D. 架力钢筋

　　E. 腰筋

（5）钢筋混凝土梁正截面破坏形式有（　　）。

　　A. 超筋破坏　　　　　　　　B. 适筋破坏

　　C. 剪压破坏　　　　　　　　D. 少筋破坏

　　E. 斜压破坏

三、简答题

（1）为什么钢筋弯折不得采用热弯方法？

（2）钢筋接头为什么需离开弯折点 $10d$？

（3）钢筋生锈后如何处理？

（4）对于主、次梁交接处，箍筋如何布置？

（5）钢筋绑扎长度 L 不满足规范要求怎么办？

（6）光圆钢筋和带肋钢筋各采用何种焊条焊接？

（7）混凝土墙钢筋保护层厚度如何控制？

四、交流与探讨

（1）对钢筋绑扎常见的质量问题进行分析。

（2）剪力墙钢筋安装时主要存在哪些问题？

（3）受力钢筋接头形式是否可以改进？

学习情境4

混凝土浇筑

专业	建筑类 相关专业	学习 领域	钢筋混凝土工 程施工与组织	学习 情境	混凝土浇筑	建议 学时	20 学时
工作情境描述							

工作情境描述	混凝土浇筑是钢筋混凝土工程中的一个施工环节，它是在模板安装完成、钢筋绑扎验收结束后实施的工序。一般由技术员做出技术交底，混凝土工现场浇筑构件，其后洒水养护，达到强度要求时拆除模板并进行混凝土构件检查验收
学习任务	(1) 根据施工图，现场取砂子、碎石、水泥若干，在试验室做出设计要求的混凝土强度等级的配合比 (2) 制定混凝土浇筑方案，并对操作人员进行技术交底 (3) 按照混凝土配合比和交底现场拌制混凝土并做试块 (4) 到施工现场实施浇筑、养护、验收，并探讨施工中常见质量通病的防治措施
学习目标	(1) 能够按混凝土强度等级现场取料做出试验室配合比 (2) 可以根据混凝土工程施工操作规程拟定施工方案并做出技术交底 (3) 能够指导混凝土作业工人现场浇筑钢筋混凝土构件并做标准试块 (4) 能准确判定混凝土浇筑的质量通病，并提出相应的预防措施 (5) 混凝土质量验收并正确填写验收专用表格
学习内容	(1) 不同种类混凝土的适用范围以及不同强度等级混凝土的技术参数 (2) 混凝土配合比设计 (3) 按配合比拌制混凝土并对构件采用振捣浇筑的工艺流程和施工方法 (4) 混凝土构件养护要求和验收标准 (5) 混凝土质量通病及其防治措施
教学条件	(1) 所需工具、材料、设备：①砂、石、水泥若干；②专业试验室和配套设备；③振动棒若干 (2) 资料：①规范、图纸；②教材和学生工作页；③配合比单和验收表格等资料
教学方法 组织形式	(1) 课堂教学和实训操作轮回交替 (2) 学生分组学习，教师对其过程给予点评和指导
教学流程	(1) 教师指导学生操作试验设备和使用仪器 (2) 查看施工图纸，明确混凝土强度等级和构件尺寸 (3) 以项目部为单位进行混凝土配合比设计 (4) 制定混凝土浇筑施工方案并做技术交底 (5) 指导(模拟)作业工人现场浇筑混凝土并做标准试块 (6) 对已拆模的混凝土构件进行检查验收，提出解决问题的方案并填写标准表格
学业评价	(1) 可以做出指定强度等级的混凝土配合比 (2) 能够按施工规程制定科学可行的施工方案并进行技术交底 (3) 详述混凝土浇筑要点 (4) 运用混凝土工程质量评定标准，进行混凝土验收 (5) 能够分析混凝土浇筑质量通病产生的原因，并提出适宜的防治措施

 **学习准备**

　　参见"学习情境1"的"学习准备"和表1-1，与其职责表述不同之处见表4-1。

表 4-1 部分项目部人员名单参考

姓名	职务	岗位职责	备注
	测量员	协助质检员，使用水准仪或钢尺对混凝土构件浇筑完成后的外形尺寸、设计结构标高等进行检查复验	
	施工员	依据图纸和资料员提供的资料，组织大家进行不同强度等级混凝土配合比设计和施工方案拟定，同时完成相应的技术交底工作	
	安全员	负责编写混凝土施工方案中浇筑安全管理专篇；组织项目部学习安全操作规程并做安全交底；对项目操作过程实施安全检查并填写相关检查记录表	

 引例

古罗马人在建筑中经常使用石灰与火山灰的混合物，这种混合物与现代的水泥很相似。如果用它们胶结碎石，就制成了混凝土，硬化后不但强度较高，而且还能抵抗淡水或含盐水的侵蚀。长期以来，它作为一种重要的胶凝材料被广泛应用在工程中。图 4.1 与图 4.2 所示均为商品混凝土生产基地的场景。

图 4.1 商品混凝土搅拌站

图 4.2 商品混凝土送料

问题：混凝土是怎样成为重要的建筑材料呢？

 解析

1867 年，法国工程师艾纳比克在巴黎博览会上看到花匠蒙尼亚用铁丝网和混凝土制作的花盆、浴盆和水箱后受到启发，于是设法把这种材料应用于房屋建筑上。1879 年，他开始制造钢筋混凝土楼板，后来发展为整套建筑使用由钢筋箍和纵向杆加固的混凝土结构梁。仅几年后，他在巴黎建造公寓大楼时采用了经过改善的、迄今仍普遍使用的钢筋混凝土主柱、横梁和楼板。1884年德国建筑公司购买了蒙尼亚的专利，进行了第一批钢筋混凝土的科学试验，研究了钢筋混凝土的强度、耐火能力、钢筋与混凝土的黏结力。1887年德国工程师科伦首先发表了钢筋混凝土的计算方法；英国人威尔森申请了钢筋混凝土板专利；美国人海厄特对混凝土横梁进行了试验。1895—1900年，法国用钢筋混凝土建成了第一批桥梁和人行道。1918年艾布拉姆发表了著名的计算混凝土强度的水灰比理论，于是钢筋混凝土开始成为改变这个世界景观的重要材料。

知识点

混凝土被建筑工人称为人工石，建筑行业因为流行"混凝土"的写法，后新华字典收入该字并确定读音。从字面上可以清楚地知道，混凝土是一种抗压能力非常强的类似坚硬石头的建筑材料。它主要由水泥、砂子、石子按一定比例拌制而成，属于复合材料。

混凝土很重要的评价指标是其抗压强度，并根据不同的抗压强度值划分为不同的强度等级，并用在钢筋混凝土结构适宜的部位从而满足相应的承重要求。

混凝土的应用范围十分广泛，特别是近些年商品混凝土的出现，使混凝土在工艺性能、应用范围、施工质量等方面都有了很多探索的空间。

布置学习任务

以项目部为单位，查阅资料并将成果汇总整理做成PPT，项目部推荐1名同学代表该项目部进行交流演讲。项目部之间互评，教师亦参与成果点评和成绩评定，学生讲述的题目如下。

（1）混凝土的分类。

（2）混凝土的主要性能。

（3）简述普通混凝土和特种混凝土的适用范围。

（4）详述商品混凝土的特性和施工要点。

特别提示

本教材可作为学生查阅和学习的资料之一，教师提倡并鼓励项目部全体人员主动学习，查阅更多资料并向有实践经验的外聘教师和师傅请教，以获得更多的信息。项目部所做的PPT如果完全停留在本教材的层面，没有内容的增加或图片的收集，那么本学习任务的成绩将评定为"不合格"。

学习任务4.1 描述混凝土的性能及其适用范围

4.1.1 混凝土的分类

1. 混凝土的组成

混凝土是工程建设的主要材料之一。广义的混凝土是指由胶凝材料、细骨料（砂）、粗骨料(石)和水按适当比例配制的混合物,经硬化而成的人造石材,但目前建筑工程中使用最为广泛的还是普通混凝土。普通混凝土是由水泥、水、砂、石以及根据需要掺入各类外加剂与矿物混合材料组成的。

在普通混凝土中,砂、石起骨架作用,称为骨料,它们在混凝土中起填充作用和抵抗混凝土在凝结硬化过程中的收缩作用。水泥与水形成水泥浆,包裹在骨料表面并填充骨料间的空隙。硬化之前,水泥浆起润滑作用,这样使拌合物具有一定的和易性,便于施工。水泥浆硬化后,则将骨料胶结成一个坚实的整体,而且具有一定的强度。

2. 混凝土的分类

混凝土品种繁多,它们的性能和用途也各不相同,一般情况下按以下几方面进行分类。

1) 按胶结材料分类

(1) 无机胶结材料混凝土。包括水泥混凝土、硅酸盐混凝土、石膏混凝土和水玻璃氟硅酸钠混凝土。

(2) 有机胶结材料混凝土。包括沥青混凝土、硫黄混凝土和聚合物混凝土。

(3) 有机无机复合胶结材料混凝土。包括聚合物水泥混凝土和聚合物浸渍混凝土。

2) 按表观密度分类

(1) 特轻混凝土,表观密度在 $500kg/m^3$ 及以下的多孔混凝土。用特轻骨料如膨胀珍珠岩、膨胀蛭石、泡沫塑料等制成的轻骨料混凝土,主要用作保温隔热材料。

(2) 轻混凝土,表观密度为 $500\sim1900kg/m^3$,是用火山灰渣、黏土陶粒(陶砂)、粉煤灰陶粒(陶砂)等轻骨料制成的轻骨料混凝土。表观密度在 $500kg/m^3$ 以上的多孔混凝土,包括加气混凝土和泡沫混凝土、大孔混凝土,其组成中不加或少加细骨料。轻混凝土主要用作结构材料及结构绝热材料。

(3) 重混凝土,表观密度为 $1900\sim2500kg/m^3$,是用致密的天然砂、石作为骨料制成的,也称普通混凝土,主要用于各种承重结构。

(4) 特重混凝土,表观密度大于 $2600kg/m^3$,是用特别密实和特别重的骨料制成的,例如重晶石混凝土、钢屑混凝土等。它们具有防辐射的性能,主要用作原子能工程的屏蔽材料。

3) 按混凝土的结构分类

(1) 普通结构混凝土。由碎石或卵石、砂、水泥和水制成的混凝土。

(2) 细粒混凝土。由细骨料和胶结材料制成,主要用于制造薄壁构件。

(3) 大孔混凝土。由粗骨料和胶结材料制成,骨料外包胶结材料彼此以点接触,骨料之间有较大的空隙,主要用于墙体内隔层等填充部位。

(4) 多孔混凝土。这种混凝土无粗细骨料,全由磨细的胶结材料和其他粉料加水拌成料浆,用机械方法或化学方法使之形成许多微小的气泡后再经硬化制成。

4) 按用途和施工方法分类

主要包括结构混凝土、防水混凝土、隔热混凝土、耐酸混凝土、装饰混凝土、纤维混凝土、防辐射混凝土、沥青混凝土、泵送混凝土、喷射混凝土、高强混凝土、高性能混凝土等。另外,随着混凝土的发展和工程的需要,还出现了膨胀混凝土、加气混凝土、纤维混凝土等各种特殊功能的混凝土。

4.1.2 混凝土的特点详述

1.普通混凝土的优点

由于普通混凝土具有优越的技术性能和经济性能，因此在建筑工程中能得到广泛的应用。

(1)原材料丰富、造价低廉。混凝土中砂、石骨料约占80%，而砂、石材料资源丰富，可就地取材，造价低廉。

(2)混凝土拌合物有良好的可塑性。混凝土未凝结硬化前，可利用模板浇灌成任何形状及尺寸的整体结构或构件。

(3)性能可以调整。通过改变混凝土组成材料的品种及比例，可制得不同物理力学性能的混凝土来满足各种工程的不同需要。

(4)与钢筋有牢固的黏结力。混凝土与钢筋的线膨胀系数基本相同，两者复合成钢筋混凝土后，能保证共同工作，从而大大扩展了混凝土的应用范围。

(5)良好的耐久性。配制合理的混凝土，具有良好的抗冻、抗渗、抗风化及耐腐蚀等性能，比木材、钢材等材料更耐久，且维护费用低。

(6)生产能耗较低。混凝土生产能耗远小于黏土砖制品及金属材料。

2.普通混凝土的缺点

(1)自重大、比强度(强度与表观密度之比)小。每 $1m^3$ 普通混凝土重达 2400kg 左右，致使在建筑工程中形成肥梁胖柱和厚基础，对高层及大跨度建筑有不利影响。

(2)抗拉强度低。一般其抗拉强度为抗压强度的 1/20～1/10，因此受拉时易产生脆性破坏。

(3)导热系数大。普通混凝土导热系数为 $1.40W/(m \cdot K)$，为红砖的两倍，故保温隔热性能差。

(4)硬化较慢，生产周期长。在标准条件下养护 28d 后，混凝土强度增长才趋于稳定，在自然条件下养护的混凝土预制构件，一般要养护 7～14d 方可投入使用。

4.1.3 混凝土的主要性能

特别提示

在混凝土建筑物中，由于各个部位所处的环境、工作条件不相同，对混凝土性能的要求也不一样，所以必须根据具体情况，采用不同性能的混凝土，在满足性能要求的前提下，达到经济效益显著的目的。

混凝土的各组成材料按一定比例搅拌而制得的未凝固的混合材料称为混凝土拌合物。对混凝土拌合物的要求，主要是使运输、浇筑、捣实和表面处理等施工过程易于进行，减少离析，从而保证良好的浇筑质量，进而为保证混凝土的强度和耐久性创造必要的条件。

混凝土的性能包括两个部分：①混凝土硬化之前的性能，主要有和易性；②混凝土硬化之后的性能，包括强度、变形性能、耐久性等。

1.混凝土拌合物的和易性

由水泥、砂、石、水、掺合料和外加剂拌合而成的尚未凝固时的拌合物，称为混凝土拌合物，又称新拌混凝土。

和易性指混凝土拌合物在拌合、运输、浇筑、振捣等过程中，不发生分层、离析、泌水等现象，是浇筑时易填满模板的各个角落，易于捣实、分布均匀、与钢筋黏结牢固，不易产生蜂窝、麻面等不良问题，从而获得质量均匀、密实的混凝土的性能。和易性反映混凝土拌合物拌合均匀后，在各施工环节中各组成材料能较好地一起流动的特性，是一项综合技术性能，包括流动性、黏聚性和保水性。

（1）流动性。流动性是指混凝土拌合物在自重或施工机械振捣的作用下能产生流动，并均匀密实地填满模板的性能。流动性的大小主要取决于单位用水量或水泥浆量的多少。单位用水量或水泥浆量多，则混凝土拌合物的流动性大（反之则小），浇筑时易于填满模型。

（2）黏聚性。黏聚性是指混凝土拌合物在施工过程中其组成材料之间的黏聚力，在运输、浇筑、捣实过程中，不致产生分层、离析、泌水而保持整体均匀的性质。混凝土拌合物是由密度不同、颗粒大小不一的固体材料和水组成的混合物，在外力作用下，各组成材料移动的倾向性不同，一旦配合比例不当，就会出现分层和离析现象，使硬化后的混凝土成分不均匀，甚至产生蜂窝、狗洞等工程质量问题。

（3）保水性。保水性是指混凝土拌合物保持水分、不易产生泌水的性能。保水性差的拌合物在浇筑过程中，由于部分水分从混凝土内析出，形成渗水通道。浮在表面的水分，能使上、下两混凝土浇筑层之间形成薄弱的夹层，部分水分还会停留在石子及钢筋的下面形成水囊或水膜，降低水泥浆与石子及钢筋的胶结力。这些都将影响混凝土的密实性，从而降低混凝土的强度和耐久性。

2. 混凝土的强度

强度是混凝土最重要的力学性能，通常用混凝土强度来评定和控制混凝土的质量。混凝土强度包括抗压强度、抗拉强度、抗弯强度、抗剪强度和与钢筋的黏结强度等，其中抗压强度最大，抗压强度最小约为抗拉强度的 10～20 倍，工程上大部分都采用混凝土的立方体抗压强度作为设计依据。

素混凝土结构的混凝土强度等级不应低于 C15；钢筋混凝土结构的混凝土强度等级不应低于 C20；采用强度级别 400MPa 及以上的钢筋时，混凝土强度等级不应低于 C25。

承受重复荷载的钢筋混凝土构件，混凝土强度等级不应低于 C30。

预应力混凝土结构的混凝土强度等级不宜低于 C40，且不应低于 C30。

（1）混凝土立方体抗压强度。根据国家标准《混凝土结构设计规范》（GB 50010—2010）规定，立方体抗压强度标准值系指按标准方法制作、养护的边长为 150mm 的立方体试件，在 28d 或设计规定龄期以标准方法测得的，具有 95% 保证率的抗压强度值。

（2）混凝土轴心抗压强度。混凝土强度等级是根据立方体试件确定的，但在钢筋混凝土结构设计计算中，考虑到混凝土构件的实际受力状态，计算轴心受压构件时，常以轴心抗压强度作为依据。将混凝土制成 150mm×150mm×150mm 的标准试件，在标准温度、标准湿度养护 28d 的条件下，检测试件的抗压强度值即为混凝土的轴心抗压强度。

混凝土轴心抗压强度与立方体抗压强度之比约为 0.7～0.8。

（3）混凝土抗拉强度。混凝土抗拉强度对混凝土的开裂控制起着重要作用，在结构设计中，抗拉强度是确定混凝土抗裂度的重要指标。

抗拉强度一般以劈拉试验法间接取得。

混凝土劈裂抗拉强度应按下式计算

$$f_\mu = 2P/(\pi A) - 0.637P/A \tag{4-1}$$

式中：f_μ——混凝土劈裂抗拉强度，MPa；

  P——破坏荷载，N；

  A——试件劈裂面积，mm^2。

(4) 混凝土抗弯强度。在道路等设计和施工中，抗弯强度是一项很重要的技术指标。混凝土的抗弯强度试验是以标准方法制备成 $150mm \times 150mm \times 550mm$ 的梁形试件，在标准条件下养护 28d 后，按三分点加荷，测定其抗弯强度 f_{cf}，按下式计算

$$f_{cf} = PL/(bh^2) \tag{4-2}$$

式中：f_{cf}——混凝土抗弯强度，MPa；

  P——破坏荷载，N；

  L——支座间距，mm；

  b——试件截面宽度，mm；

  h——试件截面高度，mm。

3. 混凝土的耐久性

混凝土抵抗环境介质作用并长期保持其良好的使用性能的能力称为混凝土的耐久性。我国《混凝土结构设计规范》将混凝土结构耐久性设计作为一项重要内容。

混凝土耐久性包括抗渗性、抗冻性、抗腐蚀性、抗碳化性、碱——骨料反应、干缩、耐磨性等。

(1) 抗渗性。抗渗性是指混凝土抵抗水、油等流体在压力作用下渗透的性能。抗渗性是混凝土的一项重要性质，它直接影响混凝土的抗侵蚀性和抗冻性。

我国采用抗渗等级表示混凝土的抗渗性能。抗渗等级按标准试验方法进行试验，以 28d 的龄期用每组 6 个试件中 4 个试件未出现渗水时的最大水压力来表示。分为 P4、P6、P8、P10、P12 这 5 个等级，相应表示混凝土能抵抗 0.4MPa、0.6MPa、0.8MPa、1.0MPa、1.2MPa 的水压而不渗透。

(2) 抗冻性。抗冻性是指混凝土在水饱和状态下能经受多次冻融循环而不被破坏，而且不严重降低强度的性能。

混凝土抗冻性一般以抗冻等级表示。抗冻等级是采用龄期 28d 的试块在吸水饱和后，承受反复冻融，以抗压强度下降不超过 25%，而且质量损失不超过 5% 时所能承受的最大冻融循环次数来确定的。

《混凝土质量控制标准》(GB 50164—2011)中规定，根据混凝土试件所能承受的反复冻融循环(慢冻法)次数，混凝土的抗冻性划分为 D10、D15、D25、D50、D100、D150、D200、D250 和 D300 等 9 个等级。

(3) 抗腐蚀性。抗腐蚀性是指混凝土在含有侵蚀性介质环境中遭受到化学侵蚀、物理作用不破坏的能力。混凝土的抗侵蚀性主要取决于水泥的抗侵蚀性。

混凝土的抗腐蚀性与所用水泥品种、混凝土密实度和孔隙特征有关。提高混凝土抗蚀性的措施，主要是合理选择水泥品种、降低水灰比、改善孔隙结构等。

(4) 抗碳化性。抗碳化性是指混凝土能够抵抗空气中的二氧化碳与水泥石中氢氧化钙

作用，生成碳酸钙和水的能力。碳化又叫中性化，碳化使混凝土的碱度降低，导致钢筋锈蚀。碳化还将显著地增加混凝土的收缩，使混凝土的抗压和抗拉强度降低。影响混凝土抗碳化性的主要因素是环境条件，包括二氧化碳的浓度和相对湿度。二氧化碳浓度高，碳化速度高，相对湿度在50％时碳化最快。其他因素还有水泥品种、水灰比、外加剂及施工、养护等。

（5）混凝土的碱——骨料反应。混凝土碱——骨料反应是指混凝土内水泥中（$Na_2O+0.658K_2O$）与骨料中的活性 SiO_2 反应，生成碱——硅酸凝胶（Na_2SiO_3），并从周围介质中吸收水分而膨胀，导致混凝土开裂破坏的现象。

（6）干缩。混凝土因毛细孔和凝胶体中水分蒸发与散失而引起的体积缩小称为干缩，当干缩受到限制时，混凝土会出现干缩裂缝而影响耐久性。在一般工程设计中，采用的混凝土线收缩量为 0.00015～0.0002。混凝土收缩过大会引起变形开裂、缩短使用寿命，因而在可能条件下，应尽量降低水灰比、减少水泥用量，正确选用水泥品种，采用洁净的砂石骨料，并加强早期养护。

（7）耐磨性。混凝土抵抗机械磨损的能力称为耐磨性，它与混凝土强度有密切的关系。提高水泥熟料中硅酸三钙和铁铝酸四钙的含量，提高石子的硬度，有利于增强混凝土的耐磨性。对一般有耐磨性要求的混凝土，其强度等级应在 C20 级以上，而耐磨性要求较高时应采用不低于 C30 级的混凝土，并把表面做得平整光滑；对于磨损比较严重的部位，则应采用环氧砂浆、环氧混凝土、钢纤维混凝土、钢屑混凝土或聚合物浸渍混凝土等做成耐冲磨的面层；对煤仓或矿石料斗等则需用铸石镶砌。

4.1.4　混凝土的适用范围

1. 普通混凝土

普通混凝土具有优越的技术性能和经济性能，因此在建筑工程中得到广泛的运用。一般工业建筑和民用建筑的结构构件均优先使用普通混凝土。

2. 特种功能混凝土

1）耐热混凝土

耐热混凝土是指能够长时间承受 200～1300℃温度的作用，并在高温下保持所需要的物理力学性质的特种混凝土。耐热混凝土常用于热工设备、工业窑炉和受高温作用的结构物，如炉墙、炉坑、烟囱内衬及基础等。

2）耐油混凝土

耐油（抗油渗）混凝土是在普通混凝土中掺入外加剂氢氧化铁、三氯化铁或三乙醇胺复合剂，经充分搅拌配制而成的，具有良好的密实性、抗油渗性能。抗油渗等级可达到P3～P12（抗渗中间体为工业汽油或煤油），适用于建造储存轻油类、重油类的油槽、油罐及地平面层等。

3）防水混凝土

防水混凝土又称抗渗混凝土，是以改进混凝土配合比、掺外加剂或采用特种水泥等手段提高混凝土密实性、憎水性和抗渗性，使其满足抗渗等级等于或大于 P6（抗渗压力0.6MPa）要求的不透水性混凝土。

防水混凝土一般分为普通防水混凝土、外加剂防水混凝土和补偿收缩防水混凝土 3

种，前两种在工程中应用较多。

防水混凝土适用于水池、水塔等储水构筑物，江心、河心取水构筑物，沉井、沉箱、水泵房等地下构筑物及一般性地下建筑，并广泛用于干、湿交替作用或冻、融交替作用的工程中，如海港码头、桥墩建筑等。

 特别提示

防水混凝土结构不宜承受剧烈振动和冲击作用，更不宜直接承受高温作用或侵蚀作用。当结构表面温度超过100℃或混凝土耐蚀系数（混凝土试块分别在侵蚀介质中与在饮用水中养护6个月的抗折强度比）小于0.8时，必须采取隔热保护措施或防腐蚀措施。

4）耐酸混凝土

目前，在建筑工程中常用的耐酸混凝土有水玻璃耐酸混凝土、沥青耐酸混凝土和硫黄耐酸混凝土等。

化工、冶金等工业中的大型设备（储酸槽、反应塔等）和构筑物的外壳及内衬常采用水玻璃耐酸混凝土。它的主要组成材料为水玻璃、耐酸粉、耐酸粗细骨料和氟硅酸钠。这是一种能抵抗绝大部分酸类（氟氢酸除外）侵蚀作用的混凝土，特别是对强氧化性的浓酸，如硫酸、硝酸等，有足够的耐酸稳定性。在高温（1000℃以下）下，水玻璃耐酸混凝土仍具有良好的耐酸性能，并具有较高的机械强度。这种混凝土的材料来源容易、成本低廉，是一种优良的耐酸材料。

水玻璃耐酸混凝土的性能优良、材源广泛、施工简便、价格低廉、加之毒性较小，施工机具易于清洗，因此，它在化工、冶金、石油、轻工、食品等各工业部门得到广泛应用。

沥青耐酸混凝土的特点是整体无缝、有一定弹性、材料来源广、价格低、施工简便、不需养护，冷固后即可使用，能耐中等浓度的无机酸、碱和盐类的腐蚀。缺点是耐热性较差（使用温度不能高于60℃）、易老化、强度较低、遇重物易变形、色泽不美观、用于室内影响光线等。在防腐工程中，沥青耐酸混凝土多用作基础、地坪的垫层或面层。

5）耐碱混凝土

耐碱混凝土由普通硅酸盐水泥和耐碱的粗、细骨料、粉料配制而成，在冶金、化学防腐蚀工程中多用于地平面层及储碱池槽等结构。

6）轻骨料混凝土

轻骨料混凝土是用轻粗骨料、轻细骨料（或普通砂）和水泥配制成的混凝土。在建筑工程中，有利于抗振并能改善保温和隔声性能。适用于制作一般墙、板承重构件和预应力钢筋混凝土构件，特别适用于高层及大跨结构建筑。

7）流态混凝土

在预拌的基体混凝土中加入流化剂，经过搅拌，使混凝土的坍落度顿时增大至20～22cm，能像水一样地流动，这种混凝土称为"流态混凝土"。

流化剂的作用是保证强度相同的情况下，使混凝土坍落度增大，与钢筋黏结强度提高，改善其浇筑性能，对运输、浇筑，特别是泵送非常有利，且表面质量好、省人工，而弹性模量、收缩徐变、耐久性等性能与基体混凝土相同。

流态混凝土的适用范围一般有以下几个方面。

(1) 钢筋密集、振捣困难的部位。

(2) 对于墙壁、楼板、屋面板等构件，可以不用振捣，而高效率地浇筑混凝土。

(3) 采用泵送混凝土时。

(4) 必须均匀致密地抹平混凝土时。

8) 泡沫混凝土

泡沫混凝土由水泥（粉煤灰、生石灰粉或石膏粉等）、泡沫剂和水拌制而成，具有轻质多孔、吸水率低、隔热、抗冻、隔声、防腐、耐水等优良性能，并有一定的强度（0.4～0.8N/mm²），适用于作屋面、冷藏库墙面、化工热力管道及设备的保温隔热材料。

9) 纤维混凝土

纤维混凝土，又称纤维增强混凝土，是以水泥净浆、砂浆或混凝土作基材，以非连续的短纤维或连续的长纤维作增强材料所组成的水泥基复合材料。在 $1m^3$ 纤维混凝土中，由于分散混合着几百万根（容积1％～2％）纤维，故其增强效果遍及混凝土体的各个部分，使整体显现延性大的均质材料的特征。

玻璃纤维增强混凝土在建筑工程中主要用作内外墙板、屋面板、窗台板、遮阳板、天花板、盒子间、各种街头小品以及外墙浮雕等非承重结构构件。钢纤维混凝土除用于飞机跑道、隧道衬垫、道路工程、反应堆外壳、重要的防爆设施等方面，在建筑工程中还用作墙、板、梁、楼梯、盒子结构、打入桩桩尖、桩帽等。

10) 补偿收缩混凝土

膨胀型混凝土分为两大类：一种叫补偿收缩混凝土，另一种称为自应力混凝土。当混凝土的体积受到约束时，因其体积膨胀而产生的压应力全部或大部分补偿了因水泥硬化收缩而产生的拉应力，这种混凝土即称为补偿收缩混凝土。而当混凝土体积受到一定约束时，因其体积膨胀而产生的压应力，除抵消水泥硬化收缩产生的拉应力之外，尚有剩余，并以压应力的形式储存于混凝土内部，这种混凝土即称为自应力混凝土。

补偿收缩混凝土在建筑工程中应用较多。它可以针对普通混凝土收缩变形大、易产生裂缝的弊病，起到相对补偿的效果。考虑到它不仅抗裂，而且具有良好的抗渗性和早期强度高等特点，因而广泛用于地下建筑、液气储罐、屋面、楼地面、路面、机场、水池、水塔、人防、洞库等工程；由于它的膨胀性，还可用于防水工程中的施工缝、后浇带以及加固、修补、堵漏工程。

4.1.5 商品混凝土

1. 商品混凝土的特点

商品混凝土是由水泥、骨料、水以及根据需要掺入的外加剂和掺合料等按一定比例，在集中搅拌站（厂）经计量、拌制后出售的，并采用运输车在规定时间内运至使用地点的混凝土拌合物，也叫预拌混凝土。

商品混凝土是建筑施工现代化的标志，也是社会生产力和混凝土技术发展到较高水平的产物。它采用集中搅拌，面向社会商品化供应，使混凝土生产实现专业化、商品化、社会化，是建筑业依靠技术进步改变小生产方式，实现建筑工业化的一项重要改革。

商品混凝土的优越性十分明显，主要表现在以下几个方面。

(1) 由于采用集中搅拌，可使用先进的搅拌工艺和计量仪器，便于使用外加剂、掺合料、散装水泥等新材料并保证各种材料的质量，从而使混凝土质量得到有效的控制。

（2）能够避免各种原材料在转运、储存中的损失，节约能源和原材料。

（3）可以在短时间内提供大批量混凝土，使施工进度加快、工期缩短。

（4）微机程序控制，让配料、搅拌、出料全部实现机械化、自动化，同时采用搅拌车运料、输送泵送料，能大幅度提高劳动生产率，减轻劳动强度。

（5）避免现场搅拌对环境的不利影响，提高了城市环保水平。

2. 商品混凝土的分类

商品混凝土按使用要求分为通用品和特制品两类。

1）通用品

通用品是指强度等级不超过 C40、坍落度不大于 150mm、粗骨料最大粒径不大于 40mm，并无特殊要求的预拌混凝土。

通用品应按需要指明混凝土的强度等级、坍落度及粗骨料最大粒径，其值可在以下范围选取。

（1）混凝土强度等级：C7.5、C10、C15、C20、C25、C30、C35、C40。

（2）坍落度(mm)：25、50、80、100、120、150。

（3）粗骨料最大粒径(mm)：不大于 40mm 的连续粒级或单粒级。

通用品根据需要应明确水泥的品种、强度等级、外加剂品种、混凝土拌合物的密度以及到货时的最高或最低温度。

2）特制品

特制品是指超出通用品规定范围或有特殊要求的预拌混凝土。

特制品应按需要指明混凝土的强度等级、坍落度及粗骨料的最大粒径。强度等级和坍落度除按通用品规定的范围外，还可按以下范围选取。

（1）强度等级：C45、C50、C55、C60。

（2）坍落度(mm)：180、200。

特制品根据需要应明确水泥的品种、强度等级、外加剂品种、掺合料品种和规格、混凝土拌合物的密度、到货时的最高或最低温度、氯化物总含量限值，含气量及对混凝土的耐久性、长期性或其他物理力学性能等的特殊要求。

**知识链接**

防水混凝土的配制

1. 普通防水混凝土

普通防水混凝土是以调整配合比的方法来提高自身密实度和抗渗性的一种混凝土。在普通混凝土中，石子是骨架，砂填充石子的空隙，水泥浆填充砂的空隙并将骨料黏结在一起。普通防水混凝土是根据工程所需的抗渗要求配制的，其中石子的骨架作用减弱，水泥浆除满足填充和黏结作用之外，还要求能在粗骨料周围形成一定厚度的、良好的砂浆包裹层，以提高混凝土的抗渗性。因此，普通防水混凝土的配合比表现为：水灰比限制在 0.6 以内；水泥用量稍高，一般不小于 300kg/m³；砂率较大，宜为 35%～40%；灰砂比也较高，宜为 1∶2～1∶2.5。

2. 外加剂防水混凝土

外加剂防水混凝土是在混凝土拌合物中掺入少量改善混凝土抗渗性能的外加剂，以适应工程防水需要的一系列混凝土。它比普通防水混凝土的水泥用量少，经济效益高。通常使用的外加剂有引气剂、减水剂、防水剂等。

3. 膨胀防水混凝土

用膨胀剂配制的防水混凝土称为膨胀防水混凝土。膨胀剂在水化过程中形成大量体积增大的钙矾石，产生一定的膨胀能，改善了混凝土的孔结构，使总孔隙率减小、毛细孔径减小，提高了混凝土的抗渗性。同时，它还改变了混凝土的应力状态，使混凝土处于受压状态，提高了混凝土的抗裂性能。

布置学习任务

以项目部为单位，组织自学关于混凝土配合比设计的相关知识。项目部可按下列题目进行准备，并选派 1 名同学讲述。教师参与点评和成绩评定。

(1) 水泥的主要性能有哪些？

(2) 骨料如何选配？

(3) 添加剂怎样选择？

学习任务4.2　混凝土配合比设计

4.2.1　混凝土原材料的特性

1. 水泥

1) 水泥的分类

水泥是当代最重要的工程材料之一，在建筑工程建设中有着广泛的应用。它属于无机水硬性材料，不仅能够在空气中凝结硬化，也能在水中凝结硬化，并保持和发展其强度。未与水拌合前呈粉末状，拌合后经物理、化学变化过程后，能由塑性浆体变成坚硬的石状体(硬化)。

按水泥的用途和性能可分为通用水泥、专用水泥和特种水泥；按矿物组成可分为硅酸盐水泥、铝酸盐水泥、硫铝酸盐水泥、铁铝酸盐水泥、少熟料或无熟料水泥；按生产工艺又可分为回转窑水泥、立窑水泥和粉磨水泥；按包装形式可分为散装水泥和袋装水泥，如图 4.3 和图 4.4 所示。

图 4.3　散装水泥

图 4.4　袋装水泥

2）水泥的主要性能指标

（1）密度。密度是指水泥在自然状态下单位体积的质量，分松散状态下的密度和紧密状态下的密度两种。松散条件下的密度为 $900\sim1300\text{kg/m}^3$，紧密状态下的密度为 $1400\sim1700\text{kg/m}^3$，通常取 1300kg/m^3。

（2）凝结时间。水泥的凝结时间分初凝时间和终凝时间。自加水起至水泥浆开始失去塑性、流动性减小所需的时间，称为初凝时间；自加水起至水泥浆完全失去塑性、开始有一定结构强度所需的时间，称为终凝时间。

水泥凝结时间与水泥的单位加水量有关，单位加水量越大，凝结时间越长，反之越短。国家标准规定，凝结时间的测定是以标准稠度的水泥净浆，在规定温度和湿度下，用凝结时间测定仪来测定。所谓标准稠度，是指水泥净浆达到规定稠度时所需的拌合水量，以占水泥质量的百分比表示。通用水泥的标准稠度一般为 $23\%\sim28\%$。

水泥凝结时间在施工中具有重要意义。为了保证有足够的时间在初凝之前完成混凝土成型等各种工序，初凝时间不宜过快；为了使混凝土在浇筑完毕后能尽早完成凝结硬化、产生强度，终凝时间不宜过长。

（3）体积安定性。水泥体积安定性是指水泥在凝结硬化过程中体积变化的均匀性。如果水泥硬化后产生不均匀的体积变化，会使水泥制品、混凝土构件产生膨胀性裂缝，降低工程质量，甚至引起严重事故。

（4）强度等级。水泥的强度是评定其质量的重要指标，也是划分水泥强度等级的依据。

国家标准规定，采用水泥胶砂法测定水泥强度。该法是将水泥和标准砂按质量 1:3 混合，水灰比为 0.5，按规定方法制成 $40\text{mm}\times40\text{mm}\times160\text{mm}$ 的试件，带模进行标准养护 $[(20\pm1)℃，相对湿度大于 90\%]$ 24h，再脱模放在标准温度 $(20\pm2)℃$ 的水中养护，分别测定其 3d 和 28d 的抗压强度和抗折强度。根据测定结果，可确定该水泥的强度等级，其中有代号 R 者为早强型水泥。通用硅酸盐水泥不同龄期的强度等级见表 4-2。

表 4-2　通用硅酸盐水泥不同龄期的强度等级（MPa）

品种	强度等级	抗压等级		抗折等级	
		3d	28d	3d	28d
硅酸盐水泥	42.5	≥17.0	≥42.5	≥3.5	≥6.5
	42.5R	≥22.0		≥4.0	
	52.5	≥23.0	≥52.5	≥4.0	≥7.0
	52.5R	≥27.0		≥5.0	
	62.5	≥28.0	≥62.5	≥5.0	≥8.0
	62.5R	≥32.0		≥5.5	
普通硅酸盐水泥	42.5	≥17.0	≥42.5	≥3.5	≥6.5
	42.5R	≥22.0		≥4.0	
	52.5	≥23.0	≥52.5	≥4.0	≥7.0
	52.5R	≥27.0		≥5.0	

（续）

品种	强度等级	抗压等级		抗折等级	
		3d	28d	3d	28d
矿渣硅酸盐水泥、火山灰硅酸盐水泥、粉煤灰硅酸盐水泥、复合硅酸盐水泥	32.5	≥10.0	≥32.5	≥2.5	≥5.5
	32.5R	≥15.0		≥3.5	
	42.5	≥15.0	≥42.5	≥3.5	≥6.5
	42.5R	≥19.0		≥4.0	
	52.5	≥21.0	≥52.5	≥4.0	≥7.0
	52.5R	≥23.0		≥4.5	

（5）细度。细度是指水泥颗粒的粗细程度，它对水泥的凝结时间、强度、需水量和安定性有较大影响，是鉴定水泥品质的主要项目之一。

水泥颗粒越细，总表面积越大，与水的接触面积也大，因此水化迅速、凝结硬化也相应增快，早期强度也高。但水泥颗粒过细会增加磨细的能耗和提高成本，且不宜久存，过细水泥硬化时还会产生较大收缩。一般认为，水泥颗粒小于 $40\mu m$ 时就具有较高的活性，大于 $100\mu m$ 时活性较小。通常水泥颗粒的粒径在 $7\sim200\mu m$ 范围内。

3）水泥样品的包装与储存

（1）样品取得后应存放在密封的金属容器中，加封条。容器应洁净、干燥、防潮、密闭、不易破损、不与水泥发生反应。

（2）封存样品应密封保管 3 个月。试验样与分割样亦应妥善保管。

（3）在交货与验收时，水泥厂和用户共同取实物试样，封存样由买卖双方共同签封。以抽取实物试样的检验结果为验收依据时，水泥厂封存样的保存期为 40d；以同编号水泥的检验报告为验收依据时，水泥厂封存样的保存期为 3 个月。

（4）存放样品的容器应至少在一处加盖清晰、不易擦掉的标有编号、取样时间、地点、人员的密封印，如只在一处标志应在器壁上。

（5）封存样品应储存于干燥、通风的环境中。

4）水泥质量的评定与验收

水泥是基础建设中必不可少的主要原材料之一。水泥品质的好坏对建设工程的质量有巨大的影响，在建筑工程中根据水泥的品质可分为合格品、不合格品两类。

（1）合格品。水泥的包装、质量及各项技术指标都能满足国家相应规范的要求时，可判为合格品。这类水泥可以按照设计的要求正常使用。

（2）不合格品。一般常用水泥当细度、终凝时间、不溶物含量和烧失量中的任一项不符合标准规定或混合材料掺加量超过最大限量或强度低于商品强度等级的指标时，判为不合格品。水泥包装标志中水泥品种、强度等级、工厂名称和出厂编号不全的也判为不合格品。

不合格水泥在建筑工程中可以降低标准使用。如强度指标不合格可降低强度等级使用或用于工程的次要受力部位（如做基础的垫层）等。

2. 骨料和水

1）粗骨料——石子

（1）石子的分类。由天然岩石或卵石经破碎、筛分而得的，粒径在 5mm 以上的岩石颗粒称为粗骨料，即石子。石子有天然卵石和人工碎石两种，如图 4.5 和图 4.6 所示。卵石(砾石)根据产源可分为山卵石、海卵石和河卵石 3 种。山卵石杂质含量多，使用时需冲洗；海卵石中常混有不坚固的贝壳；河卵石表面光滑，少棱角，比较洁净，基本具天然级配，且产地分布广，是普通混凝土常用的粗骨料。碎石是由天然岩石或卵石经破碎、筛分而得的粒径大于 5mm 的岩石颗粒，表面粗糙且带棱角，与水泥黏结比较牢固，是普通混凝土特别是高强混凝土的首选骨料。碎石和卵石如图 4.5 和图 4.6 所示。

图 4.5　碎石

图 4.6　卵石

(2) 石子的颗粒级配。石子在混凝土中使用也要有较好的级配。在工程上使用时，一般要求连续粒级为 5～40mm，其上限称为该类石子的最大粒径。

石子的最大粒径是以能顺利施工和保证构件质量来确定的。规范中规定石子的最大粒径不得超过结构断面最小尺寸的 1/4，同时又不得大于钢筋最小净距的 3/4。混凝土实心板允许采用石子的最大粒径为 1/2 板厚，但最大粒径又不得超过 50mm。因此，小、薄的构件可以选用连续粒级为 5～20mm 类的"中石子"；空心板等可用 5～12mm 的"小石子"。

(3) 石子的质量要求。

① 对针、片状颗粒的限制。所谓针状颗粒，是指颗粒的长度大于该颗粒粒级的平均粒径 2.4 倍的石子；而石子的厚度小于平均粒径的 40％时，称为片状石子。平均粒径是指该粒级的上下限粒径的平均值，如 5～40mm，其平均粒径为 22.5mm。由于针、片状石子在混凝土骨料结合中不利于配合，所以根据混凝土强度的高低，其含量有所限制。

② 对含泥量的限制。对大于或等于 C30 强度的混凝土及有抗冻、抗渗要求的混凝土，其所用石子的含泥量不大于 1％；低于 C30 强度的混凝土，其所用石子的含泥量不大于 2％。

③ 对有害物质含量的限制。硫化物和硫酸盐含量折算为 SO_3，按重量计，不宜大于 1％；卵石中有机质的含量用比色法试验，其颜色不应深于标准色，如深于标准色，则应对混凝土进行强度对比试验，予以复核。

④ 当怀疑碎石或卵石中因含有无定形二氧化硅而可能引起碱——骨料反应时，应根据混凝土结构或构件的使用条件进行专门试验，以确定是否可用。

(4) 石子的验收。生产厂家和供货单位应提供产品合格证及质量检验报告。

使用单位在收货时应按同产地、同规格分批验收。用大型工具(如火车、货船或汽车)运输的，以 400m³ 或 600t 为一检验批；用小型工具(如马车、拖拉机等)运输的，以

200m³ 或 300t 为一检验批；不足上述者以一检验批论处。

每验收批至少应进行颗粒级配，针、片状颗粒含量，含泥量，泥块含量检验。对重要工程或特殊工程应根据工程要求增加检测项目。对其他指标的合格性有怀疑时应予检验。当质量比较稳定、进料量又较大时，可定期检验。

当使用新产源的石子时，应由生产厂家或供货单位按质量要求进行全面检验。

（5）石子的运输和堆放。碎石或卵石在运输、装卸和堆放过程中，应防止颗粒离析和混入杂质，并应按产地、种类和规格分别堆放。堆料高度不宜超过 5m，但对单粒级或最大粒径不超过 20mm 的连续粒级，堆料高度可以增加到 10m。

2）细骨料——砂

（1）砂的种类。粒径在 5mm 以下的石质颗粒称为砂。砂是混凝土中的细骨料，按其产地来源可分为天然砂和人工砂两类。天然砂是由岩石风化等自然条件作用形成的，可分为河砂、山砂、海砂等。由于河砂比较洁净、质地较好，所以配制混凝土时宜采用河砂。人工砂是将岩石用轧碎机轧碎后筛选而成的，但其细粉、片状颗粒较多，而且成本也高，因此只有天然砂缺乏时才考虑用人工砂。

（2）颗粒级配和细度模数。颗粒级配是指砂子中不同粒径颗粒之间的搭配比例关系。采用同一粒径的砂子，空隙最大，因此要粗、细及中间颗粒的砂子合理组合在一起时才能互相填充，使空隙率最小，这种情况就称为良好级配。良好级配的空隙小，可以降低水泥用量，且可提高混凝土的密实度。

细度模数是反映砂子粒径的指标。一般按砂的平均粒径可分为粗、中、细、特细四类。砂的粒径与细度模数的关系可见表 4-3。

表 4-3 砂 的 分 类

类别	平均粒径/mm	细度模数	类别	平均粒径/mm	细度模数
粗砂	>0.5	3.7～3.1	细砂	0.25～0.35	2.2～1.6
中砂	0.35～0.5	3.0～2.3	特细砂	<0.25	1.5～0.7

（3）砂的质量要求。配制混凝土的砂子，要求颗粒坚硬、洁净，砂中各种有害杂质的含量必须控制在一定范围之内。有害杂质是指黏土、淤泥、云母片、轻物质、硫化物、硫酸盐及有机质等。

砂中黏土、淤泥、云母片、轻物质、有机物含量超过允许量，就会降低混凝土的强度；硫化物、硫酸盐含量超过允许量会影响混凝土的耐久性，并引起钢筋的锈蚀。

（4）砂的验收。生产单位应按批对产品进行质量检验。在正常情况下，机械化集中生产的天然砂，以 400m³ 或 600t 为一批；人工分散生产的，以 200m³ 或 300t 为一检验批；不足上述规定者也以一批检验。每批至少应进行颗粒级配和含泥量检验，如为海砂，还应检验其氯盐含量。在发现砂的质量有明显变化时，应按其变化情况，随时进行取样检验。

砂产量比较大，而产品质量比较稳定时，可进行定期的检验。

（5）砂的运输和堆放。砂在运输、装卸和堆放过程中，应防止混入杂质，并应按产地、种类和规格分别堆放。

3）水

水是混凝土的主要组成材料之一。混凝土用水按水源可分为饮用水、地表水、地下水、海水、生活污水和工业废水等。符合国家标准的饮用水可拌制各种混凝土；地表水首次使用前，应按《混凝土用水标准》(JGJ 63—2006)规定进行检验，合格后方可使用；海水可用于拌制素混凝土，但不得用于拌制钢筋混凝土和预应力混凝土以及有饰面要求的混凝土；工业废水经检验合格后方可用于混凝土拌制；生活污水不能用作拌制混凝土。对混凝土用水的质量要求，以不影响混凝土的凝结与硬化、无损于混凝土强度发展及耐久性、不会加快钢筋的锈蚀、不引起预应力钢筋的脆断、不污染混凝土表面为原则。

3. 掺合料

在混凝土拌合物制备时，为了节约水泥、改善混凝土性能、调节混凝土强度等级而加入的天然的或者人造的矿物材料，统称为混凝土掺合料。用于混凝土中的掺合料可分为非活性矿物掺合料和活性矿物掺合料两大类。非活性矿物掺合料一般与水泥不起化学作用，或化学作用很小。活性矿物掺合料虽然本身不硬化或硬化速度很慢，但能与水泥水化生成的 $Ca(OH)_2$ 生成具有水硬性的胶凝材料。活性矿物掺合料依其来源可分为天然类、人工类和工业废料类，见表4-4。

表4-4　活性矿物掺合料的分类

类别	主要品种
天然类	火山灰、凝灰岩、硅藻土、蛋白石质黏土、钙性黏土、黏土页岩
人工类	煅烧页岩或黏土
工业废料类	粉煤灰、硅灰、沸石粉、水淬高炉矿渣粉、煅烧煤矸石

4. 外加剂

外加剂是指在混凝土拌合过程中掺入的，且能使混凝土按要求改性的物质。实践证明，在混凝土中掺入功能各异的外加剂，满足了改善混凝土的工艺性能和力学性能的要求，如改善和易性、调节凝结时间、延缓水化放热、提高早期强度、增加后期强度、提高耐久性、增加混凝土与钢筋的握裹力、防止钢筋锈蚀等要求。

混凝土外加剂的品种繁多，每种外加剂常具有一种或多种功能，其化学成分可以是有机物、无机物或二者的复合产品。常用的有以下几种。

1）减水剂

减水剂是在混凝土坍落度基本相同的条件下，能减少拌合用水量的外加剂，按其作用分为普通减水剂、高效减水剂、早强减水剂、引气减水剂、缓凝减水剂、缓凝高效减水剂。

2）防水剂

防水剂是能降低砂浆、混凝土在静水压力下透水性的外加剂。

3）引气剂

引气剂是在混凝土搅拌过程中，能引起大量分布均匀的微小气泡，可减少混凝土拌合物泌水离析，改善和易性，并能显著提高混凝土抗冻融及耐久性的外加剂。

4）早强剂

早强剂是能提高混凝土早期强度并对后期强度无显著影响的外加剂，按材料成分可分为：氯盐类、硫酸盐类、硝酸盐类、有机胺类。

5）缓凝剂

缓凝剂是能延缓混凝土凝结时间，并对混凝土后期强度发展无明显影响的外加剂，按材料可分为：糖类、羟基羧酸及其盐类。

6）泵送剂

泵送剂是能改善混凝土拌合物泵送性能的外加剂。

7）防冻剂

防冻剂是能使混凝土在负温下硬化，并在规定养护条件下达到预期性能的外加剂，按其材料成分可分为：氯盐类、氯盐阻锈类、无氯盐类。

8）膨胀剂

混凝土膨胀剂是指在混凝土拌制过程中与水泥、水拌合后经水化反应生成钙矾石或氢氧化钙，使混凝土产生膨胀的外加剂，按材料成分可分为：明矾石类、硫铝酸钙类、氧化钙类、氯化钙、硫铝酸钙类、铁屑类。

9）速凝剂

速凝剂是能使混凝土迅速凝结硬化的外加剂。

4.2.2　混凝土的配合比设计

混凝土应根据实际采用的原材料进行配合比设计，并按普通混凝土拌合物性能试验方法等标准进行试验、试配，以满足混凝土强度、耐久性和工作性(坍落度等)的要求。不得采用经验配合比，同时应符合经济、合理的原则。

实际生产时，对首次使用的混凝土配合比应进行开盘鉴定，并至少留置一组 28d 标准养护试件，以验证混凝土的实际质量与设计要求的一致性。施工单位应注意积累相关资料，以利于提高配合比设计水平。

混凝土生产时，砂和石的实际含水率可能与配合比设计时存在差异，故应测定实际含水率并相应的调整材料用量。

1. 配合比设计要求

根据《混凝土结构工程施工质量验收规范》(GB 50204—2002)的规定，混凝土配合比设计应符合如下要求。

(1) 满足混凝土结构设计的强度要求和各种使用环境下的耐久性要求。

(2) 要使混凝土拌合物具有适应施工条件的流动性(坍落度)等工作性能。

(3) 对某些特殊要求的工程，混凝土还应满足抗冻性、抗渗性等要求。

(4) 要节约使用水泥和降低工程成本，以达到要求的技术经济效果。

2. 配合比设计方法

我国现行的《普通混凝土配合比设计规程》(JGJ 55—2011)规定，混凝土配合比设计应满足混凝土配制强度、拌合物性能、力学性能和耐久性能的设计要求。同时混凝土配合比设计应采用工程实际使用的原材料。

3. 普通混凝土配合比设计

1）基本要求

普通混凝土配合比设计，一般应根据混凝土强度等级及施工所要求的混凝土拌合物坍落度指标进行。如果混凝土还有其他技术性能要求，除在计算和试配过程中予以考虑外，尚应增添相应的试验项目，通过试验确认理论计算是否可靠，然后通过调整得到正式施工可用的配合比。配合比设计的基本要求如下。

(1) 施工性能。混凝土拌合物应具备满足施工操作的和易性。

(2) 力学性能。硬化后的混凝土应满足工程结构设计或施工进度所要求的强度和其他有关力学性能。

(3) 耐久性能。硬化后的混凝土必须满足耐久性要求，包括抗渗性、抗冻性、密实性等。

(4) 经济性能。应在保证混凝土全面质量的前提下，合理利用原材料，降低成本。

2) 设计参数

混凝土配合比设计，实质上就是确定四项材料用量之间的 3 个对比关系，即 3 个参数。

(1) 水灰比。水与水泥之间的对比关系，用水与水泥用量的重量比来表示。

(2) 砂率。砂子与石子之间的对比关系，用砂子重量占砂石总重的百分数来表示。

(3) 单位用水量。水泥净浆与骨料之间的对比关系，用 $1m^3$ 混凝土的用水量来表示。

水灰比、砂率、单位用水量就称为混凝土配合比设计的 3 个参数。

3) 实施步骤

(1) 混凝土配制强度的确定。为使混凝土强度保证率不小于 95%，必须使混凝土的试配强度高于设计强度等级。配制强度按式(4-3)计算

$$f_{cu.o} \geqslant f_{cu.k} + 1.645\sigma \tag{4-3}$$

式中：$f_{cu.o}$——混凝土配制强度，MPa；

$\quad\quad f_{cu.k}$——混凝土立方体抗压强度标准值，MPa；

$\quad\quad \sigma$——混凝土强度标准差，MPa。

如施工单位有近期的同一品种混凝土强度资料时，σ 可根据同类混凝土统计资料计算求得，如施工单位无历史统计资料时，可按表 4-5 选取。

表 4-5　混凝土强度标准差参考值

混凝土强度等级	<C20	C20~C35	>35
σ/MPa	4.0	5.0	6.0

遇有下列情况时应提高混凝土配制强度。

① 现场条件与试验室条件有显著差异时。

② C30 级及其以上强度等级的混凝土，采用非统计方法评定时。

(2) 初步确定水灰比(W/C)。根据配制强度及水泥实际强度，利用混凝土强度公式，求出水灰比。为了保证混凝土的耐久性，最大水灰比应满足表 4-9 的要求。

混凝土强度等级小于 C60 级时，混凝土水灰比宜按式(4-4)计算

$$\frac{W}{C} = \frac{\alpha_a \cdot f_{ce}}{f_{cu} + \alpha_a \cdot \alpha_b \cdot f_{ce}} \tag{4-4}$$

式中：α_a、α_b——回归系数；

$\quad\quad f_{ce}$——水泥 28d 抗压强度实测值，MPa。

当无水泥 28d 抗压强度实测值时，公式中的 f_{ce} 值可按式(4-5)确定

$$f_{ce} = \gamma_c \cdot f_{ceg} \qquad (4-5)$$

式中：γ_c——水泥强度等级值的富余系数，可按实际统计资料确定；

f_{ceg}——水泥强度等级值，MPa。

回归系数 α_a 和 α_b 宜按下列规定确定。

① 回归系数 α_a 和 α_b 应根据工程所使用的水泥、骨料，通过试验室建立的水灰比与混凝土强度关系式确定。

② 当不具备上述试验统计资料时，其回归系数可按表4-6采用。

表4-6 回归系数 α_a、α_b 选用表

系数　　石子粒径	碎石	卵石
α_a	0.46	0.48
α_b	0.07	0.33

(3) 每立方米混凝土用水量的确定。

① 干硬性和塑性混凝土用水量的确定。水灰比在0.40～0.80范围时，根据粗骨料的品种、粒径及施工要求的混凝土拌合物稠度，其用量可参考表4-7、表4-8选取（掺用各种外加剂时，用水量相应减少）。

表4-7 干硬性混凝土用水量(kg/m³)

拌合物稠度		卵石最大粒径/mm			碎石最大粒径/mm		
项目	指标	10	20	40	16	20	40
维勃稠度（S）	16～20	175	160	145	180	170	155
	11～15	180	165	150	185	175	160
	5～10	185	170	155	190	180	165

表4-8 塑性混凝土的用水量(kg/m³)

拌合物稠度		卵石最大粒径/mm				碎石最大粒径/mm			
项目	指标	10	20	31.5	40	16	20	31.5	40
坍落度/mm	10～30	190	170	160	150	200	185	175	165
	35～50	200	180	170	160	210	195	185	175
	55～70	210	190	180	170	220	205	195	185
	75～90	215	195	185	175	215	215	205	195

② 流动性和大流动性混凝土用水量的确定。

a. 以坍落度90mm的用水量为基础，按坍落度每增加20mm用水量增加5kg，计算出未掺外加剂时的混凝土的用水量。

b. 掺外加剂时的混凝土用水量可按式(4-6)计算

$$m_{wa} = m_{wo}(1-\beta) \qquad (4-6)$$

式中：m_{wa}——掺外加剂时每立方米混凝土的用水量，kg；

m_{wo}——未掺外加剂时每立方米混凝土的用水量，kg；

β——外加剂的减水率，用％表示。

（4）水泥用量的确定。为了保证混凝土的耐久性，在混凝土设计时应当按该混凝土所处的环境，考虑其满足耐久性要求所必需的最低水泥用量，见表4-9。

表4-9　混凝土的最大水灰比和最小水泥用量

环境条件		结构类别	最大水灰比			最小水泥用量/kg		
			素混凝土	钢筋混凝土	预应力混凝土	素混凝土	钢筋混凝土	预应力混凝土
干燥环境		常用的居住或办公用房内部件	不作规定	0.65	0.60	200	260	300
潮湿环境	无冻害	高湿度的室内部件 室内部件 在非侵蚀性土或水中的部件	0.70	0.60	0.60	225	280	300
	有冻害	经受冻害的室外部件 在非侵蚀性土或水中且经受冻害的部件 高湿度且经受冻害的室内部件	0.55	0.55	0.55	250	280	300
有冻害和除冻剂的潮湿环境		以受冻害和除冻剂作用的室内和室外部件	0.50	0.50	0.50	300	300	300

（5）混凝土砂率的确定。

① 坍落度为10～60mm的混凝土砂率可根据粗骨料品种、粒径及水灰比按表4-10选用。

表4-10　混凝土砂率(%)

水灰比 W/C	卵石最大粒径/mm			碎石最大粒径/mm		
	10	20	40	16	20	40
0.4	26～32	25～31	24～30	30～35	29～34	27～32
0.5	30～35	29～34	28～33	33～38	32～37	30～35
0.6	33～38	32～37	31～36	36～41	35～40	33～38
0.7	36～41	34～40	34～49	39～44	38～43	36～41

② 坍落度大于60mm的混凝土砂率，可经试验确定，也可在表4-10的基础上，按坍落度每增加20mm，砂率增大1％的幅度予以调整。

③ 坍落度小于10mm的混凝土砂率应经试验确定。

（6）外加剂和掺合料的掺量。应通过试验确定，并应符合国家现行标准《混凝土外加剂应用技术规范》（GB 50119—2003）、《粉煤灰混凝土应用技术规程》（DG/TJ 08—230—2006）、《用于水泥和混凝土中的粒化高炉矿渣粉》（GB/T 18046—2008）等的规定。

当进行混凝土配合比设计时，对长期处于潮湿和严寒环境中的混凝土，应掺用引气剂或引气减水剂。引气剂的掺入量应根据混凝土的含气量并经试验确定。混凝土的最小含气量应根据粗骨料粒径按表4-11确定。混凝土的含气量亦不宜超过7%。混凝土中的粗骨料和细骨料应做坚固性试验。

表 4-11　长期处于潮湿和严寒环境中混凝土的最小含气量

粗骨料最大粒径/mm	最小含气量/%	粗骨料最大粒径/mm	最小含气量/%
40	4.5	20	5.5
25	5.0	—	—

注：含气量的百分比为体积比。

4）混凝土配合比的计算

进行混凝土配合比计算时，其计算公式和有关参数表格中的数值均系以干燥状态骨料为基础。当使用非干骨料进行计算时，则应做相应的修正。

特别提示

干燥状态骨料系指含水率小于0.5%的细骨料或含水率小于0.2%的粗骨料。

（1）混凝土配合比计算。

① 计算配制强度 $f_{cu,o}$ 并求出相应的水灰比。

② 选取每立方米混凝土的用水量（每立方米混凝土用水量可由表4-7、表4-8查得），并计算出每立方米混凝土的水泥用量。

③ 选取砂率，计算粗骨料和细骨料的用量（混凝土砂率可按表4-10选取）。

粗骨料和细骨料用量的确定方法如下。

① 用重量法时按式（4-7）计算。

$$m_{co}+m_{so}+m_{go}+m_{wo}=m_{cp}$$

$$\beta=\frac{m_{so}}{m_{go}+m_{so}}\times100\%\qquad(4-7)$$

式中：m_{co}——每立方米混凝土的水泥用量，kg；

m_{go}——每立方米混凝土的粗骨料用量，kg；

m_{so}——每立方米混凝土的细骨料用量，kg；

m_{wo}——每立方米混凝土的用水量，kg；

β——砂率，%；

m_{cp}——每立方米混凝土拌合物的假定重量，kg，可取 2350～2450kg/m³。

② 当采用体积法时，应按式（4-8）计算。

$$\frac{m_{co}}{\rho_c}+\frac{m_{go}}{\rho_g}+\frac{m_{so}}{\rho_s}+\frac{m_{wo}}{\rho_w}+0.01\alpha=1\qquad(4-8)$$

式中：ρ_c——水泥密度，kg/m³；可取 2900～3100kg/m³；

ρ_g——粗骨料的表观密度，kg/m^3；

　ρ_s——细骨料的表观密度，kg/m^3；

　ρ_w——水的密度，kg/m^3；

　α——混凝土的含气量百分数，在不使用引气型外加剂时，α 可取 1。

粗骨料和细骨料的表观密度（ρ_g、ρ_s）应按现行行业标准《普通混凝土用砂、石质量及检验方法标准》（JGJ 52—2006）规定的方法测定。

（2）混凝土配合比的试配、调整与确定。

① 进行混凝土配合比试配时应采用工程中实际使用的原材料。混凝土的搅拌方法，宜与生产时使用的方法相同。混凝土配合比试配时，每盘混凝土的最小搅拌量应符合表 4 - 12 的规定。当采用机械搅拌时，其搅拌量不应小于搅拌机额定搅拌量的 1/4。

表 4 - 12　混凝土试配的最小搅拌量

骨料最大粒径/mm	拌合物数量/L	骨料最大粒径/mm	拌合物数量/L
31.5 及以下	15	40	25

② 按计算的配合比进行试配时，首先应进行试拌，以检查拌合物的性能。当试拌得出的拌合物坍落度或维勃稠度不能满足要求或黏聚性和保水性不好时，应在保证水灰比不变的条件下相应调整用水量或砂率，直到符合要求为止，然后提出供混凝土强度试验用的基准配合比。混凝土强度试验时至少应采用 3 个不同的配合比。当采用 3 个不同的配合比时，其中一个应为基准配合比，另外两个为配合比的水灰比，宜较基准配合比分别增加或减少 0.05。用水量应与基准配合比相同，砂率可分增加或减少 1%。当不同水灰比的混凝土拌合物坍落度与要求值的差超过允许偏差时，可通过增、减用水量进行调整。

制作混凝土强度试验试件时，应检验混凝土拌合物的坍落度、维勃稠度、黏聚性、保水性及拌合物的表观密度，并以此结果作为相应配合比的混凝土拌合物的性能。进行混凝土强度试验时，每种配合比至少应制做一组（3 块）试件，标准养护到 28d 时试压。需要时可同时制作几组试件，供快速检验或较早龄期试压，以便提前定出混凝土配合比供施工使用。但应以标准养护 28d 强度或按现行国家标准《粉煤灰混凝土应用技术规程》（DG/TJ 08—230—2006）等规定的龄期强度的检验结果为依据调整配合比。

（3）配合比的调整与确定。

① 根据试验得出的混凝土强度与其相对应的灰水比（C/W）关系，用作图法或计算法求出与混凝土配制强度（$f_{cu,o}$）相对应的水灰比，并应按下列原则确定每立方米混凝土的材料用量。

a. 用水量（m_w）应在基准配合比用水量的基础上，根据制作强度试件时测得的坍落度或维勃稠度进行调整确定。

b. 水泥用量（m_c）应以用水量乘以选定出来的灰水比计算确定。

c. 粗骨料和细骨料用量（m_g 和 m_s）应在基准配合比的粗骨料和细骨料用量的基础上，按选定的水灰比进行调整确定。

② 经试配确定配合比后，应按下列步骤进行校正。

a. 确定材料用量计算混凝土表观密度 $\rho_{c,c}=m_c+m_g+m_s+m_w$。

b. 实测混凝土表观密度 $\rho_{c,t}$。

c. 应按式(4-9)计算混凝土配合比校正系数

$$\delta=\frac{\rho_{c,t}}{\rho_{c,c}} \tag{4-9}$$

式中：$\rho_{c,t}$——混凝土表观密度实测值，kg/m³；

$\rho_{c,c}$——混凝土表观密度计算值，kg/m³。

当混凝土表观密度实测值与计算值之差的绝对值不超过计算值的 2％时，计算确定的配合比即为确定的设计配合比；当二者之差超过 2％时，应将配合比中每项材料用量均乘以 δ 校正系数，即为确定的设计配合比。

4.2.3 应用案例：普通混凝土配合比设计实例

某工程采用现浇钢筋混凝土梁，最小截面尺寸为 300mm，钢筋最小间距为 60mm。设计强度等级为 C25。施工要求混凝土拌合物坍落度为(50±10)mm。原材料：水泥为 32.5R 级普通硅酸盐水泥，密度 3.1g/cm³；砂为中砂，表观密度为 2.60g/cm³；石子采用卵石，最大粒径为 40mm，表观密度为 2.65g/cm³；水采用饮用水。现场采用机械搅拌、振捣成型。

1. 初步计算配合比

解：（1）确定配置强度 $f_{cu,o}$。

查表 4-8，取 $\sigma=5.0$MPa

$$f_{cu,o}=f_{cu,k}+1.645=25+1.645\times5=33.22\text{(MPa)}$$

（2）水胶比 W/B。

若水泥实际统计富余系数 $\gamma_c=1.09$。查相关表格知 $\alpha_a=0.49$，$\alpha_b=0.13$

$$f_{ce}=\gamma_c\times f_{ce,k}=1.09\times32.5=35.42\text{(MPa)}$$

$$\frac{W}{B}=\frac{\alpha_a\cdot f_{ce}}{f_{cu,0}+\alpha_a\cdot\alpha_b f_{ce}}$$

$$=\frac{0.49\times35.42}{33.22+0.49\times0.13\times35.42}=0.49$$

（3）确定每立方米混凝土胶凝材料用量，坍落度 40～60mm，参照表 4-9 选用 $m_{w0}=165$kg。

$$m_{c0}=\frac{m_{w0}}{W/B}=\frac{165}{0.49}=337\text{(kg)}$$

由于该结构是正常的居住或办公房内部件，根据 JGJ 55 的要求，最小水泥用量不得小于 260kg，故计算水泥用量 375kg 符合要求。

（4）确定砂率 β_s。参照表 4-12 砂率表的选用范围 26％～31％，现取 $\beta_s=30$％。

（5）计算砂(m_{s0})、石(m_{g0})用量。

用体积计算

$$\frac{m_{c0}}{\rho_c}+\frac{m_{g0}}{\rho_g}+\frac{m_{s0}}{\rho_s}+\frac{m_{w0}}{\rho_w}+0.01\alpha=1$$

$$\beta_s=\frac{m_{s0}}{m_{g0}+m_{s0}}\times100\%$$

$$\frac{337}{3.1}+\frac{m_{go}}{2.65}+\frac{m_{so}}{2.60}+\frac{165}{1}+10\times1=10000$$

联立方程，求得 m_{so}＝566kg，m_{go}＝1321kg。

2. 确定基准配合比

按照初步计算配合比，计算出 25L 混凝土拌合物所需材料的用量。

水泥 $0.025\times337=8.425$（kg），沙子 $0.025\times566=14.15$（kg）

石子 $0.025\times1321=33.025$（kg），水 $0.025\times165=4.12$（kg）

搅拌均匀后，实际测得坍落度值为 55mm，黏聚性、保水性均良好符合设计要求。混凝土基准配合比如下。

水泥：砂：石：水＝337：566：1321：165

3. 确定试验室配合比

根据规范要求，配制 3 个不同水灰比的混凝土，并留置试件。3 种水灰比分别为 0.39、0.44、0.49。试件标准养护 28d 后，进行强度试验，得到混凝土试配强度，见表 4‑13。

表 4‑13 混凝土试配强度表

W/C	试验强度/MPa	W/C	试验强度/MPa
0.39	45.8	0.49	31.2
0.44	36.9	—	—

按图 4.7 求出与试配设计强度 32.2MPa 相对应的水灰比为 0.47。符合要求的配合比如下。

(1) 用水量：m_w＝165kg。

(2) 水泥用量：m_c＝351kg。

(3) 砂用量：m_s＝556kg。

(4) 石用量：m_g＝1298kg。

混凝土拌合物实测表观密度为 2388kg/m³。

计算表观密度

$$P_{c,c}=351+165+1298+556=2370（\text{kg/m}^3）$$

$$\delta_1=\frac{2388-2370}{2370}=0.76\%<2\%$$

故不需要调整。

试验室设计混凝土配合比如下。

水泥：砂：石：水：351：556：1298：165＝1：1.58：3.70：0.47

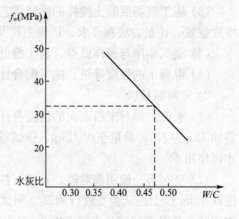

图 4.7 实测强度与水灰比关系

📖 **布置学习任务**

以项目部为单位，查阅资料并将成果汇总整理做成 PPT，项目部推荐 1 名学生代表该项目部进行交流演讲。项目部之间互评，教师亦参与成果点评和成绩评定。学生讲述的题目如下。

(1) 混凝土工程施工方案（6 层住宅楼，混合结构，自拌混凝土）。

(2) 混凝土工程施工方案（15 层办公楼，框架剪力墙结构，商品混凝土）。

(3) 混凝土工程施工方案(单层工业厂房,预制钢筋混凝土结构,预制混凝土厂制作构件)。

(4) 混凝土工程施工方案(28层点式住宅楼,剪力墙结构,商品混凝土)。

学习任务4.3 拟定混凝土浇筑的施工方案

4.3.1 混凝土浇筑的操作规程

1. 施工准备

浇筑混凝土的准备工作有:原材料进场时必要的复试或检测;混凝土配合比的计算和试配;楼面脚手架的搭设;如用泵送混凝土,还要架设输送管道等。这些准备工作有的在支模前就要进行,有的在绑扎钢筋后进行,这要根据具体的工程进度自行安排。

1) 技术交底

混凝土施工前,应由技术人员将技术部门编制的混凝土工程的施工方案,对全体参加混凝土施工的人员进行必要的技术交底,其内容如下。

(1) 工程概况和特点,框架分层、分段施工的方案,浇筑层的实物工程量与材料数量。

(2) 混凝土浇筑的进度计划,工期要求,质量、安全和技术措施。

(3) 施工现场混凝土搅拌的生产工艺和平面布置,包括搅拌台(站)的平面布置、材料堆放位置、计量方法和要求、运输工具及路线等。

(4) 浇筑顺序与操作要点,施工缝的留置与处理。

(5) 混凝土的强度等级、施工配合比及坍落度要求。

2) 原材料检验

(1) 水泥。如对来料水泥的性能有怀疑时,可抽取不同部位20处(如随机抽20袋,每袋抽1kg左右),总量至少12kg,送试验室做强度测试和安全性试验。待水泥检测合格后才可使用。

(2) 砂、石。使用前对砂、石进行抽样检验,即在来料堆上分中间、四角等不同部位抽取10kg以上送试验室进行测试。测试内容为:级配情况是否合格;含泥量、有机有害物质的含量是否超标;表观密度为(过去称容重)多少;对高强度等级混凝土的石子可能还要做强度试验,可用压碎指标来反映。

(3) 水。如采用非饮用水、非自来水时,有必要对水进行化验。测定其pH值和有机物含量,确认对水泥、砂、石无害后才可使用。

(4) 掺和料。用掺和料(如粉煤灰)时,必须弄清来料等级,从外观检查细度,其掺量应按试验室试配确定的掺量为准,在施工时加入搅拌材料中进行搅拌。

(5) 外加剂。如混凝土要掺外加剂,则也应送试验室经试配得出掺量的结果后,确定在混凝土中如何掺用。

3) 机具及劳动力的准备

(1) 检查原材料的质量、品种与规格是否符合混凝土配合比设计要求,各种原材料应满足混凝土一次连续浇筑的需要。

（2）检查施工用的搅拌机、振捣器、水平及垂直运输设备、料斗及串筒、备品及配件设备的情况。所有机具在使用前应试转运行，以保证使用过程中运转良好。

（3）浇筑混凝土用的料斗、串筒应在浇筑前安装就位，浇筑用的脚手架、桥板、通道应提前搭设好，并保证安全可靠。

（4）应检查校正砂、石料的称量器具，保证其称量的准确性。

（5）准备好浇捣点的混凝土振捣器、临时堆放由小车推来的混凝土的铁板（1～2mm厚，1m×2m的黑铁板）、流动电闸箱（给振捣器送电用）、铁锹和夜间施工需要的照明灯（有些过深的部位仅上部照明看不见，还要有手提的照射灯）等。

4）模板及钢筋的检查

（1）检查模板安装的轴线位置、标高、尺寸是否符合设计要求，模板与支撑是否牢固可靠，支架是否稳定，模板拼缝是否严密，锚固螺栓和预埋件、预留孔洞位置是否准确，如果发现问题应及时处理。

（2）检查钢筋的规格、数量、形状、安装位置是否符合设计要求，钢筋的接头位置、搭接长度是否符合施工规范要求，控制混凝土保护层厚度的砂浆垫块或支架是否按要求铺垫，绑扎成型后的钢筋是否松动、变形、错位等，检查发现的问题应及时要求钢筋工处理。

检查后应填写隐蔽工程记录。

5）混凝土开拌前的清理工作

（1）将模板内的木屑、绑扎丝头等杂物清理干净。木模在浇筑前应充分浇水润湿，模板拼缝缝隙较大时，应用水泥袋纸、木片或纸筋灰填塞，以防漏浆影响混凝土质量。

（2）将黏附在钢筋上的泥土、油污及钢筋上的水锈清理干净。

6）季节施工准备

常温下施工应准备好草帘、麻刀等覆盖物，冬期施工应准备好保温用材料和保温设备。

2. 混凝土的运输

混凝土从搅拌机出料后到浇筑地点必须经过运输，目前混凝土的运输有两种情况。

1）工地搅拌与浇筑

要求应以最少的转载次数、最短的时间运到浇筑点上。施工工地内的运输一般采用手推车或机动翻斗车。要求容器不吸水、不漏浆，容器使用前表面要先润湿。对车斗内的残余混凝土要清理干净，运石灰之类的车不能用来运输混凝土。运输时间一般应不超过规定的最早初凝时间，即45min。

运输过程中要保持混凝土的均匀性，做到不分层、不离析、不漏浆。不能因发现干硬了而随意加水。此外要求混凝土运到浇筑的地点时，还应具有规定的坍落度。如果运到浇筑地点发现混凝土出现离析或初凝现象，则必须在浇筑前进行二次搅拌，均匀后方可入模。

2）采用商品混凝土浇筑

要求运送的搅拌车能满足泵送的连续工作。因此，要根据混凝土厂至工地的路程确定用多少搅拌车输送，估计每辆车的运输时间，防止间隙过大而造成输送管道阻塞。商品混凝土运输车如图4.8所示。

在工地上，从泵车至浇筑点的运输，全部依靠管道进行，如图4.9和图4.10所示。因此，要求输送管线要直、转弯宜缓、接头严密。如管道向下倾斜，应防止混入空气产生阻塞。泵送前应先用适量的与混凝土成分相同的水泥砂浆润滑输送管内壁。万一泵送间歇时间超过45min，或混凝土出现离析现象时，应立即用压力水或其他方法冲洗出管内残留的混凝土。由于目前商品混凝土都掺加缓凝型外加剂，间歇时间超过45min时也不一定发生问题。但必须注意并积累经验，以便处理随时出现的问题。

图4.8　商品混凝土运输车

图4.9　汽车泵输送商品混凝土

图4.10　固定泵输送商品混凝土

根据规范规定，混凝土由运输开始到浇筑完成的延续时间和间歇的允许时间见表4-14，当超过时应考虑留置施工缝。

表4-14　混凝土运输、浇筑和间歇允许时间(min)

混凝土强度等级	气温	
	≤25℃	>25℃
≤C30	210	180
>C30	180	150

3. 混凝土浇筑和振捣

特别提示

浇筑多层框架混凝土时，要分层、分段组织施工。水平方向以结构平面的伸缩缝或沉降缝为分段基准；垂直方向则以每一个使用层的柱、墙、梁、板为一结构层，先浇筑柱、墙等竖向结构，后浇筑梁和板。因此，框架混凝土的施工实际上是除基础外的柱、墙、梁、板的施工。

1) 一般规定

(1) 混凝土向模板内倾倒下落的自由高度不应超过 2m，超过的要用溜槽或串筒送落。

(2) 浇筑竖向结构的混凝土，第一车应先在底部浇填与混凝土内砂浆成分相同的水泥砂浆(即第一盘为按配合比投料时不加石子的砂浆)。

(3) 每次浇筑所允许铺的混凝土厚度为：用插入式振捣器时，允许铺的厚度为振捣器作用部分长度的 1.25 倍，一般约 500mm；用平板振捣器(振楼板或基础)时，则允许铺的厚度为 200mm。如果有些地区实在没有振捣器，而用人工捣固的，则一般铺 200mm 左右，或根据钢筋稀密程度确定。

(4) 在浇捣混凝土过程中，应密切观察模板、支架、钢筋、预埋件和预留孔洞的情况，当发现有变形、位移时应及时采取措施进行处理。

(5) 当竖向构造柱、墙与横向梁板整体连接时，柱、墙浇筑完毕后应让其自沉 2h 左右，才能浇筑梁板与其结合。如没有间歇地连续浇捣，往往由于竖向构件模板内的混凝土自重下沉还未稳定，上部混凝土又浇下来，导致拆模后结合部出现横向水平裂缝，这是不利的。

2) 墙体混凝土的浇筑和振捣

(1) 墙体混凝土浇筑，应遵循先边角后中部、先外墙后内墙的顺序，以保证外部墙体的垂直度。

(2) 灌注混凝土时应分层。分层厚度：人工振捣不大于 35cm，振捣器振捣不大于 50cm，轻骨料混凝土不大于 30cm。

(3) 高度在 3m 以内的外墙和内墙，混凝土可从墙顶向板内卸料，卸料时须在墙顶安装料斗缓冲，以防混凝土产生离析。对于截面尺寸狭小且钢筋密集的墙体，则应在侧模上开门子洞；大面积的墙体，均应每隔 2m 开门子洞，装斜溜槽投料。

(4) 墙体上开有门窗洞或工艺洞口时，应从两侧同时对称投料，以防将门窗洞或工艺洞口模板挤变形。

(5) 墙体在灌注混凝土前，须先在底部铺 5～10cm 厚与混凝土内成分相同的水泥砂浆。

(6) 混凝土的振捣。

① 对于截面厚大的混凝土墙，可用插入式振捣器(图 4.11)振捣，其方法同柱的振捣。对一般或钢筋密集的混凝土墙，宜采用在模板外侧悬挂附着式振捣器振捣，其振捣深度约 25cm。如墙体截面尺寸较厚时，可在两侧悬挂附着式振捣器振捣。

② 使用插入式振捣器如遇有门窗洞及工艺洞口

图 4.11 插入式振捣器

时，应两边同时对称振捣，同时不得用棒头猛击预留孔洞、预埋件和闸盒等。

③ 当顶板与墙体整体现浇时，楼顶板端头部分的混凝土应单独浇筑，以保证墙体的整体性和抗震能力。

3）框架柱的混凝土浇筑

框架结构施工中，一般在柱模板支撑牢固后，先行浇筑混凝土。这样做可以使上部模板支撑的稳定性好。浇筑时可单独一个柱搭一架子进行，或在梁、板支撑好后先浇柱混凝土，然后绑扎梁、板钢筋。

（1）浇灌前先清理柱内根部的杂物，并用压力水冲净湿润，封好根部封口模板，准备下料。

（2）用与混凝土内砂浆配合比相同的水泥砂浆先填铺 5～10cm，用铁锹在柱根均匀撒开。再根据柱子高度下料：如超过 3m 时，要用串筒挂入送料；不超过 3m 高，可直接用小车倒入，如图 4.12 所示。

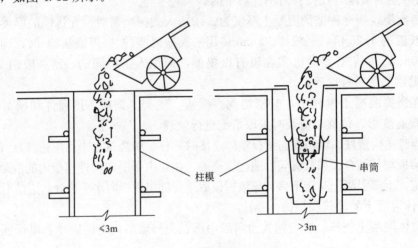

柱模

串筒

≤3m

>3m

图 4.12　框架柱的混凝土浇筑

（3）当柱高不超过 3m、柱断面大于 40cm×40cm 且无交叉钢筋时，混凝土可由柱模顶直接倒入；当柱高超过 3m 时，必须分段灌注混凝土，每段高度不得超过 3.5m。

（4）凡柱断面在 40cm×40cm 以内或有交叉箍筋的任何断面的混凝土柱，均应在柱模侧面开设的门子洞上装斜溜槽分段灌注，每段高度不得大于 2m。如箍筋妨碍斜溜槽安装时，可将箍筋一端解开提起，待混凝土浇至门子洞下口时，卸掉斜溜槽，将箍筋重新绑扎好，用门子板封口，柱筋箍紧，继续浇上段混凝土。采用斜溜槽下料时，可将其轻轻晃动，加快其下料速度。采用串筒下料时，柱混凝土的灌注高度可不受限制。

（5）浇捣中要注意柱模不要胀模或鼓肚，要保证柱子钢筋的位置，即在全部完成一层框架后，到上层放线时，钢筋应在柱子边框线内。

4）框架梁、板的混凝土浇筑和振捣

在柱子浇筑全部结束后，绑完梁、板钢筋，经检查符合设计要求，即可浇捣梁、板混凝土。

（1）施工准备。清理梁、板模上的杂物；对缺少的保护层垫块补加或垫好；模板要浇水湿润，大面积框架楼层的湿润工作可随浇筑的进行随时进行湿润；根据混凝土量确定浇筑台班，组织劳动力。框架梁、板宜连续浇筑施工，实在有困难时应留置施工缝。

（2）一般从最远端开始，以逐渐缩短混凝土运距，避免捣实后的混凝土受到扰动。浇灌时应先低后高，即先浇捣梁，待浇捣至梁上口后，可一起浇捣梁、板。浇筑过程中尽量使混凝土面保持水平状态。深于 1m 的梁，可以单独先浇捣，然后与别处拉平。

（3）向梁内下混凝土料时，应采用反铲下料，这样可以避免混凝土离析。当梁内下料有 30～40cm 深时，就应进行振捣，振捣时直插、斜插、移点等均应按前面介绍的规定实施。

（4）梁板浇捣一段后(一个开间或一柱网)，应采用平板振捣器按浇筑方向拉动机器振实面层。平板振捣后，由操作人员随后按楼层结构标高面，用木杠及木抹子搓抹混凝土表面，使之达到平整。

混凝土浇筑现场如图 4.13 所示。

图 4.13　混凝土浇筑现场

5）梁、柱节点混凝土浇筑和振捣

 特别提示

框架梁、柱交叉的位置，称梁、柱节点。由于其受力的特殊性，主筋的连接接头的加强，以及箍筋的加密造成钢筋密集，采用一般的浇筑施工方法，混凝土难以保证其密实度，因此应格外关注梁、柱节点混凝土浇筑的操作规程。

（1）混凝土中的粗骨料要适应钢筋密集的要求。按施工图设计的要求，采用强度等级相同或高一级的细石混凝土浇筑。

（2）混凝土要用较小直径的插入式振捣器进行振捣，必要时可以辅以人工振捣，以保证其密实性。

（3）为了防止混凝土初凝阶段，在自重以及模板横向变形等因素的影响下导致高度方向的收缩，柱子浇捣至箍筋加密区后，可以停 1～1.5h(不能超过 2h)，再浇筑节点混凝土。节点混凝土必须一次性浇捣完毕，不允许留置施工缝。

4.3.2　施工缝的留置和处理

　特别提示

当楼层不能一次浇筑完成或遇到特殊情况时，中间停歇时间超过 2h 以上的，应设置施工缝或设计上留出后浇带。

1. 施工缝的留置

施工缝留置于结构受剪力较小且便于施工的部位。例如框架肋形楼盖施工缝的留置位置如图 4.14 所示。框架结构的施工缝可留置在以下几个部位。

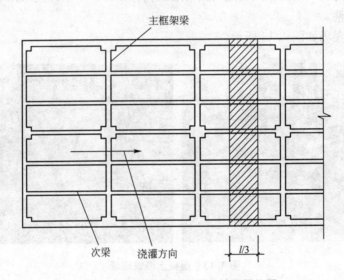

图 4.14　框架肋形楼盖施工缝留置位置

1）梁

框架肋形楼盖混凝土的浇筑行程大多与框架主梁垂直，与次梁平行，所以把施工缝留在次梁中间部位跨度的 1/3 范围内，对受力是有利的。主梁不宜留设施工缝。悬臂梁应与其相连接的结构整体浇筑，一般不宜留施工缝，必须留施工缝时，应取得设计单位同意，并采取有效措施。

2）板

单向板施工缝可留设在与主筋平行的任何位置或受力主筋垂直方向的中部跨度的 1/3 范围内，双向板施工缝位置应按设计要求留设。

3）柱

宜留设在梁底标高以下 20～30mm 或梁、板面标高处。

4）墙

宜留设在门洞口连梁跨中 1/3 区段内，也可留在纵、横剪力墙的交接处。

5）大截面梁、厚板和高度超过 6m 的柱

应按设计要求留设施工缝。

2. 施工缝的处理

对施工缝处继续浇混凝土时，要符合已浇筑的混凝土的抗压强度达到 1.2N/mm² 的要求；对已硬化的混凝土表面，要清除混凝土浮渣和松散石子、软弱混凝土层，并洒水湿润，无明水后再浇新混凝土；浇筑前，接头处要先用相同混凝土配合比的水泥砂浆铺垫；该处振捣要细致、密实，使其结合牢固。

4.3.3 后浇带处混凝土浇筑的要点

特别提示

后浇带是设计上设置的构造"缝"：①由于房屋过长而人为设置的施工缝，这样处理比现场当时留置要规矩、整齐，在支模板时就可考虑；②为了房屋外观而用后浇带代替伸缩缝。

1. 设置后浇带的位置和作用

(1) 后浇带的位置是由设计确定的，后浇带处梁板的钢筋加强应按设计要求，后浇带的位置和宽度应严格按施工图要求留设。

(2) 后浇带可预防超长梁、板混凝土在凝结过程中的收缩应力对混凝土产生收缩裂缝。

(3) 设置后浇带还能减少结构施工初期地基沉降不均对混凝土结构的破坏。

2. 后浇带施工

(1) 后浇带混凝土的浇筑时间是在 1～2 月以后或主体施工完成后，这时混凝土的强度增长和收缩已基本完成，地基的压缩变形也已基本完成。

(2) 后浇带处两侧应按施工缝处理。

(3) 应采用补偿收缩性混凝土(如 UEA 混凝土，UEA 的掺量应符合设计要求)，后浇带处的混凝土应分层精心振捣密实。在地下室施工中，底板和外侧墙体的混凝土，应按设计在后浇带的两侧加强防水处理。

4.3.4 混凝土养护的方法

混凝土浇筑完后，逐渐凝结硬化，强度也不断增长，这个过程主要由水泥的水化作用来达到。而水泥的水化作用又必须在适当的温度和湿度条件下进行，混凝土的养护就是为了达到这个目的。对已浇筑完毕的混凝土，应加以覆盖和浇水，并应符合以下规定。

(1) 应在浇筑完毕后的 12h 以内对混凝土加以覆盖和浇水。

(2) 混凝土浇水养护的时间：对采用硅酸盐水泥、普通硅酸盐水泥或矿渣硅酸盐水泥拌制的混凝土，不得少于 7d；对掺用缓凝型外加剂或有抗渗性要求的混凝土，不得少于 14d。

(3) 浇水次数应能保持混凝土处于湿润状态。

(4) 混凝土的养护用水应与拌制水相同。但当日平均气温低于 5℃时，不得浇水。

如果浇筑后不进行正常养护，而让混凝土处于炎热、干燥、风吹、日晒的环境中，水分很快蒸发就会影响混凝土中水泥的正常水化作用，从而会使混凝土表面泛白、脱皮、起砂，严重的出现干缩裂缝，甚至内部粉酥，降低混凝土的强度。因此，混凝土的养护绝不是一件可有可无的工作，而是混凝土工程施工的最后环节，也是保证质量的重要一环。

在养护中，目前一般采用草帘、草袋进行覆盖，并经常浇水保持湿润。

除了这种常用的养护方法外，目前也有采用塑料薄膜覆盖养护的，即将其敞露的全部表面用塑料膜覆盖严密，在养护时薄膜内可见凝结水。

再有一种是喷刷养护剂养护，这是近年发展起来的，它的优点是现场干净。这种养护剂是成品出售，当它被涂至混凝土表面后，会结成一层薄膜，使混凝土表面与空气隔绝，封闭了混凝土中水分的蒸发，从而完成水泥水化作用，达到养护的目的。它适用于不易浇水养护的构件，如柱、墙。对于楼面梁板，因其薄膜容易破坏而造成养护质量差的情况，要使用喷刷养护必须做到工序清楚按部就班，不抢工、不混乱才行。

在工程中如遇到大体积混凝土时，其养护则不能与通常一样浇水覆盖，这样会适得其反。大体积混凝土养护主要为了避免内外温差过大而造成收缩裂缝。因此，养护时要与外界隔绝，保持其内外温差不超过 25℃，可用薄膜对混凝土全面覆盖，上面再加草包或草帘保温。

在混凝土养护过程中，目前的弊端是养护期不足、浇水湿度不够、抢工上马，使养护得不到充分保证。因此必须在统筹整个施工工期进度中权衡该项工作。

尤其应该注意的是混凝土在养护之中强度尚未达到 $1.2N/mm^2$ 时，不得在混凝土上踩踏和进行下道工序，如支模架、运料的操作。

4.3.5 混凝土质量问题及防治措施

1. 柱、墙"烂根"

(1) 混凝土浇筑前，未在柱、墙底铺以 5～10cm 厚的去石混凝土(砂浆的水泥和砂的配合比与混凝土的相同)。在向其底部卸料时，混凝土发生离析，石子集中于柱、墙底而无法振捣出浆来，造成底部"烂根"。

(2) 混凝土浇筑高度超过规定要求，又未采取相应措施，这样致使混凝土发生离析，柱、墙底石子集中而缺少砂浆。

(3) 振捣时间过长，使混凝土内石子下沉、水泥浆上浮。

(4) 分层浇筑时一次投料过多，振捣器未伸到底部，造成漏振。因此，一次投料不可过多，振捣完毕后应用木槌敲击模板，从声音判断底部是否振实。

(5) 楼地面表面不平整，墙模安装时与楼地面接触处缝隙过大，造成混凝土严重漏浆而出现"烂根"现象。

2. 裂缝

柱子混凝土浇筑完毕后未经沉实而继续浇筑梁板混凝土。浇筑与柱和墙连成整体的梁板时，应在柱和墙浇筑完毕后停歇 1～1.5h，使其获得初步沉实，再继续浇筑。

3. 轴线走位及垂度偏移

(1) 柱模支撑方法不当，致使混凝土振捣时支撑下陷，柱顶发生偏移。

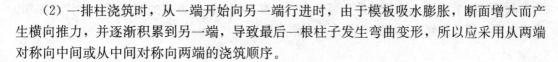

（2）一排柱浇筑时，从一端开始向另一端行进时，由于模板吸水膨胀，断面增大而产生横向推力，并逐渐积累到另一端，导致最后一根柱子发生弯曲变形，所以应采用从两端对称向中间或从中间对称向两端的浇筑顺序。

4．边角处漏石、露筋

（1）模板边角拼装缝隙过大，严重跑浆造成边角处漏石。所以，模板配制时，边角处宜采用阶梯缝搭接。如采用直缝，模板缝隙应用水泥袋纸填塞。

（2）某一拌盘混凝土配合比不当，石多浆少或局部漏振，造成边角处呈蜂窝状漏石。

4.3.6　安全注意事项

（1）柱、墙、梁混凝土浇筑时，应搭设脚手架，而脚手架的搭设必须满足浇筑要求。操作人员不得站在模板或支撑上操作，以防高空坠落，造成人身伤亡。

（2）振捣器必须装有漏电保护装置，操作人员须穿戴绝缘手套和胶鞋，不得用湿手触摸电器开关，非专业电工不得随意拆卸电器设备。

（3）采用料斗吊运混凝土时，在接近下料位置的地方须减缓速度。在非满铺平台条件下防止在护身栏处挤伤人。采用串筒灌注混凝土时，串筒节间必须连接牢固，以防坠落伤人。

（4）楼板浇水养护时，应注意楼面的障碍物和孔洞，拉移胶管时不得倒退行走。

（5）夜间施工时用于照明的灯具的电压须低于 36V，如遇强风、大雾等恶劣天气应停止作业。

（6）泵送混凝土施工安全措施见表 4-15。

表 4-15　泵送混凝土施工安全措施

序号	项目	安全要点
1	泵司机	必须经过严格训练，并考试取得合格证后才能上岗
2	安全要求	严格执行施工现场安全操作规程，施工前要安全交底，施工中要安全检查
3	泵机就位	混凝土泵机支设要保持水平，泵机进出坚固可靠、无塌方，泵机就位后不要移动，防止偏移造成翻车
4	布料杆使用	布料杆工作时风力应小于 8 级，风力大于 8 级时应停工；布料杆采用风洗时，管端附近不许站人，以防混凝土残渣伤人
5	输送管道	混凝土泵机出口处管道压力较大，管道由于磨损易发生爆裂事故，应经常检查；输送管道内有压力时，接头部分严禁拆卸，防止拆卸伤人，应先反泵回收，再拆卸

4.3.7　拟定混凝土施工方案概述

请各项目部分别讲述混凝土施工方案。根据以上所学，项目部之间提出问题和补充意见，并由教师进行点评。

教师以施工现场实际采用的混凝土施工方案为例，讲解方案的制订原则和注意事项。要求各项目部重新修正该方案，并作为大作业提交。

 知识链接

谈谈防水混凝土施工要点

（1）防水混凝土施工尽可能一次浇筑完成，因此，须根据所选用的机械设备制定周密的施工方案。尤其更应慎重对待大体积混凝土，应计算由水化热所能引起的混凝土内部升温，以采取分区浇筑、使用水化热低的水泥或掺外加剂等相应措施；对于圆筒形构筑物，如沉箱、水池、水塔等，应优先采用滑模方案；对于运输通廊等，可按伸缩缝位置划分不同区段，间隔施工。

（2）施工所用水泥、砂、石子等原材料必须符合质量要求。水泥如有受潮、变质或过期现象，不能降格使用。砂、石的含泥量影响混凝土的收缩和抗渗性；因此，限制砂的含泥量在 3% 以内，石子的含泥量在 1% 以内。

（3）防水混凝土工程的模板要求严密、不漏浆，内外模之间不得用螺栓或钢丝穿透，以免造成透水通路。

（4）钢筋骨架不能用铁钉或钢丝固定在模板上，必须用相同配合比的细石混凝土或砂浆制作垫层，以确保钢筋保护层厚度。防水混凝土的保护层不允许有负误差。此外，若混凝土配有上、下两排钢筋时，最好用吊挂方法固定上排钢筋；若不可能而必须采用铁马架时，则铁马架应在施工过程中及时取掉，否则就需在铁马架上加焊止水钢板，以增加阻水能力，防止地下水沿铁马架渗入。

（5）为保证防水混凝土的均匀性，其搅拌时间应较普通混凝土稍长，尤其是对于引气剂防水混凝土，要求搅拌 2~3min。外加剂防水混凝土所使用的各种外加剂，都需预溶成较稀溶液加入搅拌机内，严禁将外加剂干粉和高浓度溶液直接加入搅拌机，以防外加剂或气泡集中，影响混凝土的质量。引气剂防水混凝土还需及时抽查其含气量。

（6）光滑的混凝土泛浆面层，对防止压力水渗透有一定作用，所以模板面要光滑，钢模板要及时清除模板上的水泥浆。

（7）为保证混凝土的抗渗性，防水混凝土不允许用人工捣实，必须用机械振捣，振捣要仔细。对于引气剂防水混凝土和减水剂防水混凝土，宜用高频振动器排除大气泡，以提高混凝土的抗渗性和抗冻性。

（8）施工缝应尽可能不留或少留。如因浇筑设备等条件限制不能连续进行浇筑时，则可按变形缝划分浇筑段。每一浇筑段应争取一次浇筑完毕。如确有困难，则底板必须连续浇筑，墙板可留设水平施工缝，不得留设垂直施工缝，如必须留设垂直施工缝时，应尽量与变形缝相结合，按变形缝处理。水平缝位置应避开剪力和弯矩最大处或底板与侧墙交接处，而应留在距底板表面 200mm 以上，距离墙孔洞边缘不小于 300mm 处，并采取相应措施，做到接缝处不渗、不漏。

防水混凝土工程常用的施工缝有平口、企口和竖插钢板止水片等几种形式。为了使接缝紧密结合，无论采用哪种接缝形式，浇筑前均需将接缝表面凿毛，清理浮粒和杂质，用水清洗干净并保持湿润，再铺上 20~25mm 厚的砂浆，所用材料和灰砂比应与浇筑墙体混凝土所用的一致，捣实后再继续浇筑上部墙体。

（9）在厚度大于 1m 的少筋防水混凝土结构中，可填充粒径为 150~250rnm 的块石，其掺加量不应超过混凝土体积的 20%。块石必须分层直立埋设，间距不小于 150mm，与模板的间距不小于 200mm，并使结构顶面及底面均有 150mm 以上的混凝土层。

（10）防水混凝土必须振捣密实，采用机械振捣时，插入式振捣器插入间距不应超过有效半径 1.5 倍，要注意避免欠振、漏振和过振，在施工缝和埋设件部位尤需注意振捣密实。要注意避免振捣器触及模板、止水带及埋设件等。

（11）防水混凝土的养护对其抗渗性能影响极大，混凝土早期脱水或养护过程中缺少必要的水分和温

度，则抗渗性大幅度降低，甚至完全丧失。因此，当混凝土进入终凝（约浇灌后 4～6h）即应开始浇水养护，养护时间不少于 14d。防水混凝土不宜采用蒸汽养护，冬期施工时可采取保温措施。

（12）防水混凝土因对养护要求较严，因此不宜过早拆模。拆模时混凝土表面温度与周围气温温差不得超过 15～20℃，以防混凝土表面出现裂缝。

 布置学习任务

以项目部为单位，查阅关于钢筋混凝土工程验收的相关资料，做好验收准备。各项目部需要准备的题目是混凝土分项工程验收的意义、方法和内容。具体包括以下几个方面。

（1）独立柱基础混凝土工程验收。

（2）条形基础混凝土工程验收。

（3）筏形基础混凝土工程验收。

（4）现浇框架梁、板、柱的混凝土工程验收。

（5）剪力墙混凝土工程验收。

（6）楼梯混凝土工程验收。

学习任务 4.4　混凝土分项工程验收实训

4.4.1　混凝土分项工程验收校外实训项目

 混凝土分项工程验收步骤

教师组织学生到校外实训基地完成实训项目。实训内容可根据施工现场的实际情况调整实训内容和时间。

（1）同现场施工员和监理员一起进行独立柱基础混凝土工程验收。

（2）同现场施工员和监理员一起进行条形基础混凝土工程验收。

（3）同现场施工员和监理员一起进行筏形基础混凝土工程验收。

（4）同现场施工员和监理员一起进行框架梁、板、柱混凝土工程验收。

（5）同现场施工员和监理员一起进行剪力墙混凝土工程验收。

（6）同现场施工员和监理员一起进行楼梯混凝土工程验收。

 探讨

（1）现浇混凝土构件外观缺陷产生的原因有哪些？

（2）现浇混凝土构件内部缺陷如何检测和修补？

问题 1：混凝土构件可能有哪些外观缺陷？如何检查？如何处理？

问题 2：混凝土分项工程的验收标准是什么？

 解析

1. 混凝土构件的外观检验

（1）现浇结构的外观质量缺陷应由监理（建设）单位、施工单位等各方根据其对结构性能和使用功能影响的严重程度，按表 4-16 确定。

表 4-16　现浇结构外观质量缺陷

名称	现象	严重缺陷	一般缺陷
露筋	构件内钢筋未被混凝土包裹而外露	纵向钢筋有露筋	其他钢筋有少量露筋
蜂窝	混凝土表面缺少水泥砂浆而形成石子外露	构件主要受力部位有蜂窝	其他部位有少量蜂窝
孔洞	混凝土中孔穴深度和长度均超过保护层厚度	构件主要受力部位有孔洞	其他部位有少量孔洞
夹渣	混凝土中夹有杂物且深度超过保护层	构件主要受力部位有夹渣	其他部位有少量夹渣
疏松	混凝土中局部不密实	构件主要受力部位有疏松	其他部位有少量疏松
裂缝	缝隙从混凝土表面延伸至混凝土内部	构件主要受力部位有影响结构性能或使用功能的裂缝	其他部位有少量不影响结构构性能或使用功能的裂缝
连接部位缺陷	构件连接处混凝土缺陷及连接钢筋、连接件松动	连接部位有影响结构传力性能的缺陷	连接部位有基本不影响传构传力性能的缺陷
外形缺陷	缺棱掉角、棱角不直、翘曲不平、飞边凸肋等	清水混凝土构件有影响使用功能或装饰效果的外形缺陷	其他混凝土构件有不影响使用功能的外形缺陷
外表缺陷	构件表面麻面、掉皮、起砂、沾污等	具有重要装饰效果的清水混凝土表面有外表缺陷	其他混凝土构件有不影响使用功能的外表缺陷

（2）现浇结构拆模后，应由监理（建设）单位、施工单位对外观质量和尺寸偏差进行检查，做出记录，并应及时按施工技术方案对缺陷进行处理。

2. 混凝土分项工程验收标准

1）外观质量

（1）主控项目。现浇结构的外观质量不应有严重缺陷。

对已经出现的严重缺陷，应由施工单位提出技术处理方案，并经监理（建设）单位许可后进行处理。对经处理的部位,应重新检查验收。

(2)一般项目。现浇结构的外观质量不宜有一般缺陷。

对已经出现的一般缺陷,应由施工单位按技术处理方案进行处理。

2)尺寸偏差

(1)主控项目。现浇结构不应有影响结构性能和使用功能的尺寸偏差。混凝土设备基础不应有影响性能和设备安装的尺寸偏差。对超过尺寸允许偏差且影响结构性能和安装、使用功能的部位,应由施工单位提出处理方案,并经监理(建设)单位认可后进行处理。对经处理的部位,应重新检查验收。

(2)一般项目。现浇钢筋混凝土结构拆模后的尺寸偏差应符合表 4-17 的规定。

表 4-17　现浇结构尺寸允许偏差和检验方法

项目		允许偏差/mm	检验方法
轴线位置	基础	15	钢尺检查
	独立基础	10	
	墙、柱、梁	8	
	剪力墙	5	
垂直度	层高 ≤5m	8	经纬仪或吊线、钢尺检查
	层高 >5m	10	经纬仪或吊线、钢尺检查
	全高(H)	$H/1000$ 且≤30	经纬仪、钢尺检查
标高	层高	±10	水准仪或拉线、钢尺检查
	全高	±30	
截面尺寸		±8,-5	钢尺检查
电梯井	井筒长、宽对定位中心线	±25,0	钢尺检查
	井筒全高(H)垂直度	$H/1000$ 且≤30	经纬仪、钢尺检查
表面平整度		8	2m 靠尺和塞尺检查
预埋设置中心线位置	预埋件	10	钢尺检查
	预埋螺栓	5	
	预埋管	5	
预留洞中心位置		15	钢尺检查
	中心线位置	5	钢尺检查
	预埋锚板平整度	5	钢尺、塞尺检查
	带螺纹孔锚板平整度	2	钢尺、塞尺检查

注:检查轴线、中心线位置时,应沿纵、横两个方向量测,并取其中的较大值。

4.4.2 填写标准表格

需要填写的标准表格参见表 4-18～表 4-22。

表 4-18 混凝土原材料检验批质量验收记录

（GB 50204—2002）   编号：010603(1)/020103(2) □□□

工程名称				分项工程名称		项目经理	
施工单位				验收部位			
施工执行标准 名称及编号						专业工长 （施工员）	
分包单位				分包项目经理		施工班组长	
质量验收规范的规定				施工单位自检记录		监理（建设）单位验收记录	
主控项目	1	水泥检验	（第 7.2.1 条）				
	2	外加剂	质量及应用技术应符合《混凝土外加剂》（GB 8076）、《混凝土外加剂应用技术规范》（GB 50119）等有关环境保护的规定 预应力混凝土结构中，严禁使用含氯化物的外加剂，钢筋混凝土结构中，当使用含氯化物的外加剂时，其含量应符合《混凝土质量控制标准》（GB 50164）的规定(第 7.2.2 条)				
	3	氯化物及碱含量	混凝土中总含量应符合《混凝土结构设计规范》（GB 50010）和设计的要求(第 7.2.3 条)				
一般项目	1	矿物掺合料	质量应符合《用于水泥和混凝土中的粉煤灰》（GB/T 1596）等的规定，其掺量应通过试验确定				
	2	粗细骨料	（第 7.2.5 条）				
	3	拌制用水	宜采用饮用水；当采用其他水源时，水质应符合《混凝土拌合用水标准》（JGJ 63）的规定(第 7.2.6 条)				
施工操作依据							
质量检查记录							
施工单位检查 结果评定		项目专业 质量检查员：		项目专业 技术负责人：			年　月　日
监理（建设） 单位验收结论		专业监理工程师： （建设单位项目专业技术负责人）					年　月　日

表4-19　混凝土配合比设计检验批质量验收记录

(GB 50204—2002)　　　　　　　　　　　　　　　　编号：010603(2)/020103(2) □□□□

工程名称				分项工程名称		项目经理	
施工单位				验收部位			
施工执行标准 名称及编号						专业工长 (施工员)	
分包单位				分包项目经理		施工班组长	
		质量验收规范的规定		施工单位自检记录		监理(建设)单位验收记录	
主控项目	1	配合比设计	混凝土应按规定进行配合比设计(第7.3.1条)				
一般项目	1	配合比鉴定及验证	首次使用的配合比应进行开盘鉴定，其工作性应满足设计配合比的要求，开始生产时应至少留置一组标准养护试件，作为验证的依据(第7.3.2)				
	2	施工配合比	混凝土拌制前，应测定砂、石含水率并根据测试结果调整材料用量，提出施工配合比(第7.3.3条)				
	施工操作依据						
	质量检查记录						
施工单位检查 结果评定		项目专业 质量检查员：		项目专业 技术负责人：			年　月　日
监理(建设) 单位验收结论		专业监理工程师： (建设单位项目专业技术负责人)					年　月　日

表 4-20 混凝土施工检验批质量验收记录

(GB 50204—2002)   编号：010603(3)/020103(3) □□□□

工程名称				分项工程名称		项目经理	
施工单位				验收部位			
施工执行标准名称及编号						专业工长（施工员）	
分包单位				分包项目经理		施工班组长	

		质量验收规范的规定		施工单位自检记录	监理(建设)单位验收记录
主控项目	1	混凝土强度及试件取样留置	(第7.4.1条)		
	2	抗渗混凝土试件	应在浇筑地点随机取样，同一工程、同一配合比的混凝土，取样不应少于一次，留置组数可根据实际需要确定(第7.4.2条)		
	3	混凝土原材料每盘称量的偏差(第7.4.3条)	材料名称 / 允许偏差 / 实测值 ; 水泥、掺合料 ±2% ; 粗、细骨料 ±3% ; 水、外加剂 ±2%		
	4	混凝土运输、浇筑及间歇	全部时间不应超过混凝土的初凝时间，同一施工段的混凝土应连续浇筑，并应在底层混凝土初凝之前将上一层混凝土浇筑完毕，当底层混凝土初凝后浇筑上一层混凝土时，应按施工缝的要求进行处理(第7.4.4条)		
一般项目	1	施工缝留置及处理	按设计要求和施工技术方案确定(第7.4.5条)		
	2	后浇带留置位置	按设计要求和施工技术方案确定，混凝土浇筑应按施工技术方案进行(第7.4.6条)		
	3	养护	(第7.4.7条)		
		施工操作依据			
		质量检查记录			
施工单位检查结果评定		项目专业质量检查员：		项目专业技术负责人： 年 月 日	

表 4－21　现浇结构外观质量检验批质量验收记录

(GB 50204—2002)　　　　　　　　　　　　　　　　编号：010603(4)/020105(1) □□□

工程名称			分项工程名称		项目经理	
施工单位			验收部位			
施工执行标准 名称及编号					专业工长 （施工员）	
分包单位			分包项目经理		施工班组长	
	质量验收规范的规定			施工单位自检记录		监理(建设)单位验收记录
主控项目	外观质量	不应有严重缺陷 　对已经出现的严重缺陷，应由施工单位提出技术处理方案，并经监理(建设)单位认可后进行处理，对经处理的部位，应重新检查验收(第8.2.1条)				
一般项目	外观质量	不宜有一般缺陷 　对已经出现的一般缺陷，应由施工单位按技术处理方案进行处理，并重新检查验收(第8.2.2条)				
	施工操作依据					
	质量检查记录					
施工单位检查 结果评定	项目专业 质量检查员：			项目专业 技术负责人：　　　　　　年　月　日		
监理(建设) 单位验收结论	专业监理工程师： (建设单位项目专业技术负责人)　　　　　　　　　　　　　　　　年　月　日					

表 4 – 22　现浇结构尺寸偏差检验批质量验收记录(Ⅰ)

(GB 50204—2002)　　　　　　　　　　　　　　　　编号：010603(5)/020105(2) □□□

工程名称				分项工程名称		项目经理	
施工单位				验收部位			
施工执行标准名称及编号						专业工长(施工员)	
分包单位				分包项目经理		施工班组长	

		质量验收规范的规定		施工单位自检记录	监理(建设)单位验收记录
主控项目	尺寸偏差	不应有影响结构性能和使用功能的尺寸偏差 对超过尺寸允许偏差且影响结构性能和安装、使用功能的部位，应由施工单位提出技术处理方案，并经监理(建设)单位认可后进行处理。对经处理的部位，应重新检查验收(第8.3.1条)			

			项目	允许偏差/mm	实测值									
一般项目	拆模后的尺寸偏差(第8.3.2条)	轴线位置	基础	15										
			独立基础	10										
			墙、柱、梁	8										
			剪力墙	5										
		垂直度	层高 ≤5m	8										
			层高 >5m	10										
			全高(H)	$H/1000$ 且 ≤30										
		标高	层高	10										
			全高	30										
		截面尺寸		+8，−5										
		电梯井	井筒长、宽对定位中心线	+25，0										
			井筒全高(H)垂直度	$H/1000$ 且 ≤30										
		表面平整度		8										
		预埋设施中心位置	预埋件	10										
			预埋螺栓	5										
			预埋管	5										
		预留洞中心线位置		15										

施工操作依据			
质量检查记录			

施工单位检查结果评定	项目专业质量检查员：	项目专业技术负责人：	年　月　日
监理(建设)单位验收结论	专业监理工程师： (建设单位项目专业技术负责人)		年　月　日

知识链接

表 4－23　混凝土浇筑质量通病的防治措施

表现	原因分析	防治措施
蜂窝	(1) 模板漏浆 (2) 布料不匀 (3) 高度差下料 (4) 气泡 (5) 局部积水和砂浆堆积	(1) 模板拼缝必须严密，木模在浇筑混凝土前应浇水闷透。钢模在拼缝处应贴胶条密封 (2) 合理组织操作人员，确保布料均匀 (3) 布料死角区，采用人工二次倒运，严禁采用振捣棒赶布料摊平混凝土 (4) 认真限制落料高度，可在适当高度顶留下料和振捣口
胀模及支撑系统失稳	泵送大坍落度混凝土的浇筑速度较快，如模板刚度不够，支撑不牢，会出现鼓胀、变形爆开等事故	(1) 应采用取分层浇筑，严禁集中浇筑 (2) 根据浇筑计划，必须突击施工，应预先加固模板 (3) 输送管道严禁靠近支撑，防止泵管脉冲振动造成支架倒坍 (4) 竖向模板，应做侧压力计算，确保模板和支撑的安全度
混凝土质量波动	(1) 商品混凝土施工现场任意加水 (2) 在浇筑柱、墙、梁时，在模板上残留很多混凝土未清理，浇筑楼板时易出质量事故 (3) 输送开始和结束时压力水或压力砂浆积存在混凝土中，影响强度	(1) 加强混凝土施工各个环节的管理 (2) 做到坍落度波动范围小于2cm (3) 现场严禁对混凝土随便加水 (4) 对残存的混凝土，不准放入新浇筑的混凝土中
混凝土接槎不良	(1) 模板漏浆，造成新旧混凝土接槎烂脖子 (2) 输送管道堵塞时间过长，造成混凝土冷接头	(1) 新旧混凝土处模板要求支撑牢固，接合严密 (2) 从混凝土配合比、配管、操作技术和管理上找泵送混凝土堵管故障，研究改进措施 (3) 控制混凝土浇筑时间，可掺入缓凝剂，延长初凝时间
碰动钢筋和埋件，造成位移	泵送人员踩钢筋和预埋件	设备管支架和铺设临时马道，预防脚踩和钢筋位移
预留洞口坍陷变形	(1) 泵送混凝土坍落度大 (2) 掺缓凝剂和粉煤灰，混凝土早期强度低	(1) 合理控制拆模时间 (2) 应根据混凝土试验强度要求拆模
裂缝	(1) 泵送混凝土坍落度大，水泥用量和水量多，容易产生收缩裂缝 (2) 混凝土温度裂缝	(1) 控制混凝土入模温度和水分蒸发速度，注意加强养护 (2) 大体积混凝土，混凝土内部与表面环境的温度差均应小于25℃。措施是控制入模温度，加强保温养护，控制温度变化速度

本情境小结

在钢筋隐蔽工程验收合格后，钢筋混凝土结构施工的下一道工序便是混凝土浇筑。关于混凝土浇筑的3个要点如下。

(1) 混凝土强度等级符合设计要求。

(2) 混凝土浇筑振捣密实无内在缺陷。

(3) 拆模后混凝土分项工程验收合格。

围绕以上3个要点，本学习情境主要安排了混凝土配合比设计、混凝土专项施工方案制订、混凝土分项工程验收。实际工作中，混凝土配合比设计已经用得不多。如果是自拌混凝土，则需要到有资质的材料试验室和检测机构，将现场实际使用的原材料交由该机构进行配合比设计。事实上，我国已经普遍使用商品混凝土，其配合比经过计算机系统处理可以达到更准确地计量和配料，混凝土强度也更有保证。因此，混凝土配合比设计可以不作为重点学习的内容。混凝土施工方案是本学习情境的重点。其中施工缝留设在实际施工过程中遇到的问题非常多。合理、正确留置施工缝，是施工员必备的业务素质，因此关于施工缝留设原则、处理方法等一定给予足够重视。混凝土质量通病及其预防措施也是本学习情境应该重点学习的内容。在混凝土分项工程验收中，内在的严重的缺陷并不多，而一般的外观问题却很多，因此被称作质量通病。为了能够对该问题有一个全面的认识，建议教师带领学生到施工现场进行真实场景的验收操练。

习　　题

一、单项选择题

(1) 用于调节混凝土凝结时间、硬化性能的外加剂是(　　)。

　　A. 缓凝剂　　　　　　　　　　B. 减水剂

　　C. 引气剂　　　　　　　　　　D. 防水剂

(2) 混凝土对原材料石子强度要求应为混凝土强度的(　　)倍以上。

　　A. 3　　　　　　　　　　　　B. 2

　　C. 1　　　　　　　　　　　　D. 1.5

(3) 混凝土配合比1∶2.3∶4.0∶0.63为(　　)的质量比。

　　A. 水泥∶水∶砂子∶石子　　　B. 水∶水泥∶砂子∶石子

　　C. 石子∶砂子∶水泥∶水　　　D. 水泥∶砂子∶石子∶水

(4) 混凝土的品种很多，主要用于各种承重结构的是(　　)，也常称其为普通混凝土。

　　A. 特轻混凝土　　　　　　　　B. 轻混凝土

　　C. 重混凝土　　　　　　　　　D. 特重混凝土

(5) 混凝土使用的拌制水的 pH 值应不小于(　　)。

　　A. 7　　　　　　　　　　　　B. 5

　　C. 4　　　　　　　　　　　　D. 6

(6) 混凝土的强度等级是以具有95%保证率的龄期为(　　)的立方体抗压强度标准值来确定的。

A. 3d，7d，28d　　　　　　　B. 3d，28d

C. 7d，28d　　　　　　　　　D. 28d

(7) 混凝土的弹性模量是指(　　)。

　　A. 原点弹性模量　　　　　　B. 切线模量

　　C. 割线模量　　　　　　　　D. 变形模量

二、多项选择题

(1) 下列关于混凝土在正常养护期间强度变化的说法中，正确的有(　　)。

　　A. 最初7～14天内，强度增长较快　　B. 最初7～14天内，强度增长较慢

　　C. 28天以后增长缓慢　　　　　　　　D. 28天以后增长较快

　　E. 其强度随着龄期增加而提高

(2) 混凝土拌合物的和易性是一项综合技术性质，其含义包括(　　)。

　　A. 保水性　　　　　　　　　B. 伸缩性

　　C. 流动性　　　　　　　　　D. 黏聚性

　　E. 适用性

(3) 混凝土中掺入引气剂，可以(　　)。

　　A. 改善混凝土拌合物的和易性　　　B. 减水泌水离析

　　C. 提高混凝土的抗压强度　　　　　D. 提高混凝土的抗冻性和抗渗性

　　E. 提高混凝土的抗裂性

(4) 混凝土中掺入减水剂，可带来以下技术经济效益(　　)。

　　A. 提高拌合物的流动性　　　　B. 提高强度

　　C. 节省水泥　　　　　　　　　D. 缩短拌合物凝结时间

　　E. 提高水泥水化放热速度

(5) 正确控制大体积混凝土裂缝的方法是(　　)。

　　A. 优先选用低水化热的矿渣水泥拌制混凝土

　　B. 适当选用缓凝减水剂

　　C. 在保证混凝土设计强度等级前提下，适当增加水灰比，增加水泥用量

　　D. 降低混凝土入模温度，控制混凝土内外温差

　　E. 在设计许可时，设置后浇带

三、简答题

(1) 保证混凝土有较大流动性的措施是什么？

(2) 混凝土的垂直运输有哪些措施？

(3) 对泵送混凝土有什么要求？

(4) 对混凝土的浇筑有什么要求？

(5) 混凝土震动密实的原理是什么？

(6) 混凝土养护的必要性是什么？

(7) 混凝土养护的方法有哪些？

(8) 大体积混凝土的浇筑方案有哪些？

四、交流探讨

(1) 后浇带混凝土施工方法。

(2) 混凝土缺陷的预防与修补。

学习情境5

取样与检测

专业	建筑类相关专业	学习领域	钢筋混凝土工程施工与组织	学习情境	取样与检测	建议学时	12学时
工作情境描述	取样与检测是施工员和监理员（见证员）共同完成的一项工作，一般由施工员取样（制作试块），由监理员见证，并共同送达有检测资质的单位进行样本检测。目的是保证被检测材料取自施工现场，并且样本的抽取具有科学性和代表性，其检测结果能够反映该检验批材料的质量情况						
学习任务	(1) 按取样规则现场截取钢筋样本和制作混凝土标准试块 (2) 填写送样单并到试验室做钢筋拉伸、冷弯和混凝土试块抗压试验						
学习目标	(1) 明确钢筋混凝土工程施工过程中哪些材料或试件需要检测 (2) 通过试验理解钢筋和混凝土两种材料的力学性能及其相关技术参数 (3) 会制作混凝土试块和按规定截取钢筋检测样本 (4) 会操作试验设备进行钢筋和混凝土试块检测，并填写材料检测报告单						
学习内容	(1) 钢筋、混凝土的材料性能，力学特性 (2) 钢筋现场取样的方法 (3) 混凝土标准试块的制作 (4) 试验设备的操作步骤 (5) 送样单和材料检测报告单的填写						
教学条件	(1) 所需工具、材料、设备：①钢筋切割机一台；②钢筋、水泥、砂子、石子若干；③力学试验机一台；④振动台一部 (2) 资料：①教材、学生工作页和相关技术资料；②送样单、检测报告单						
教学方法组织形式	(1) 课堂教学和实训操作轮回交替 (2) 学生分组学习，教师对其过程给予点评和指导						
教学流程	(1) 教师讲解试验设备的操作方法和安全注意事项 (2) 学生按照规定的方法现场截取钢筋样本，并到试验室做拉伸与冷弯试验，然后填写报告单 (3) 各项目部按照教师安排的任务，进行不同强度等级的混凝土标准试块的制作和养护，另取已达到龄期的试块做抗压试验，且填写报告单						
学业评价	(1) 讲述见证取样和护样检测的意义、方法、操作要点 (2) 描述钢筋的力学特征和技术参数 (3) 能够按教学要求制作混凝土标准试块，同时说明其养护方法 (4) 会操作试验设备 (5) 正确填写送样单和材料报告单						

学习准备

参见"学习情境1"的"学习准备"和表1-1，与其职责表述不同之处见表5-1。

表 5-1　项目部部分人员名单参考

姓名	职务	岗位职责	备注
	测量员	协助施工员，使用钢尺量测钢筋长度并截断取样，同时将绑扎样本送到试验室进行拉伸和冷弯试验	
	施工员	依据资料员提供的资料，组织大家学习有关钢筋混凝土的见证取样范围、方法，同时完成相应的钢筋取样、制作混凝土试块以及检测工作	
	安全员	组织项目部成员学习安全操作规程并做安全交底；对项目操作过程实施安全检查并填写相关检查记录表	
	造价员	组织项目部成员对实训项目进行工程量计算和造价核定，包括钢筋、水泥、砂子、石子的计量和计价	

 引例

如今许多人为了追求身材苗条，通过减肥瘦身达到美的效果。可是您知道盖楼用的钢筋也在"减肥瘦身"吗？陕西电视台《今日点击》栏目记者调查发现，西安有不少楼盘的建筑企业主动使用"瘦身"钢筋。

通过对钢筋实施拉伸的模具进行测试，发现直径 10mm 的国标钢筋通过 8mm 孔径的模具冷拔之后，就变成不到 8mm 的钢筋了。没有拉之前是 8mm 的钢筋，通过这个模具拉过去成了 6.92mm。

专家指出，"瘦身"钢筋破坏了钢筋本身的延展性，将会影响建筑物的安全和质量，降低楼房抗震性能。

问题： 钢筋经过检测合格后才能够使用，怎样防止不合格的"瘦身"钢筋用于建筑工程中呢？

 解析

建筑原材料和建筑构件半成品及成品检测一直都是建筑施工过程中的重要环节，目的是为了保证建筑原材料和构件能够满足国家规范、相关标准、设计图纸的要求。

为了杜绝实际施工中的不规范行为，监理单位负有很大的责任。无论是建设单位、施工单位、检测单位和监理单位，都必须严格执行见证取样的相关规定。

见证取样和护样送检是保证检验工作科学、公正、准确的重要手段。目前见证取样工作还存在诸多问题，表现为：取样欠真实、不规范，见证者"证"而不"见"，弄虚作假，致使试样失去代表性和真实性。

"瘦身"钢筋大多都是由个体业主人员免费为施工企业加工制作的，所以，抓住钢筋进场检测和加工使用两个环节即可以防止"瘦身"钢筋的使用。如果施工企业坚持场外加工，则必须有量测和抽样检查等补充措施，以确保钢筋的型号、规格符合设计要求。

知识点

见证取样是推行工程建设监理制度后的一个新举措，主要是确保施工现场使用的建筑材料和构配件符合国家规范及设计图纸的要求。本学习情境重点介绍见证取样的意义、方法和程序，同时对钢筋原材料和焊接件的取样方法、检测内容作了更为详细的讲解。混凝土试件检测也是本学习情境的内容，可分两部分操作，一个是试件的制作，另一个是试件的检测。

钢筋和混凝土试件的检测，需要学校有一定的试验设备和备料条件，属于操作性较强的项目，要求教师和同学们做好仪器设备的操作预习，并注意安全。

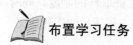

布置学习任务

以项目部为单位，到施工企业和检测中心走访、调查见证取样的操作情况。根据调查结果并结合相关文件，按照教师布置的题目做讲演稿PPT，项目部推荐1名同学代表该项目部进行交流演讲。项目部之间互评，教师亦参与成果点评和成绩评定，学生讲述的题目如下。

(1) 见证取样的意义、范围、方法和程序。

(2) 见证员的资格要求和工作职责。

(3) 企业调研情况汇报。

调研内容包括以下几点。

(1) 项目部和监理部的哪些人员做取样送检工作？

(2) 需要见证取样的试件有哪些？

(3) 送检样本能否保证取自施工现场，并将合格材料用于该工程项目？

(4) 检测部门出具报告的时间大概为多久？

(5) 当地检测机构是否与政府部门有行政隶属关系？

(6) 现场有混凝土养护室吗，是否有同条件养护的试块？

(7) 混凝土试块采用何种振捣方式制作？

(8) 送样是否保证在施工使用该材料之前？

(9) 样本的真实性如何？

(10) 不合格样本怎样处理？

特别提示

本教材可作为学生查阅和学习的资料之一，教师提倡并鼓励项目部全体人员主动学习，查阅更多资料并向有实践经验的外聘教师和师傅请教，以获得更多的信息。项目部所做的PPT如果完全停留在本教材的层面，没有内容的增加或图片的收集，那么本学习任务的成绩将评定为"不合格"。

学习任务 5.1 描述见证取样的程序和方法

5.1.1 详述见证取样的意义

建筑工程是大型的综合性产品,具有投资大,消耗材料、人力使用多,建设工期长,使用寿命长等特性。它的质量好坏,涉及生命财产的安全、人们工作条件和生活环境的改善,关系到国家经济发展和社会的稳定。

改革开放以来,国家将建筑业作为国民经济发展的支柱产业之一。要发展经济,就必须加强产品质量管理,努力提高产品的可靠性。这是经济发展的永恒主题,也是全社会共同奋斗的目标和应尽的责任。

追究质量事故的直接原因,多与操作技术和材料质量有关,因此提高操作技术、加强材料质量管理是搞好工程质量最基础、最根本的关键。

为了在现有体制下加强材料取样的监督控制,国家提出了建立材料见证取样的制度,同时培训见证取样人员掌握和规范材料取样的方法,使材料检测报告真实反映工程质量的实际情况。

5.1.2 指出见证取样的范围

根据国务院《建设工程质量管理条例》第三十一条作出的规定,建设部颁发了建字(2000)211号文件,规定施工现场必须对水泥、混凝土、混凝土外加剂、砌筑砂浆、结构用钢材及焊接或机械连接件、砖、防水材料等8种试验进行见证取样。

随着工程建设监理制度的广泛推行,以及建筑工程技术资料管理规程的施行,许多重要原材料都要进行送样、复试及验收程序。对铝合金门窗和塑钢门窗应按批量抽检,进行3项性能的测试。

国家规定执行《民用建筑工程室内环境污染控制规范》(GB 50325—2010),规定了建筑材料、建筑装饰装修材料有害物质限量的国家标准,对建筑材料、建筑装饰装修材料的见证取样和复试检测也已经全面展开。

5.1.3 见证取样和护样送检的程序

根据北京市见证取样送检制度的规定,见证取样送检的程序和要求如下。

(1)施工单位项目经理应在施工前根据单位工程设计图纸、工程规模和特点,与建设(监理)单位共同制定见证取样送检的计划,并报质监站和检测单位。

根据《混凝土结构工程施工质量验收规范》(GB 50204—2002)第10.1节的规定,结构实体重要部位必须进行同条件养护试件强度见证检验。

根据《建筑装饰装修工程质量验收规范》(GB 50210—2001)第3.2节关于装饰装修材料的规定,所有材料必须进行进场验收,并按规定进行抽样复验,当国家规定和合同约定或材料质量发生争议时,应进行见证检测。

(2)建设单位委派具有一定施工经验的专业技术人员或监理人员担任见证人,刻见证取样和送检印章,填写见证取样和送检见证备案表。施工和材料设备供应单位人员不得担任见证人。

(3)施工单位与建设、监理单位共同确定有见证试验资格的试验室。

承担见证试验的试验室,应选定有资质承担对外试验业务的试验室或法定检测单位,

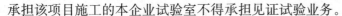

承担该项目施工的本企业试验室不得承担见证试验业务。

（4）建设（监理）单位和施工单位应将单位工程见证取样送检计划，见证人备案书和委托的试验室的资质证书及委托书，送该单位工程质量监督站备案。建设（监理）单位的取样送检见证人备案书还应送承担检测任务的试验室备案。

（5）见证人应按照施工见证取样送检计划，对施工现场的取样和送检进行旁站见证，按照标准要求取样制作试块，并在试样或其包装上做出标志、封志。标志应标明工程名称、取样施工部位、样品名称、数量、取样日期。见证人制作见证记录，试验单由取样人和见证人共同签字，并随试件共同送至承担样本检测的试验室。

（6）承担样本检测的试验室，在检查确认委托试验文件和试件上的见证标志后方可试验。有见证取样送检的试验报告应加盖"有见证取样试验专用章"。

（7）见证取样送检的试验结果达不到规定质量标准，试验室应向承监工程的工程质量监督站报告。当试验不合格时，按有关规定进行加倍取样复试，加倍取样送检时也应按规定实施。

（8）有见证取样送检的各种试验项目，当次数达不到要求时，其工程质量应由法定检测单位进行检测确定，检测费用由责任方承担。

（9）见证取样送检试验资料必须真实完整，符合试验管理规定。对伪造、涂改、抽换或遗失试验资料的行为，对责任单位、责任人依法追究责任。

5.1.4　谈谈对见证员的基本要求

1. 对见证员的资格要求

根据现行的见证取样制度，各省市和地区均制订了相应的见证员资格要求。通常情况下，每项工程的取样和送样，见证员由该工程的建设（监理）单位书面授权，委派现场管理人员1～2人担任。见证员应具备与承担工作相适应的专业知识，基本要求如下。

（1）见证员应是建设单位或监理单位人员。

（2）必须具备初级以上技术职称或具有建筑施工专业知识。

（3）现场取样见证员，必须经培训、考试合格取得见证员证书。

（4）见证员必须具有建设单位书面授权书，并向质量监督站递交授权书。质监站发给见证员登记表或备案书。表5-2和表5-3是浙江省某城市的登记表，仅供参考。

表5-2　见证员登记表（可代备案书）

姓名		建设单位			
性别		年龄		工作年限	
学历		专业		职称（务）	
工作简历					
推荐单位意见	建设单位法人代表签字			营建办主任签字	

（续）

考试考核结果	年度考试成绩： 年度考核情况：	评　语 考核人：年　月　日
审批单位意见	证书级别和编号： 印鉴印模： 批准单位：	有效期： 签发人：年　月　日

见证员登记表一式 4 份：发证单位、见证员、建设（监理）单位、质监站各执一份。

表 5－3　见证取样和送检见证员备案书

见证取样和送检见证员备案书

_____质量监督站

_____试验室

　　我单位决定，由_____同志担任_____工程见证取样和送检见证员，有关印章和签字如下。

见证取样和送检印章	见证人签字
   （印章） 	

建设单位名称（盖章）_____

日　　　　　期_____

监理单位名称（盖章）_____

日　　　　　期_____

项目负责人签字_____

备案书一式 5 份：建设监理、施工、质量监督站、见证试验室各一份。

2. 见证人员的主要职责

（1）取样现场见证。取样时见证员必须在现场进行见证，见证员应监督施工单位取样员按随机取样方法和试件制作方法进行取样。

（2）见证员在现场取样后应对试样进行监护。

（3）见证员应亲自封样加锁。

（4）见证员应与施工试验员一起将试样送至检测单位。

（5）见证员必须在检验委托单上签字，并出示"见证员证书"。

（6）见证员对有见证送检试样负有法定责任。见证员应遵守国家、省、市有关法规及专业技术规范标准的有关规定，坚持原则、坚持标准、实事求是，对不良现象要敢于抵制，见证员对见证取样试样的代表性、真实性负有法定责任。

（7）见证员应努力提高自身素质。见证员应努力学习与其工作相适应的有关专业知识，掌握建筑材料、半成品等随机抽检取样方法，学习项目质量标准性能指标及判定方法，不断提高技术水平。

（8）见证员应建立见证取样档案。

① 见证员应与项目经理在施工前，根据单位工程设计图纸分析工程规模和特点，制定见证取样送检计划。

② 见证员应按计划对检测项目及时见证取样，分类建立检测项目台账，统一编号。台账内容见表5-4。表5-4是浙江省某城市的见证取样登记台账，供大家参考。

表5-4　建设工程现场建筑材料见证取样登记台账

单位工程名称：

材料项目名称：　　　　　　　　　　　　　　　　　　　　　　　　　施工单位：

序号	产地、型号	进出数量	进出时间 取样时间	代表数量	使用部位	委托单编号	检测结果 报告编号	不合格材料处理情况	取样员	见证员

注：（1）本台账按材料类别分别设立。

　　（2）本台账由见证员填写。

　　（3）本台账在工程竣工后作为技术资料备查。

③ 见证取样数量与送检计划应符合规定比例，不足时与有关各方商定补充计划，并报告质监站和检测单位。

（9）为了便于见证员在取样现场对所取样品进行封存，加强统一管理，防止串换，保证见证取样、送样工作顺利进行，应制作一些专用工具。这种专用工具必须是加工制作容易、结构简单坚固、保证装取不损坏样品，必要时便于样品养护，便于人工搬运和各种交通工具运输。

（10）见证的科学、公正、权威性。工程质量检测工作是工程建设质量管理中重要的一环，检测试验报告是评定工程质量的法定依据。科学、公正、权威地做好检测工作，是每个检测单位的工作制度。建立考核办法、提高检测水平，反对与施工单位联合弄虚作假，是确保检测结果对建设、监理、施工单位有法定效力的关键。

5.1.5　叙述见证取样的管理措施

各地建设行政主管部门是建设工程质量监督和见证取样工作的主管部门，建设工程质量监督总站负责见证取样工作的组织和管理，建设工程质量检测中心负责具体实施。

各检测机构试验室对无见证人员签名的检验委托单及无见证人员伴送的试件一律拒收，未注明见证单位和见证人员的检验报告无效，不得作为质量保证资料的竣工验收资料，由质监站指定法定检测单位重新检测。

提高见证人员的思想和业务素质，切实加强见证人员的管理，是搞好见证取样工作的重要保证。实践表明，建立取样员和见证员工作台账是加强见证取样、送样管理的有效措施。通过工作台账可分别对取样员和见证员各自的工作进行日常管理，工作台账又能反映施工全过程的质量检测情况，也便于质检员和检验员的日常检查和质量事故的处理。

建设、施工、监理和检测单位凡以任何形式弄虚作假或者玩忽职守者，将按有关法规、规章严肃查处。情节严重者，依法追究刑事责任。

5.1.6　指明见证取样专用工具

为了便于见证人员在取样现场时对所取样品进行封存，防止更换，减少见证人员伴送样品的麻烦，保证见证取样和送样检测顺利进行，下面介绍 3 种简易实用的送样工具。这些工具结构简洁、耐用、加工制作容易，便于人工搬运和各种交通工具运输。

1. A 型送样桶

1）用途

（1）本送样桶适用 150mm×150mm×150mm 混凝土试样封装，可装 3 件（约 24kg）。

（2）若用薄钢板网封闭空格部分，适用 70.7mm×70.7mm×70.7mm 砂浆试样封装，可装 24 件（约 18kg）。

（3）内框尺寸为 210mm×210mm×520mm，可装 100mm×100mm×100mm 混凝土试块 16 件（约 40kg）。

2) 外形尺寸

外形尺寸为 174mm×174mm×520mm，大型为 210mm×210mm×520mm，送样桶外形如图 5.1 所示。

2. B 型送样桶

1) 用途

本送样桶适用 ϕ175mm(顶面)×ϕ85mm(底面)×150mm 混凝土抗渗试块封装，可装 3 件(约 30kg)，也可适用钢筋试样封装。

2) 外形尺寸

外形尺寸为 ϕ237mm×550mm，送样桶外形如图 5.2 所示。

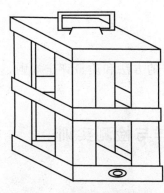

图 5.1　A 型送样桶外形图

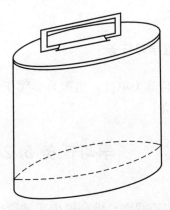

图 5.2　B 型送样桶外形图

3. C 型送样桶

1) 用途

(1) 本送样桶适用 240mm×115mm×90mm 烧结多孔砖试样封装，可装 4 件(约 12kg)。

(2) 适用 240mm×115mm×53mm 烧结普通砖封装，可装 8 件(约 20kg)。

(3) 可装砂、石约 40kg，水泥约 30kg，或可装土样约 40 个。

2) 外形尺寸

外形尺寸为 ϕ300mm×400mm，送样桶外形如图 5.3 所示。

4. D 型送样箱

1) 用途

(1) 本送样箱适用 150mm×150mm×150mm 混凝土试块封样，可装 6 块(2 组)，约 48kg。

(2) 适用 70.7mm×70.7mm×70.7mrn 砂浆试块封样，可装 48 块(8 组)，约 36kg。

(3) 适用钢筋、砖、石子、砂、水泥及土样样品的封样。

2) 外形尺寸

外形尺寸为 520mm×210mm×330mm，送样箱外形如图 5.4 所示。

 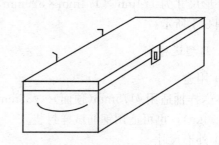

图 5.3　C 型送样桶外形图　　　　　图 5.4　D 型送样箱外形图

布置学习任务

以项目部为单位，组织自学关于钢筋见证取样的方法和质量评定规则，做好实训的各项准备。

学习任务 5.2　钢筋取样与检测实训

5.2.1　钢筋取样与检测校内实训项目

钢筋取样和检测步骤

（1）在教师和外聘教师（师傅）的指导下，以项目部为单位，完成直径 $\phi 12$、$\phi 14$、$\phi 16$、$\phi 18$、$\phi 20$、$\phi 22$ 的钢筋取样和检测工作，并填写取样单和钢筋检测报告。

（2）在教师和外聘教师（师傅）的指导下，以项目部为单位，完成直径 $\phi 12$、$\phi 14$、$\phi 16$、$\phi 18$、$\phi 20$、$\phi 22$ 的模拟钢筋搭接焊试件的取样和检测工作，并填写取样单和钢筋检测报告。

（3）在教师和外聘教师（师傅）的指导下，以项目部为单位，完成直径 $\phi 12$、$\phi 14$、$\phi 16$、$\phi 18$、$\phi 20$、$\phi 22$ 的模拟钢筋闪光对焊试件的取样和检测工作，并填写取样单和钢筋检测报告。

（4）在教师和外聘教师（师傅）的指导下，以项目部为单位，完成直径 $\phi 12$、$\phi 14$、$\phi 16$、$\phi 18$、$\phi 20$、$\phi 22$ 的模拟钢筋电渣压力焊试件的取样和检测工作，并填写取样单和钢筋检测报告。

探讨

（1）钢筋取样（如图 5.5 所示）时为什么不能从头截取？

（2）如果钢筋焊接试件拉伸试验（如图 5.6 所示）不合格怎么办？

图 5.5　钢筋取样　　　　　　　　　图 5.6　钢筋试拉试验

5.2.2　做好实训前的各项准备工作

1. 钢筋进场检查

1) 检查产品合格证、出厂检验报告

钢筋出厂，应具有产品合格证书、出厂试验报告单，作为质量的证明材料。所列出的品种、规格、型号、化学成分、力学性能等，必须满足设计要求，符合有关的现行国家标准的规定。当用户有特别要求时，还应列出某些专门的检验数据。

2) 检查钢筋外观质量

钢筋应平直、无损伤，表面不得有裂纹、油污、颗粒状或片状老锈。热轧钢筋可从每批钢筋中抽取 5% 进行外观检查。要求钢筋表面不得有裂纹、结疤和折叠。钢筋表面允许有凸块，但不得超过横肋的高度，钢筋表面上其他缺陷的深度和高度不得大于所在部位尺寸的允许偏差。带肋钢筋表面标志清晰明了，标志包括强度级别、厂名(汉语拼音字头表示)和直径(mm)。

3) 检查钢筋重量是否达到预期标准

钢筋可按实际重量或公称重量交货。当钢筋按实际重量交货时，应随机抽取 10 根(6m 长)钢筋称重，如重量偏差大于允许偏差，则应与生产厂交涉，以免损害用户利益。

2. 妥善保管钢筋

(1) 钢筋入库要点数验收，并认真检查钢筋的规格等级和牌号。库内划分不同品种、规格的钢筋堆放区域。每垛钢筋应立标牌、贴标签，标牌和标签应标明钢筋的品种、等级、直径、技术证明书编号及数量等。

(2) 钢筋应尽量放在仓库或料棚内。当条件不具备时，应选择地势较高、土质坚实、较为平坦的露天场地堆放。钢筋垛下要垫以枕木，使钢筋离地不小于 20cm。也可用钢筋存放架存放。

(3) 钢筋不得和酸、盐、油等类物品存放在一起。存放地点应远离产生有害气体的车间，以防止钢筋被腐蚀。

(4) 钢筋存储量应和当地钢材供应情况，以及使用量相适应，避免存储期过长，钢筋发生锈蚀。

（5）材料管理人员在分捆发料时，应及时复制标牌并捆扎牢固，避免错用。

3. 确定钢筋检测数量

钢筋进场时，应按现行国家标准《钢筋混凝土用钢　第 1 部分：热轧光圆钢筋》（GB 1499.1—2008）和《钢筋混凝土用钢　第 2 部分：热轧带肋钢筋》（GB 1499.2—2007）等的有关规定抽取试件做力学性能检验，其质量符合有关标准规定的钢筋，可在工程中应用。检查数量按进场的批次和产品的抽样检验方案确定。有关标准中对进场检验数量有具体规定的，应按标准执行。

常用钢材的检测和试验项目及组批原则见表 5-5。

表 5-5　常用钢材试验规定

序号	材料名称及相关标准规范代号	检测和试验项目	组批原则
1	钢筋混凝土用钢　第 1 部分：热轧光圆钢筋（GB 1499.1—2008)	1. 钢筋尺寸、外形、重量偏差检测，应在允许偏差范围内。 2. 拉伸试验（屈服强度、抗拉强度、断后伸长率、最大力伸长率）、弯曲试验等。	同一牌号、同一炉罐号、同一规格、每批重量通常不小于 60t。超过 60t 的部分，每增加 40t（或不足 40t 的余数），增加一个拉伸试样和一个弯曲试验试件。 允许同一牌号、同一冶炼方法、同一浇注方法的不同炉罐号组成混合批。各炉罐含碳量之差不大于 0.02%、含锰量之差不大于 0.15%。混合批的重量不大于 60t。
2	《钢筋混凝土用钢　第 2 部分：热轧带肋钢筋》（GB 1499.2—2007)	1. 钢筋尺寸、外形、重量、长度偏差检测，应在允许偏差范围内。 2. 拉伸试验（屈服强度、抗拉强度、断后伸长率、最大力伸长率）、弯曲试验（反向弯曲）、焊接和疲劳性能等。	同一牌号、同一炉罐号、同一规格、每批重量通常不小于 60t。超过 60t 的部分，每增加 40t（或不足 40t 的余数），增加一个拉伸试样和一个弯曲试验试件。 允许同一牌号、同一冶炼方法、同一浇注方法的不同炉罐号组成混合批。各炉罐含碳量之差不大于 0.02%、含锰量之差不大于 0.15%。混合批的重量不大于 60t。

4. 学习钢筋取样方法

力学性能试验（拉伸和弯曲试样）应从每批钢筋中任选两根钢筋距端部 500mm 处截取。每根取两个试件分别进行拉伸试验（包括屈服点、抗拉强度和伸长率）和冷弯试验。

试样长度应根据钢筋种类、规格及试验项目而定。一般钢材试样长度见表 5-6。

表 5-6　钢材试样长度

试样直径/mm	拉伸试样长度/mm	弯曲试样长度/mm	反复试样长度/mm
6.5～20	300～400	250	150～250
25～32	350～450	300	—

5. 预习钢筋检测内容和要求

1）外观质量要求

（1）尺寸测量：包括直径、不圆度、肋高等应符合偏差规定。

（2）表面质量：不得有裂纹、结疤、折叠、凸块或凹陷。

（3）重量偏差：试样不少于10支，总长度不小于60m，长度逐根测量精确到10mm。试样总重量不大于100kg时，精确到0.5kg；试样总重量大于100kg时，精确到1kg。重量偏差应符合规定。

2）钢筋检验项目及取样

钢筋检验项目及取样见表5-7。

表5-7 热轧光圆钢筋、热轧带肋钢筋检验项目及取样

类别	序号	检验项目	取样数量	取样方法	试验方法
热轧光圆钢筋	1	化学成分（熔炼分析）	1	GB/T 2C066	GB/T 223 GB/T 4335
	2	拉伸	2	任选两根钢筋切取	GB/T 228、(GB 1499.1—2008) 8.2
	3	弯曲	2	—	GB/T 232 (GB 1499.1—2008) 8.2
	4	尺寸	逐支（盘）	—	(GB 1499.1—2008)8.3
	5	表面	逐支（盘）	—	目视
	6	重量偏差	本部分8.4		(GB 1499.1—2008)8.4
	注：对化学分析和拉伸试验结果有争议时，仲裁试验分别按 GB/T 223、GB/T 228 进行				
热轧带肋钢筋	1	化学成分（熔炼分析）	1	GB/T 2C066	GB/T 223 GB/T 4336
	2	拉伸	2	任选两根钢筋切取	GB/T 228、(GB 1499.2—2007) 8.2
	3	弯曲	2	任选两根钢筋切取	GB/T 232、(GB 1499.2—2007) 8.2
	4	反向弯曲	1	—	GB/T 5126、(GB 1499.2—2007) 8.2
	5	疲劳试验	供需双方协议		
	6	尺寸	逐支	—	(GB 1499.2—2007) 8.3
	7	表面	逐支	—	目视
	8	重量偏差	(GB 1499.2—2007)8.4		(GB 1499.2—2007)8.4
	9	晶粒度	2	任选两根钢筋切取	GB/T 6394
	注：对化学分析和拉伸试验结果有争议时，仲裁试验分别按 GB/T 223、GB/T 228 进行				

低碳热轧圆盘条力学性能和工艺性能见表5-8。

表 5 - 8 低碳热轧圆盘条力学性能和工艺性能

牌号	公称直径/mm	力学性能			工艺性能	
		$Re(\sigma_s)$	$Rm(\sigma_b)$	$A_s(\delta_s)$	弯芯直径 d	弯曲角度(°)
		不小于、MPa			受弯部位表面不得产生裂纹	
Q215	5.5~30	215	375	27	$d=0$	180°
Q235		235	410	23	0.5a	

6. 检验结果及质量判定规则

试验用试样数量、取样规则及试验方法必须按标准规定。如果有某一项试验结果不符合标准要求，则在同一批中再取双倍数量的试样进行该不合格项目的复验。复验结果(包括该项试验所要求的任一指标)即使有一个指标不合格，则该批钢筋判定为不合格。

对有抗震设防要求的框架结构，其纵向受力钢筋的强度应满足设计要求。当设计无具体要求时，对一、二级抗震等级，检验所得的强度实测值应符合下列规定。

(1) 钢筋的抗拉强度实测值与屈服强度实测值的比值不应小于 1.25。

(2) 钢筋的屈服强度实测值与强度标准值的比值不应大于 1.3。

问题：钢筋取样检测应执行哪些标准？

解析

(1)《混凝土结构工程施工质量验收规范》(GB 50204—2002)。

(2)《混凝土结构设计规范》(GB 50010—2010)。

(3)《建筑抗震设计规范》(GB 50011—2010)。

(4)《钢筋混凝土用钢 第 1 部分：热轧光圆钢筋》(GB 1499.1—2008)。

(5)《钢筋混凝土用余热处理钢筋》(GB 13014—1991)。

(6)《低碳钢热轧圆盘条》(GB/T 701—2008)。

(7)《碳素结构钢》(GB 700—2006)。

(8)《冷轧带肋钢筋》(GB 13788—2008)。

(9)《冷轧扭钢筋》(JG 190—2006)。

(10)《预应力混凝土用钢丝》(GB/T 5223—2002)。

(11)《冷拔低碳钢丝应用技术规程》(JGJ 19—2010)。

(12)《冷轧带肋钢筋混凝土结构技术规程(附条文说明)》(JGJ 95—2003)。

(13)《冷轧扭钢筋混凝土构件技术规程(附条文说明)》(JGJ 115—2006)。

(14)《钢筋焊接网混凝土结构技术规程(附条文说明)》(JGJ 114—2003)。

(15)《钢筋混凝土用钢 第 2 部分 热轧带肋钢筋》(GB 1499.2—2007)。

5.2.3　实际案例 I

填写钢筋送样单和检测报告
钢筋原材料检测收样单

JJJGJC/WT－B01

送样日期：2010 年 9 月 18 日　　　　　　　　　　　　　收样单编号：0026042

委托单位	××市第一建筑安装有限公司		单位编号			送样人	陈××
工程名称	××市科技大楼		工程地点	白云路北侧		联系电话	139×××××15
见证人、单位(盖章)	××监理公司		样品状态	□有效 □无效		接收人	吴××
检测性能	1. 见证委托　2. 一般委托　3. 抽检			样品处置			
				1. 保留 15 天	2. 检后销毁		3. 其他
	φ25	HRB400	C2－310208	鞍钢	50T		基础及主体
	φ22	HRB400	C2－310208	鞍钢	36T		基础及主体
	φ20	HRB400	C2－310208	鞍钢	60T		基础及主体
备注： 1. 检测依据：检测按 GB/T 228—2002，GB/T 232—1999 标准执行 2. 取报告时间：于检后＿＿＿＿＿天取 3. 取报告方式：□自取　□其他					检测室签收		
					样品验证	收发组	
						检测室	

钢筋焊接接头检测收样单

JJJGJC/WT－B02

送样日期：2010 年 7 月 9 日　　　　　　　　　　　　　收样单编号：0030547

委托单位	××市第一建筑安装有限公司		送样人	陈××		送样人联系电话	139×××××15
工程名称	××市科技大楼		样品状态	□有效　□无效		接收人	
见证人、单位(盖章)	××监理公司					见证人	潘××
检测性能	1. 见证委托　2. 一般委托　3. 抽检				样品处置		
					1. 保留 15 天	2. 检后销毁	3. 其他
报告编号	试样编号	钢筋名称	焊接种类	见证数量(个)	检测项目		结构部位	数量
					抗拉强度	端口距离	弯曲		
	φ25	HRB400	单面电弧焊	300				基础	
	φ14	HRB400	单面电弧焊	300				基础	
	φ14	HRB400	单面电弧焊	300				基础	
备注： 1. 检测依据：检测按 JGJ/T 27—2001 标准执行 2. 取报告时间：于检后＿＿＿＿＿天取 3. 取报告方式：□自取　□其他					检测室签收		
					样品验证	收发组	
						检测室	

××市建设工程质量检测中心有限公司
钢筋力学、工艺性能检测报告

报告编号: B01100105　（第1页　共1页）

委托单位: ××市第一建筑安装有限公司　　收样单号: 0026042

工程名称: ××市科技大楼　　检测类别: 见证委托

见证单位: ××监理公司　　见证人: 王××

接样日期: 2010-09-18　检测日期: 2010-09-18　签发日期: 2010-9-19

样品编号	工程部位	钢材牌号	公称直径/mm	屈服强度 标准要求/MPa	屈服强度 实测结果 荷载/kN	屈服强度 实测结果 强度/MPa	抗拉强度 标准要求/MPa	抗拉强度 实测结果 荷载/kN	抗拉强度 实测结果 强度/MPa	判定	伸长率A,% 标准要求	伸长率A,% 实测结果	判定	弯曲性能 标准要求	弯曲性能 弯曲结果	判定
B01-9-138	基础及主体 F1004-602	HRB400	25	≥400	211.4	430	≥540	283.6	580	合格	≥16	26.5	合格	弯心直径 $d=4a$ 弯180度弯后受弯处无裂缝	无裂缝	合格
					218.0	445		282.2	575			26.0				
B01-9-139	基础及主体 F1003-157	HRB400	22	≥400	161.4	425	≥540	231.7	610	合格	≥16	26.5	合格	弯心直径 $d=4a$ 弯180度弯后受弯处无裂缝	无裂缝	合格
					162.7	430		236.2	620			27.0				
B01-9-140	基础及主体 F1003-317	HRB400	20	≥400	162.8	520	≥540	191.6	610	合格	≥16	31.0	合格	弯心直径 $d=4a$ 弯180度弯后受弯处无裂缝	无裂缝	合格
					161.7	515		192.4	610			32.5				

检测依据: 《金属材料温室拉伸试验方法》(GB/T 228-2002)、《金属材料弯曲试验方法》(GB/T 232-1999)

检测结论: 试样 B01-9-138 所检项目符合《钢筋混凝土用钢 第2部分: 热轧带肋钢筋》(GB 1499.2-2007)标准要求。
试样 B01-9-139 所检项目符合《钢筋混凝土用钢 第2部分: 热轧带肋钢筋》(GB 1499.2-2007)标准要求。
试样 B01-9-140 所检项目符合《钢筋混凝土用钢 第2部分: 热轧带肋钢筋》(GB 1499.2-2007)标准要求。

检测设备: 电动钢筋测距仪(B09)、钢筋弯曲机 GW-40A(B04)、输显卡尺(B10)、液压式万能试验机 WE-300(B03)、液压式万能试验机 WE-600(B02)。

备注: 见证数量: 第一组为50T, 第二组为36T, 第三组为60T。

声明
1. 检测环境: 20℃
2. 样品状态: 有效

检测说明
(1) 报告涂改无效。
(2) 检测结果仅对受检样品有效。
(3) 报告无批准、审核、检测人签字无效, 无检测单位盖章无效。
(4) 如对检测结果有异议, 应及时向本中心提出。

检测单位: (盖章)　　批准:　　审核:　　检测:

××市建设工程质量检测中心有限公司
钢筋焊接接头检测报告

委托单位：××市第一建筑安装有限公司　　　收样单号：0030547　　　报告编号：B021002164
工程名称：××市科技大楼　　　检测类别：见证委托　　　（第1页　共1页）
见证单位：××监理公司　　　见证人：王××

接样日期：2010-07-09
检测日期：2010-07-09
签发日期：2010-7-10

试样编号	工程部位	焊接方法	钢材牌号	公称直径/mm	拉伸性能 标准要求/MPa	实测结果 荷载/kN	强度/MPa	断裂位置及断裂特征 标准要求	实测结果	判定	弯曲性能 标准要求	试验结果	判定
B02-7-381	基础	单面电弧焊	HRB400	25	≥540	274.5	560	至少有2个事件断于焊缝外，并呈延性断裂	断于焊缝之外，延性断裂		—	—	—
						274.4	560		断于焊缝之外，延性断裂	合格		—	—
						272.8	555		断于焊缝之外，延性断裂		—	—	—
B02-7-382	基础	单面电弧焊	HRB335	14	≥445	83.6	545	至少有2个事件断于焊缝外，并呈延性断裂	断于焊缝之外，延性断裂		—	—	—
						83.7	545		断于焊缝之外，延性断裂	合格		—	—
						83.0	540		断于焊缝之外，延性断裂		—	—	—
B02-7-383	基础	单面电弧焊	HRB335	14	≥445	83.6	545	至少有2个事件断于焊缝外，并呈延性断裂	断于焊缝之外，延性断裂		—	—	—
						83.7	545		断于焊缝之外，延性断裂	合格		—	—
						83.0	540		断于焊缝之外，延性断裂		—	—	—

检测依据：《金属焊接接头试验方法标准》(JGJ/T 27-2001)

检测结论：
试验 B02-7-381 所检项目符合《钢筋焊接接头机验收规范》(JGJ 18-2003)标准要求。
试验 B02-7-382 所检项目符合《钢筋焊接接头机验收规范》(JGJ 18-2003)标准要求。
试验 B02-7-383 所检项目符合《钢筋焊接接头机验收规范》(JGJ 18-2003)标准要求。

检测设备：液压式万能试验机 WE-600(B02)、液压式万能试验机 WE-300(B03)

备注：见证数量：3组均为300个

检测说明：
1. 检测环境：20℃
2. 样品状态：有效

声明：
(1) 报告涂改无效。
(2) 检测结果仅对受样品有效。
(3) 报告无批准、审核、检测人签字无效，无检测单位盖章无效。
(4) 如对检测结果有异议，应反应时向本中心提出。

检测单位：(盖章)
批准：　　　审核：　　　检测：

5.2.4 学习钢筋焊接件检测的相关规定

特别提示

从事钢筋焊接施工的焊工必须持有焊工考试合格证才能上岗操作。

1. 执行标准

《钢筋焊接及验收规程》(JGJ 18—2003)

2. 对焊接材料的基本要求

凡施焊的各种钢筋、型钢、钢板,均应有钢材合格证、材质保证书和进场复试报告,焊条、焊剂应有合格证,其他施焊的各种材料也应符合其质量规定。

1)焊接的钢筋性能规定

(1)《钢筋混凝土用钢　第 2 部分:热轧带肋钢筋》国家标准第 1 号修改单(GB 1499.2—2007/XG1—2009)。

(2)《钢筋混凝土用钢　第 1 部分:热轧光圆钢筋》(GB 1499.1—2008)。

(3)《钢筋混凝土用余热处理钢筋》(GB 13014—1991)。

(4)《冷轧带肋钢筋》(GB 13788—2008)。

(5)《低碳热轧圆盘条》(GB/T 701—2008)。

(6)《碳素结构钢》(GB/T 700—2006)。

(7)《冷轧扭钢筋》(JG 190—2006)。

2)焊接的钢板和型钢规定

预埋件接头、熔槽帮条焊接头和坡口焊接头中的钢板和型钢,宜采用低碳钢或低合金钢,其力学性能和化学成分应分别符合国家标准《碳素结构钢》(GB/T 700—2006)或《低合金高强度结构钢》(GB/T 1591—2008)的规定。

3)电弧焊焊条

其性能应符合国家标准《碳素钢焊条》(GB/T 5117—1995)或《低合金钢焊条》(GB 5118—1995)的规定,其型号见表 5-9。

表 5-9　钢筋电弧焊焊条型号

钢筋级别	电弧焊接头形式			
	帮条焊 搭接焊	坡口焊 熔槽帮条焊 预埋件穿孔塞焊	窄间隙焊	钢筋与钢板搭接焊 预埋件 T 形角焊
HPB235	E4303	E4303	E4316 E4315	E4303
HRB335	E4303	E5003	E5016 E5015	E4303
HRB400	E5503	E5003	E6016 E6015	E5003
HRB400	E5503	E5503	—	—

3. 焊接件必试项目明细

焊接件必试项目见表5-10。

表 5-10 各类焊接必试项目

焊接种类		必试项目
点焊	焊接骨架、焊接网	抗拉试验、抗剪试验
	闪光对焊	抗拉试验、抗剪试验
	电弧焊	抗拉试验
	电渣压力焊	抗拉试验
	气压焊	抗拉试验、梁、板另加弯曲试验
	预埋件钢筋 T 形接头	抗拉试验

4. 钢筋搭接焊试件取样检测

1）检验批

（1）在现浇钢筋混凝土结构中，应以300个同牌号钢筋、同形式接头作为一批，每批随机切取3个接头，做拉伸试验。

（2）在装配式结构中，可按生产条件制作模拟试件，每批3个做拉伸试验。

（3）钢筋与钢板电弧搭接焊接头可只进行外观检查。

特别提示

在同一批中若有几种直径不同的钢筋焊接接头，应在最大直径钢筋接头中切取3个试件。

2）外观检查

（1）焊缝应平整、光滑、平缓、无凹陷、焊瘤、裂纹。

（2）咬边、气孔、夹渣等缺陷及偏差应符合规范规定。

3）拉伸试验结果及质量判定

（1）3个钢筋接头试件的抗拉强度均不得小于该级别钢筋规定的抗拉强度。

（2）3个接头试件均应断于焊缝之外，至少有2个是延性断裂，当有一个试件的抗拉强度小于规定值或1个试件断于焊缝或2个试件脆断时，应进行复验。

复验应从现场焊接接头中切取，其数量和要求与初始试验时相同。

5. 钢筋闪光对焊

1）试件取样规定

（1）在同一台班内，由同一焊工完成的300个同牌号、同直径钢筋焊接接头为一批。当同一台班内焊接接头较少时，可在一周内累计，仍不足300个接头的，应按一批计算。

（2）力学性能检验时，应从每批接头中随机切取6个接头，其中3个做拉伸试验，3

个做弯曲试验。

(3) 焊接等长的预应力钢筋(包括螺丝端杆与钢筋)时，可按生产时同等条件制作模拟试件，螺丝端杆接头可只做拉伸试验。

(4) 封闭环式箍筋闪光对焊接头，以 600 个同牌号、同规格的接头作为一批，只做拉伸试验。

2) 质量检验

应分别进行外观检查和拉伸、弯曲两项力学性能试验。

(1) 外观检查。

① 接头处不得有横向裂纹。

② 与电极接触处钢筋表面不得有明显烧伤。

③ 接头处弯折角不得大于 30°。

④ 轴线偏差不得大于钢筋直径的 0.1 倍，且不大于 2mm。有一个接头不符合要求时，应全数检查，不合格接头重焊。

(2) 拉伸试验及质量判定。钢筋闪光对焊拉伸试验见表 5-11。

表 5-11　钢筋闪光对焊拉伸试验

钢筋牌号	试件数量	试件制作条件	试验结果	断裂状况
HPB235、HRB335、HRB 400、RRB400、HRB500、Q235	3 个试件	—	3 个试件均不得小于该级别抗拉强度	应至少有 2 个试件断于焊缝之外，并呈延性断裂
预应力钢筋螺丝端杆与钢筋接头	3 个试件	焊接等长预应力钢筋时，可按生产同条件制作模拟试件	—	应全部断于焊缝之外，呈延性断裂

① 焊接接头，若有一个试件抗拉强度不足或 2 个试件在焊缝或热影响区发生脆断时，应取 6 个试件试验，仍有一个试件抗拉强度不足或 3 个试件于焊缝处脆断，应确认该批接头不合格。

② 预应力钢筋与螺丝端杆对焊接头模拟试件，当模拟试件试验结果不符合要求时，应进行复验。复验应从现场焊接接头中切取，其数量和要求与初始试验相同。

(3) 弯曲试验。试件数量 3 个，可在万能试验机、手动或电动液压弯曲试验器上进行，弯曲试验弯曲角 90°。试验结果至少有 2 个试件不得发生破断。有 2 个试件发生断裂时，再取 6 个试件复试，当仍有试件发生破断，应确认该批接头不合格。

6. 电渣压力焊

特别提示

电渣压力焊用于现浇钢筋混凝土结构中，竖向或斜向钢筋的接头，严禁用于水平钢筋接头。

1) 试件抽取规定

在现浇混凝土结构中，应以 300 个同牌号钢筋接头作为一批，每批随机切取 3 个接头做拉伸试验。

注：在同一批中若有几种直径不同的钢筋焊接接头，应在最大直径钢筋接头中切取 3 个试件。

2) 外观检查要求

(1) 敲去渣壳，四周焊包应均匀，凸出钢筋表面的高度不得小于 4mm。

(2) 钢筋与电极接触处，应无烧伤等缺陷。

(3) 弯折角不得大于 30°。

(4) 偏心不得大于 0.1d，且不大于 2mm。

3) 拉伸试验结果及质量判定

(1) 3 个钢筋接头试件的抗拉强度均不得小于该级别钢筋规定的抗拉强度。

(2) 3 个接头试件均应断于焊缝之外，至少有 2 个是延性断裂，当有一个试件的抗拉强度小于规定值，或 1 个试件断于焊缝或 2 个试件脆断，应进行复验。

复验应从现场焊接接头中切取，其数量和要求与初始试验时相同。

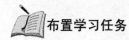

以项目部为单位，组织学习关于混凝土试块的制作和质量评定规则，做好实训的各项准备。

学习任务 5.3 混凝土试件制作与检测实训

5.3.1 混凝土试件制作与检测校内实训项目

混凝土试件制作和检测步骤

教师可以根据教学整体设计，先行制作一批混凝土试块供学生进行抗压试验。本次试块制成后留作另一个班级使用，也可以适度调整实训项目，方便教学实施。

(1) 在教师和外聘教师(师傅)的指导下，以项目部为单位，完成 C15 混凝土试块的制作和强度检测，并填写检测报告。

(2) 在教师和外聘教师(师傅)的指导下，以项目部为单位，完成 C20 混凝土试块的制作和强度检测，并填写检测报告。

(3) 在教师和外聘教师(师傅)的指导下，以项目部为单位，完成 C25 混凝土试块的制作和强度检测，并填写检测报告。

(4) 在教师和外聘教师(师傅)的指导下，以项目部为单位，完成 C30 混凝土试块的制作和强度检测，并填写检测报告。

（5）在教师和外聘教师（师傅）的指导下，以项目部为单位，完成 C35 混凝土试块的制作和强度检测，并填写检测报告。

探讨

（1）混凝土试块制作的要点有哪些？
（2）不同强度等级的混凝土试块，其配合比怎样设计，结果如何？

5.3.2 做好实训前的各项准备工作

1. 明确执行标准

（1）《混凝土结构工程施工质量验收规范》（GB 50204—2002）。
（2）《混凝土强度检验评定标准》（GB/T 50107—2002）。
（3）《普通混凝土配合比设计规程》（JGJ 55—2010）。
（4）《粉煤灰混凝土应用技术规范》（GBJ 146—1990）。
（5）《混凝土外加剂应用技术规范》（GB 50119—2003）。
（6）《预拌混凝土》（GB 14902—2003）。

2. 混凝土试件制作

混凝土强度等级以立方体抗压强度标准值来表示，它的单位是 N/mm^2（MPa）。

《混凝土结构设计规范》（GB 50010—2010）中规定混凝土强度等级分为 C15、C20、C25、C30、C35、C40、C45、C50、C55、C60、C65、C70、C75、C80。

1）模具

试模是由铸铁或钢制成，应有足够的刚度且拆装方便，内表面要机械加工，组装后其相邻面的不垂直度不应超过±0.5°。

试模大小应根据粗骨料尺寸而定。

（1）骨料最大直径≤31.5mm 时，试块尺寸用 100mm×100mm×100mm（非标准），其强度折合系数为乘 0.95。

（2）骨料最大直径＜40mm 时，试块尺寸用 150mm×150mm×150mm（标准）。

（3）骨料最大直径＜60mm 时，试块尺寸用 200mm×200mm×200mm（非标准），强度折合系数为乘 1.05。

取样之前要检查模具，防止采用不合格劣质模具。

2）取样

现场搅拌混凝土，取样应在混凝土浇筑地点随机取样。每组 3 个试块应在同一盘搅拌的混凝土中取样，且在搅拌后至结束前 30min 取样。当拌合地点距浇筑地点不远时，也可在拌合地点随机取样。

商品混凝土，除预拌厂内按规定留取试块外，商品混凝土运至混凝土施工现场后进行交货检验，其混凝土试样应在交货地点同一车运送的混凝土卸料量的 1/4～3/4 取样，每个取样量应满足所需用量 1.5 倍，且不少于 0.02m³，每组取样 3 个试块。

试块留置应按下列规定。

(1) 每拌制 100 盘且不超过 100m³ 的同配合比混凝土时，不少于 1 次。

(2) 每工作班拌制的同一配合比的混凝土不足 100 盘时，不得少于 1 次。

(3) 当一次连续浇筑超过 1000m³ 时，同一配合比的混凝土每 200m³ 不得少于 1 次。

(4) 每一现浇楼层段，同一配合比混凝土每一检验批不得少于 1 次。

(5) 每次取样应留置同条件养护试件，同条件养护试件的留置组数应根据实际需要确定，如拆模、提前结构验收等。

(6)《混凝土结构工程施工质量验收规范》(GB 50204—2002)要求，每一种设计强度等级混凝土都要有计划地留置一定数量的同条件养护试件，试验结果按规定的办法评定，作为结构实体检验。

(7) 冬期施工时，应增留不少于 2 组同条件养护试块和转常温试块及临界强度试块。

3) 制作

混凝土取样之后应立即制作，成型方法根据坍落度而定。坍落度不大于 70mm 的宜用振动台振实，坍落度大于 70mm 的混凝土宜用捣棒人工捣实，并先在模具内壁涂刷脱模剂。混凝土试块制作如图 5.7 所示，待检测的混凝土试块如图 5.8 所示。

图 5.7　混凝土试块制作　　　　图 5.8　待检测的混凝土试块

(1) 振动台成型。混凝土拌合物应一次装入试模，装料时用抹刀沿模内壁略加插捣并使拌合物溢出试模上口，振动时防止试模在振动台上自由跳动，振动要持续到混凝土表面出浆时为止，刮去多余的混凝土并用抹刀抹平。振动台频率(50±3)Hz，空载时振幅约为 0.5mm。

(2) 人工插捣成型。混凝土拌合物应分两次装入试模，每层的装料厚度大致相等。插捣棒为钢制，长 600mm，直径为 16mm，端部应磨圆。插捣按螺旋方向从边缘向中心均匀进行。插捣底层时，捣棒应达到试模表面，插捣上层时，插棒应穿入下层深度为 20～30mm。每层插捣次数一般为每 100cm² 少于 12 次。捣完后，除去多余混凝土，用抹刀抹平。

（3）强度试件的制作应在 40min 内完成。

（4）试件成型后应覆盖表面，在(20±5)℃的环境下静置 1～2d，然后拆模、编号，转入标养。

3. 试验结果质量判定

1）混凝土立方体抗压强度代表值的确定

（1）取 3 个试块强度的平均值。

（2）当 3 个试块强度中最大或最小值之一，与中间值之差超过中间值的 15% 时，取中间值。

（3）最大值和最小值均超过中间值 15% 时，该组试件无效。

2）混凝土强度合格评定

混凝土同一设计强度等级的检验批混凝土强度评定方法及条件，见表 5-12。

表 5-12 混凝土强度评定方法及条件

合格评定方法	合格评定条件	备注
统计方法	1. $\mu f_{cu} - \lambda_1 \sigma_{fcu} \geqslant 0.9 f_{cu,k}$ 2. $f_{cu,min} \geqslant \lambda_2 f_{cu,k}$ 式中： μs_{cu}——验收批混凝土试件抗压强度的平均值（N/mm²）； $f_{cu,min}$——验收批混凝土试件抗压强度的最小值（N/mm²）； λ_1、λ_2——合格判定系数，按右表取用； σ_{fcu}——验收批混凝土试件抗压强度标准值（N/mm²），当 σ_{fcu} 计算值 <0.06 时，取 $\sigma_{fcu}=0.06 f_{cu,k}$； $f_{cu,k}$——混凝土立方体试件抗压强度标准值（N/mm²）； n——验收批混凝试件组数。	同一设计强度等级验收批混凝土试件组数 $n>10$ 组时，该批混凝土试件强度标准差（σ_{fcu}）按下式计算： $$\mu_{cu,min} = \sqrt{\dfrac{\sum\limits_{i=1}^{n} f_{cui}^2 - n\mu^2 f_{cu}}{n-1}}$$ 式中：f_{cui}——第 i 组混凝土试件强度。 <table><tr><td>n</td><td>10～14</td><td>15～24</td><td>≥25</td></tr><tr><td>λ_1</td><td>1.7</td><td>1.65</td><td>1.60</td></tr><tr><td>λ_2</td><td>0.9</td><td colspan="2">0.85</td></tr></table>
非统计方法	1. $\mu f_{cu} \geqslant 1.15 f_{cu,k}$ 2. $f_{cu,min} \geqslant 0.95 f_{cu,k}$	一个验收批的试件组数 $n=2～9$。当一个验收批的混凝土试件仅有一组时，则该试件强度不低于强度标准值的 115%。

特别提示

试块留置数量应根据混凝土浇筑量和施工技术、进度要求留置。

（1）低强度等级或高强度等级混凝土批量数较小时，应注意到混凝土强度评定不同方法对混凝土强度的要求，必要时应适当多留试块组。

（2）混凝土浇筑量大时应按批量限值留足试块组。

（3）因为施工技术和进度特殊要求，检验拆模、出池、预应力张拉、吊装强度，冬期施工、提前进行结构验收等，应留足同条件养护试块组。

混凝土试块抗压试验如图 5.9 所示。

图 5.9　混凝土试块抗压试验

　**知识链接**

抗渗混凝土试件取样

抗渗混凝土执行国家标准《混凝土强度检验评定标准》（GB/T 50107—2010），《普通混凝土配合比设计规程》（JBJ 55—2011）。

（1）抗渗混凝土必试项目：抗压强度和抗渗性能。抗压强度检验同普通混凝土的抗压强度检验相同。

（2）取样地点：在浇筑地点制作抗渗和强度试块必须是同一次拌合物。

（3）模具：顶面直径为 175mm、底面直径为 185mm、高度为 150mm 的圆台（视抗渗设备要求而定）以 6 个试件为一组。

（4）试块留置频率：同一混凝土强度等级、同一抗渗等级、同一配合比、同种原材料，每单位工程不少于两组。连续浇筑 500m³ 混凝土应增加两组（12 块），一组标养，一组同条件养护。每增加 250～500m³ 混凝土应增加两组（12 块）试件。每单位工程不得少于两组。

（5）试件制作：同普通混凝土强度试块。试件成型后 24h 拆模，用钢丝刷刷去上下两端面水泥浆膜，然后送标养室养护，养护期不少于 28d，不超过 90d。

（6）混凝土的抗渗等级：以每组 6 个试件中 4 个试件未出现渗水时的最大水压力计算出的 P 值进行评定

$$P = 10H - 1$$

式中：P——抗渗等级；

　　　H——6 个试件中第 3 个渗水的水压力（MPa）。

抗渗等级应等于或大于设计要求的抗渗等级。

5.3.3 实际案例Ⅱ

填写试件送样单和检测报告单

混凝土试块抗压强度委托检测收样单

JJJGJC/WT－D01

送样日期：年 月 日

收样单编号：

委托单位	××市第一建筑安装有限公司			送样人	陈××			送样人联系电话	139×××××15			
工程名称	××市科技大楼			混凝土生产厂家	国富			是否泵送	□是 □否			
报告试验	试样编号	设计等级	构件名称及部位	试块制作日期 年 日	试件尺寸 (mm)	重量配合比 水泥：水：砂：石：外加剂	坍落度 /mm	水泥品牌种类标号	石子品种及规格 /mm	砂细度模数	养护条件
		C35	基础梁底板承台7-15/A-J轴	9　1	150×150	1：0.46：1.95：2.86：0.022	160±20	海螺	达盛	中	标准养护
		C35	基础梁底板承台7-15/A-J轴	9　1	150×150	1：0.46：1.95：2.86：0.022	160±20	海螺	达盛	中	标准养护
		C35	基础梁底板承台7-15/A-J轴	9　1	150×150	1：0.46：1.95：2.86：0.022	160±20	海螺	达盛	中	标准养护
检测依据	检测按GB/T 50081—2002标准						试块数量（块）				
见证人	潘某某	见证单位（盖章）							接收人		
试块性质	1. 拆模　2. 同条件　3. 标准养护				检验性质			1. 见证委托　2. 一般委托 3. 抽检			
备注	样品状态				检测室验收			样品处理			
	取报告时间	于检后＿＿＿天取			样品验证	收发组		1. 保留15天	2. 检后销毁	3. 抽检	
	取报告方式	□自取　□其他			检测室						

××市建设工程质量检测中心有限公司
混凝土立方体抗压强度检测报告

委托单位：××市第一建筑安装有限公司　　　　　　　　　　（第 1 页 共 1 页）

工程名称：××市市科技大楼　　　　　　收样单号：0014881　　　报告编号：D011009994

见证单位：××监理公司　　　　　　　　检测类别：见证委托　　　委托日期：2010-09-30

　　　　　　　　　　　　　　　　　　　　见证人：王××　　　　　签发日期：2010-10-1

样品编号	设计等级	工程结构部位	制作日期	检测日期	龄期(d)	受压面边长/mm	配合比水泥：砂浆：水：石：外加剂	坍落度/mm	水泥品种及强度等级	石品种及最大粒径/mm	砂粗细程度	养护条件	最大负荷/kN	抗压强度/MPa	换算系数	组试件压强度标准值/MPa	达到设计强度(%)
D01-9-3017	C35	基础梁底板承台7-15/A-J轴	2010-09-01	2010-09-30	29	150×150	1：0.46：1.95：2.86：0.022	120-160	海螺	达盛	中	标准养护	789.3 822.5 782.1	35.1 36.6 34.8	1.00	35.5	101.4
D01-9-3018	C35	基础梁底板承台7-15/A-J轴	2010-09-01	2010-09-30	29	150×150	1：0.46：1.95：2.86：0.022	120-160	海螺	达盛	中	标准养护	805.3 766.7 835.6	35.8 34.1 37.1	1.00	35.7	102.0
D01-9-3019	C35	基础梁底板承台7-15/A-J轴	2010-09-01	2010-09-30	29	150×150	1：0.46：1.95：2.86：0.022	120-160	海螺	达盛	中	标准养护	823.6 813.2 771.6	36.6 36.1 34.3	1.00	35.7	102.0
检测依据	《普通混凝土力学性能试验方法标准》(GB/T 50081—2002)																
检测设备	NYL-2000压力试验机(D01)																
备注	混凝土生产厂家：国富泵送																
检测说明	1. 检测环境：20℃　2. 样品状态：有效																
声明	(1) 报告涂改无效。 (2) 检测结果仅对受样品有效。 (3) 报告无批准、审核、检测人签字无效，无检测单位盖章无效。 (4) 如对检测结果有异议，应及时向本中心提出。																

检测单位：(盖章)　　　　　　审核：　　　　　　批准：　　　　　　检测：

本情境小结

　　取样与检测是贯穿整个施工过程的一项工作。检测的范围主要有两部分：一是建筑原材料检测，二是构配件检测。

　　见证取样和护样送检有其相应的规定，本学习情境描述了见证员的资格要求、取样和检测的程序及方法，也特别提到了见证取样和护样送检的意义。

　　目前对材料样本的选取是按照检验批来规定的，本学习情境对钢筋原材料的取样数量和方法都做了详细的讲解，钢筋焊接件的截取和检测也给了较大篇幅的介绍，同时还对钢筋检测的内容，以及送样单和检测报告的填写做了说明。实际工程中，钢筋原材料和焊接件的检测占有较大比重。而且，也是极易出现问题的环节。钢筋原材料不合格或者焊接试件不合格时有发生，及时处理和整改是非常重要的。保证钢筋试件的真实性、及时性、检测报告的准确性，对工程质量会产生很大的影响。

　　混凝土试件要在现场制作和养护，试件数量也按检验批规定执行。本学习情境规定学生自己动手制作试块并进行检测。施工员制作和养护试块，也是日常工作的一项内容。

　　试块分标准养护和同条件养护两种，教师可根据本校试验条件决定做哪一类试块。相对而言，这部分的内容比较容易掌握，但还是建议学生到校外实训基地进行实际操练，这样学习效果会更好。

习　　题

一、单项选择题

(1) (　　)是见证取样的重要对象。

A. 地下、屋面、厕所间使用的防水材料　　B. 墙体保温材料

C. 承重结构的预制构件　　D. 商品混凝土公司的原材料

(2) 见证取样和送样的比例不得低于有关技术标准中规定应取数量的(　　)。

A. 10%　　　　　　　　　　　　　B. 20%

C. 30%　　　　　　　　　　　　　D. 40%

(3) 当一次连续浇筑超过_____ m³ 时，同一配合比的混凝土每_____ m³ 取样不得少于一次。(　　)

A. 1000，200　　　　　　　　　　B. 800，200

C. 1500，300　　　　　　　　　　D. 2000，500

(4) 不属于水泥材料试验检验委托单位必须逐项填写检测委托单内容的是(　　)。

A. 水泥生产厂名、商标　　B. 水泥品种和强度等级、出厂编号

C. 出厂日期、工程名称　　D. 全套化学检验项

(5) 每批直条钢筋应做_____个拉伸试验，_____个弯曲试验。(　　)

A. 2，2　　　　　　　　　　　　　B. 3，3

C. 4，4　　　　　　　　　　　　　D. 5，5

(6) 冷拉钢筋应分批进行验收，每批由重量不大于( )t 的同级别、同直径的冷拉钢筋组成。

    A. 10   B. 20

    C. 30   D. 40

(7) 用于检查结构构件混凝土强度等级的试件，应在( )。

    A. 混凝土在运抵现场时随机抽取   B. 混凝土的制作现场随机抽取

    C. 混凝土出厂前随机抽取   D. 混凝土浇筑地点随机抽取

二、多项选择题

(1) 水泥的取样按照( )进场的同批次散装 500 吨、袋装 200 吨。

    A. 同厂家   B. 同品种

    C. 同一运输方式   D. 同日

(2) 试块的标志应标明试件的( )。

    A. 试验员   B. 试件使用的工程名称、部位

    C. 成型日期   D. 混凝土的强度等级

(3) 试块标准养护条件为( )。

    A. 试件在温度为(20±2)℃的环境静置 24～48h 后拆模

    B. 拆模后立即放入温度为(20±2)℃，湿度在 95% 以上的环境中

    C. 试块的间隔距离 10～20mm

    D. 养护龄期为 28 天

(4) 见证取样标志和标志应标明( )。

    A. 工程名称   B. 取样部位

    C. 取样日期   D. 取样方法

    E. 样品名称和样品数量

三、简答题

(1) 什么是见证取样和送样检测制度？土建工程的送检范围是怎样的？

(2) 简述检验批的概念及其划分的要求。

(3) 简述见证取样送检工作的重要性。

参 考 文 献

1.《建筑施工手册(第四版)》编写组. 建筑施工手册 [M]. 4 版. 北京：中国建筑工业出版社，2003.

2. 谢建民，肖备. 施工现场设施安全设计计算手册 [M]. 北京：中国建筑工业出版社，2007.

3. 北京土木建筑学会. 模板与脚手架工程现场施工处理方法与技巧 [M]. 北京：机械工业出版社，2009.

4. 北京土木建筑学会. 钢筋工程现场施工处理方法与技巧 [M]. 北京：机械工业出版社，2009.

5. 北京土木建筑学会. 混凝土工程现场施工处理方法与技巧 [M]. 北京：机械工业出版社，2009.

6. 刘秀南，等. 架子工长一本通 [M]. 北京：中国建材工业出版社，2010.

7. 李慧，等. 木工工长一本通 [M]. 北京：中国建材工业出版社，2009.

8. 沈志娟，等. 模板工长一本通 [M]. 北京：中国建材工业出版社，2009.

9. 宋金英，等. 钢筋工长一本通 [M]. 北京：中国建材工业出版社，2009.

10. 梁允，等. 混凝土工长一本通 [M]. 北京：中国建材工业出版社，2009.

11. 建设部人事教育司. 试验工 [M]. 北京：中国建筑工业出版社，2003.

12. 建设部人事教育司. 钢筋工 [M]. 北京：中国建筑工业出版社，2003.

13. 刘文众. 建筑材料和装饰装修材料检验见证取样手册 [M]. 北京：中国建筑工业出版社，2004.

14. 张元发，等. 建设工程质量检测见证取样员手册 [M]. 2 版. 北京：中国建筑工业出版社，2003.

15. 潘延平，韩跃红. 建设工程检测见证取样员手册 [M]. 3 版. 北京：中国建筑工业出版社，2008.

北京大学出版社高职高专土建系列规划教材

序号	书名	书号	编著者	定价	出版时间	印次	配套情况
		基础课程					
1	工程建设法律与制度	978-7-301-14158-8	唐茂华	26.00	2012.7	6	ppt/pdf
2	建设法规及相关知识	978-7-301-22748-0	唐茂华等	34.00	2014.9	2	ppt/pdf
3	建设工程法规(第2版)	978-7-301-24493-7	皇甫婧琪	40.00	2014.12	2	ppt/pdf/答案/素材
4	建筑工程法规实务	978-7-301-19321-1	杨陈慧等	43.00	2012.1	4	ppt/pdf
5	建筑法规	978-7-301-19371-6	董伟等	39.00	2013.1	4	ppt/pdf
6	建设工程法规	978-7-301-20912-7	王先恕	32.00	2012.7	3	ppt/ pdf
7	AutoCAD 建筑制图教程(第2版)	978-7-301-21095-6	郭 慧	38.00	2014.12	6	ppt/pdf/素材
8	AutoCAD 建筑绘图教程(第2版)	978-7-301-20540-8	唐英敏等	44.00	2014.7	1	ppt/pdf
9	建筑 CAD 项目教程(2010 版)	978-7-301-20979-0	郭 慧	38.00	2012.9	2	pdf/素材
10	建筑工程专业英语	978-7-301-15376-5	吴承霞	20.00	2013.8	8	ppt/pdf
11	建筑工程专业英语	978-7-301-20003-2	韩薇等	24.00	2014.7	2	ppt/ pdf
12	★建筑工程应用文写作(第2版)	978-7-301-24480-7	赵立等	50.00	2014.7	1	ppt/pdf
13	建筑识图与构造(第2版)	978-7-301-23774-8	郑贵超	40.00	2014.12	2	ppt/pdf/答案
14	建筑构造	978-7-301-21267-7	肖 芳	34.00	2014.12	4	ppt/pdf
15	房屋建筑构造	978-7-301-19883-4	李少红	26.00	2012.1	4	ppt/pdf
16	建筑识图	978-7-301-21893-8	邓志勇等	35.00	2013.1	2	ppt/ pdf
17	建筑识图与房屋构造	978-7-301-22860-9	负禄等	54.00	2013.8	1	ppt/pdf /答案
18	建筑构造与设计	978-7-301-23506-5	陈玉萍	38.00	2014.1	1	ppt/pdf /答案
19	房屋建筑构造	978-7-301-23588-1	李元玲等	45.00	2014.1	1	ppt/pdf
20	建筑构造与施工图识读	978-7-301-24470-8	南学平	52.00	2014.8	1	ppt/pdf
21	建筑工程制图与识图(第2版)	978-7-301-24408-1	白丽红	29.00	2014.7	2	ppt/pdf
22	建筑制图习题集(第2版)	978-7-301-24571-2	白丽红	25.00	2014.8	1	pdf
23	建筑制图(第2版)	978-7-301-21146-5	高丽荣	32.00	2013.2	4	ppt/pdf
24	建筑制图习题集(第2版)	978-7-301-21288-2	高丽荣	28.00	2014.12	5	pdf
25	建筑工程制图(第2版)(附习题册)	978-7-301-21120-5	肖明和	48.00	2012.8	3	ppt/pdf
26	建筑制图与识图(第2版)	978-7-301-24386-2	曹雪梅	36.00	2014.9	1	ppt/pdf
27	建筑制图与识图习题册	978-7-301-18652-7	曹雪梅等	30.00	2012.4	4	pdf
28	建筑制图与识图	978-7-301-20070-4	李元玲	28.00	2012.8	5	ppt/pdf
29	建筑制图与识图习题集	978-7-301-20425-2	李元玲	24.00	2012.3	4	ppt/pdf
30	新编建筑工程制图	978-7-301-21140-3	方筱松	30.00	2014.8	2	ppt/ pdf
31	新编建筑工程制图习题集	978-7-301-16834-9	方筱松	22.00	2014.1	2	pdf
		建筑施工类					
1	建筑工程测量	978-7-301-16727-4	赵景利	30.00	2013.8	11	ppt/pdf/答案
2	建筑工程测量(第2版)	978-7-301-22002-3	张敬伟	37.00	2013.5	5	ppt/pdf/答案
3	建筑工程测量实验与实训指导(第2版)	978-7-301-23166-1	张敬伟	27.00	2013.9	2	pdf/答案
4	建筑工程测量	978-7-301-19992-3	潘益民	38.00	2012.2	2	ppt/ pdf
5	建筑工程测量	978-7-301-13578-5	王金玲等	26.00	2011.8	3	pdf
6	建筑工程测量实训（第2版）	978-7-301-24833-1	杨凤华	34.00	2015.1	1	pdf/答案
7	建筑工程测量(含实验指导手册)	978-7-301-19364-8	石 东等	43.00	2012.6	3	ppt/pdf/答案
8	建筑工程测量	978-7-301-22485-4	景 铎等	34.00	2013.6	1	ppt/pdf
9	建筑施工技术	978-7-301-21209-7	陈雄辉	39.00	2013.2	3	ppt/pdf
10	建筑施工技术	978-7-301-12336-2	朱永祥等	38.00	2012.4	7	ppt/pdf
11	建筑施工技术	978-7-301-16726-7	叶 雯等	44.00	2013.5	6	ppt/pdf/素材
12	建筑施工技术	978-7-301-19499-7	董伟等	42.00	2011.9	2	ppt/pdf
13	建筑施工技术	978-7-301-19997-8	苏小梅	38.00	2013.5	3	ppt/pdf
14	建筑工程施工技术(第2版)	978-7-301-21093-2	钟汉华等	48.00	2013.8	5	ppt/pdf
15	基础工程施工	978-7-301-20917-2	董伟等	35.00	2012.7	2	ppt/pdf
16	建筑施工技术实训(第2版)	978-7-301-24368-8	周晓龙	30.00	2014.12	1	pdf
17	建筑力学(第2版)	978-7-301-21695-8	石立安	46.00	2014.12	5	ppt/pdf
18	★土木工程实用力学	978-7-301-15598-1	马景善	30.00	2013.1	4	pdf/ppt
19	土木工程力学	978-7-301-16864-6	吴明军	38.00	2011.11	2	ppt/pdf

序号	书名	书号	编著者	定价	出版时间	印次	配套情况
20	PKPM 软件的应用(第2版)	978-7-301-22625-4	王 娜等	34.00	2013.6	2	pdf
21	建筑结构(第2版)(上册)	978-7-301-21106-9	徐锡权	41.00	2013.4	2	ppt/pdf/答案
22	建筑结构(第2版)(下册)	978-7-301-22584-4	徐锡权	42.00	2013.6	2	ppt/pdf/答案
23	建筑结构	978-7-301-19171-2	唐春平等	41.00	2012.6	4	ppt/pdf
24	建筑结构基础	978-7-301-21125-0	王中发	36.00	2012.8	2	ppt/pdf
25	建筑结构原理及应用	978-7-301-18732-6	史美东	45.00	2012.8	1	ppt/pdf
26	建筑力学与结构(第2版)	978-7-301-22148-8	吴承霞等	49.00	2014.12	5	ppt/pdf/答案
27	建筑力学与结构(少学时版)	978-7-301-21730-6	吴承霞	34.00	2014.8	3	ppt/pdf/答案
28	建筑力学与结构	978-7-301-20988-2	陈水广	32.00	2012.8	1	pdf/ppt
29	建筑力学与结构	978-7-301-23348-1	杨丽君等	44.00	2014.1	1	ppt/pdf
30	建筑结构与施工图	978-7-301-22188-4	朱希文等	35.00	2013.3	2	ppt/pdf
31	生态建筑材料	978-7-301-19588-2	陈剑峰等	38.00	2013.7	2	ppt/pdf
32	建筑材料(第2版)	978-7-301-24633-7	林祖宏	35.00	2014.8	1	ppt/pdf
33	建筑材料与检测	978-7-301-16728-1	梅 杨等	26.00	2012.11	9	ppt/pdf/答案
34	建筑材料检测试验指导	978-7-301-16729-8	王美芬等	18.00	2014.12	7	pdf
35	建筑材料与检测	978-7-301-19261-0	王 辉	35.00	2012.6	5	ppt/pdf
36	建筑材料与检测试验指导	978-7-301-20045-2	王 辉	20.00	2013.1	3	ppt/pdf
37	建筑材料选择与应用	978-7-301-21948-5	申淑荣等	39.00	2013.3	2	ppt/pdf
38	建筑材料检测实训	978-7-301-22317-8	申淑荣等	24.00	2013.4	1	pdf
39	建筑材料	978-7-301-24208-7	任晓菲	40.00	2014.7	1	ppt/pdf/答案
40	建设工程监理概论(第2版)	978-7-301-20854-0	徐锡权等	43.00	2013.7	4	ppt/pdf/答案
41	★建设工程监理(第2版)	978-7-301-24490-6	斯 庆	35.00	2014.9	1	ppt/pdf/答案
42	建设工程监理概论	978-7-301-15518-9	曾庆军等	24.00	2012.12	5	ppt/pdf
43	工程建设监理案例分析教程	978-7-301-18984-9	刘志麟等	38.00	2013.2	2	ppt/pdf
44	地基与基础(第2版)	978-7-301-23304-7	肖明和等	42.00	2014.12	2	ppt/pdf/答案
45	地基与基础	978-7-301-16130-2	孙平平等	26.00	2013.2	3	ppt/pdf
46	地基与基础实训	978-7-301-23174-6	肖明和等	25.00	2013.10	1	ppt/pdf
47	土力学与地基基础	978-7-301-23675-8	叶火炎等	35.00	2014.1	1	ppt/pdf
48	土力学与基础工程	978-7-301-23590-4	宁培淋等	32.00	2014.1	1	ppt/pdf
49	建筑工程质量事故分析(第2版)	978-7-301-22467-0	郑文新	32.00	2014.12	3	ppt/pdf
50	建筑工程施工组织设计	978-7-301-18512-4	李源清	26.00	2014.12	7	ppt/pdf
51	建筑工程施工组织实训	978-7-301-18961-0	李源清	40.00	2014.12	4	ppt/pdf
52	建筑施工组织与进度控制	978-7-301-21223-3	张廷瑞	36.00	2012.9	3	ppt/pdf
53	建筑施工组织项目式教程	978-7-301-19901-5	杨红玉	44.00	2012.1	2	ppt/pdf/答案
54	钢筋混凝土工程施工与组织	978-7-301-19587-1	高 雁	32.00	2012.5	2	ppt/pdf
55	钢筋混凝土工程施工与组织实训指导(学生工作页)	978-7-301-21208-0	高 雁	20.00	2012.9	1	ppt
56	建筑材料检测试验指导	978-7-301-24782-2	陈东佐等	20.00	2014.9	1	ppt
57	★建筑节能工程与施工	978-7-301-24274-2	吴明军等	35.00	2014.11	1	ppt/pdf
		工程管理类					
1	建筑工程经济(第2版)	978-7-301-22736-7	张宁宁等	30.00	2014.12	6	ppt/pdf/答案
2	★建筑工程经济(第2版)	978-7-301-24492-0	胡六星等	41.00	2014.9	1	ppt/pdf/答案
3	建筑工程经济	978-7-301-24346-6	刘晓丽等	38.00	2014.7	1	ppt/pdf/答案
4	施工企业会计(第2版)	978-7-301-24434-0	辛艳红等	36.00	2014.7	1	ppt/pdf/答案
5	建筑工程项目管理	978-7-301-12335-5	范红岩等	30.00	2012.4	9	ppt/pdf
6	建设工程项目管理(第2版)	978-7-301-24683-2	王 辉	36.00	2014.9	1	ppt/pdf/答案
7	建设工程项目管理	978-7-301-19335-8	冯松山等	38.00	2013.11	3	pdf/ppt
8	★建设工程招投标与合同管理(第3版)	978-7-301-24483-8	宋春岩	40.00	2014.12	2	ppt/pdf/答案/试题/教案
9	建筑工程招投标与合同管理	978-7-301-16802-8	程超胜	30.00	2012.9	2	pdf/ppt
10	工程招投标与合同管理实务	978-7-301-19035-7	杨甲奇等	48.00	2011.8	3	pdf
11	工程招投标与合同管理实务	978-7-301-19290-0	郑文新等	43.00	2012.4	2	ppt/pdf
12	建设工程招投标与合同管理实务	978-7-301-20404-7	杨云会等	42.00	2012.4	2	ppt/pdf/答案/习题库
13	工程招投标与合同管理	978-7-301-17455-5	文新平	37.00	2012.9	1	ppt/pdf

序号	书名	书号	编著者	定价	出版时间	印次	配套情况
14	工程项目招投标与合同管理(第2版)	978-7-301-24554-5	李洪军等	42.00	2014.12	2	ppt/pdf/答案
15	工程项目招投标与合同管理(第2版)	978-7-301-22462-5	周艳冬	35.00	2014.12	3	ppt/pdf
16	建筑工程商务标编制实训	978-7-301-20804-5	钟振宇	35.00	2012.7	1	ppt
17	建筑工程安全管理	978-7-301-19455-3	宋健等	36.00	2013.5	4	ppt/pdf
18	建筑工程质量与安全管理	978-7-301-16070-1	周连起	35.00	2014.12	8	ppt/pdf/答案
19	施工项目质量与安全管理	978-7-301-21275-2	钟汉华	45.00	2012.10	1	ppt/pdf/答案
20	工程造价控制(第2版)	978-7-301-24594-1	斯庆	32.00	2014.8	1	ppt/pdf/答案
21	工程造价管理	978-7-301-20655-3	徐锡权等	33.00	2013.8	3	ppt/pdf
22	工程造价控制与管理	978-7-301-19366-2	胡新萍等	30.00	2014.12	4	ppt/pdf
23	建筑工程造价管理	978-7-301-20360-6	柴琦等	27.00	2014.12	4	ppt/pdf
24	建筑工程造价管理	978-7-301-15517-2	李茂英等	24.00	2012.1	4	pdf
25	工程造价案例分析	978-7-301-22985-9	甄凤	30.00	2013.8	1	pdf/ppt
26	建设工程造价控制与管理	978-7-301-24273-5	胡芳珍等	38.00	2014.6	1	ppt/pdf/答案
27	建筑工程造价	978-7-301-21892-1	孙咏梅	40.00	2013.2	1	ppt/pdf
28	★建筑工程计量与计价(第2版)	978-7-301-22078-8	肖明和等	58.00	2014.12	5	pdf/ppt
29	★建筑工程计量与计价实训(第2版)	978-7-301-22606-3	肖明和等	29.00	2014.12	4	pdf
30	建筑工程计量与计价综合实训	978-7-301-23568-3	龚小兰	28.00	2014.1	1	pdf
31	建筑工程估价	978-7-301-22802-9	张英	43.00	2013.8	1	ppt/pdf
32	建筑工程计量与计价——透过案例学造价(第2版)	978-7-301-23852-3	张强	59.00	2014.12	3	ppt/pdf
33	安装工程计量与计价(第3版)	978-7-301-24539-2	冯钢等	54.00	2014.12	2	pdf/ppt
34	安装工程计量与计价综合实训	978-7-301-23294-1	成春燕	49.00	2014.12	3	pdf/素材
35	安装工程计量与计价实训	978-7-301-19336-5	景巧玲等	36.00	2013.5	4	pdf/素材
36	建筑水电安装工程计量与计价	978-7-301-21198-4	陈连姝	36.00	2013.8	3	ppt/pdf
37	建筑与装饰装修工程工程量清单	978-7-301-17331-2	翟丽旻等	25.00	2012.8	4	pdf/ppt/答案
38	建筑工程清单编制	978-7-301-19387-7	叶晓容	24.00	2011.8	2	ppt/pdf
39	建设项目评估	978-7-301-20068-1	高志云等	32.00	2013.6	2	ppt/pdf
40	钢筋工程清单编制	978-7-301-20114-5	贾莲英	36.00	2012.2	2	ppt / pdf
41	混凝土工程清单编制	978-7-301-20384-2	顾娟	28.00	2012.5	1	ppt / pdf
42	建筑装饰工程预算	978-7-301-20567-9	范菊雨	38.00	2013.6	2	pdf/ppt
43	建设工程安全监理	978-7-301-20802-1	沈万岳	28.00	2012.7	1	pdf/ppt
44	建筑工程安全技术与管理实务	978-7-301-21187-8	沈万岳	48.00	2012.9	2	pdf/ppt
45	建筑工程资料管理	978-7-301-17456-2	孙刚等	36.00	2014.12	5	pdf/ppt
46	建筑施工组织与管理(第2版)	978-7-301-22149-5	翟丽旻等	43.00	2014.12	3	ppt/pdf/答案
47	建设工程合同管理	978-7-301-22612-4	刘庭江	46.00	2013.6	1	ppt/pdf/答案
建 筑 设 计 类							
1	中外建筑史(第2版)	978-7-301-23779-3	袁新华等	38.00	2014.2	2	ppt/pdf
2	建筑室内空间历程	978-7-301-19338-9	张伟孝	53.00	2011.8	1	pdf
3	建筑装饰CAD项目教程	978-7-301-20950-9	郭慧	35.00	2013.1	2	ppt/素材
4	室内设计基础	978-7-301-15613-1	李书青	32.00	2013.5	3	ppt/pdf
5	建筑装饰构造	978-7-301-15687-2	赵志文等	27.00	2012.11	6	ppt/pdf/答案
6	建筑装饰材料(第2版)	978-7-301-22356-7	焦涛等	34.00	2013.5	1	ppt/pdf
7	★建筑装饰施工技术(第2版)	978-7-301-24482-1	王军	37.00	2014.7	1	ppt/pdf
8	设计构成	978-7-301-15504-2	戴碧锋	30.00	2012.10	2	ppt/pdf
9	基础色彩	978-7-301-16072-5	张军	42.00	2011.9	2	pdf
10	设计色彩	978-7-301-21211-0	龙黎黎	46.00	2012.9	1	ppt
11	设计素描	978-7-301-22391-8	司马金桃	29.00	2013.4	2	ppt
12	建筑素描表现与创意	978-7-301-15541-7	于修国	25.00	2012.11	3	Pdf
13	3ds Max 效果图制作	978-7-301-22870-8	刘晗等	45.00	2013.7	1	ppt
14	3ds max 室内设计表现方法	978-7-301-17762-4	徐海军	32.00	2010.9	1	
15	Photoshop 效果图后期制作	978-7-301-16073-2	脱忠伟等	52.00	2011.1	2	素材/pdf
16	建筑表现技法	978-7-301-19216-0	张峰	32.00	2013.1	2	ppt/pdf
17	建筑速写	978-7-301-20441-2	张峰	30.00	2012.4	1	pdf
18	建筑装饰设计	978-7-301-20022-3	杨丽君	36.00	2012.2	1	ppt/素材
19	装饰施工读图与识图	978-7-301-19991-6	杨丽君	33.00	2012.5	1	ppt

序号	书名	书号	编著者	定价	出版时间	印次	配套情况
20	建筑装饰工程计量与计价	978-7-301-20055-1	李茂英	42.00	2013.7	3	ppt/pdf
21	3ds Max & V-Ray 建筑设计表现案例教程	978-7-301-25093-8	郑恩峰	40.00	2014.12		ppt/pdf
规 划 园 林 类							
1	城市规划原理与设计	978-7-301-21505-0	谭婧婧等	35.00	2013.1	2	ppt/pdf
2	居住区景观设计	978-7-301-20587-7	张群成	47.00	2012.5	1	ppt
3	居住区规划设计	978-7-301-21031-4	张 燕	48.00	2012.8	2	ppt
4	园林植物识别与应用	978-7-301-17485-2	潘利等	34.00	2012.9	1	ppt
5	园林工程施工组织管理	978-7-301-22364-2	潘利等	35.00	2013.4	1	ppt/pdf
6	园林景观计算机辅助设计	978-7-301-24500-2	于化强等	48.00	2014.8	1	ppt/pdf
7	建筑·园林·装饰设计初步	978-7-301-24575-0	王金贵	38.00	2014.10	1	ppt/pdf
房 地 产 类							
1	房地产开发与经营(第2版)	978-7-301-23084-8	张建中等	33.00	2014.8	2	ppt/pdf/答案
2	房地产估价(第2版)	978-7-301-22945-3	张 勇等	35.00	2014.12	2	ppt/pdf/答案
3	房地产估价理论与实务	978-7-301-19327-3	褚菁晶	35.00	2011.8	2	ppt/pdf/答案
4	物业管理理论与实务	978-7-301-19354-9	裴艳慧	52.00	2011.9	2	ppt/pdf
5	房地产测绘	978-7-301-22747-3	唐春平	29.00	2013.7	1	ppt/pdf
6	房地产营销与策划	978-7-301-18731-9	应佐萍	42.00	2012.8	2	ppt/pdf
7	房地产投资分析与实务	978-7-301-24832-4	高志云	35.00	2014.9	1	ppt/pdf
市 政 与 路 桥 类							
1	市政工程计量与计价(第2版)	978-7-301-20564-8	郭良娟等	42.00	2013.8	5	pdf/ppt
2	市政工程计价	978-7-301-22117-4	彭以舟等	39.00	2013.2	1	ppt/pdf
3	市政桥梁工程	978-7-301-16688-8	刘 江等	42.00	2012.10	2	ppt/pdf/素材
4	市政工程材料	978-7-301-22452-6	郑晓国	37.00	2013.5	1	ppt/pdf
5	道桥工程材料	978-7-301-21170-0	刘水林等	43.00	2012.9	1	ppt/pdf
6	路基路面工程	978-7-301-19299-3	偶昌宝等	34.00	2011.8	1	ppt/pdf/素材
7	道路工程技术	978-7-301-19363-1	刘 雨等	33.00	2011.12	1	ppt/pdf
8	数字测图技术实训指导	978-7-301-22679-7	赵 红	27.00	2013.6	1	ppt/pdf
9	城市道路设计与施工	978-7-301-21947-8	吴颖峰	39.00	2013.1	1	ppt/pdf
10	建筑给排水工程技术	978-7-301-25224-6	刘 芳等	46.00	2014.12	1	ppt/pdf
11	建筑给水排水工程	978-7-301-20047-6	叶巧云	38.00	2012.2	1	ppt/pdf
12	市政工程测量(含技能训练手册)	978-7-301-20474-0	刘宗波等	41.00	2012.5	1	ppt/pdf
13	公路工程任务承揽与合同管理	978-7-301-21133-5	邱 兰等	30.00	2012.9	1	ppt/pdf/答案
14	★工程地质与土力学(第2版)	978-7-301-24479-1	杨仲元	41.00	2014.7	1	ppt/pdf
15	数字测图技术应用教程	978-7-301-20334-7	刘宗波	36.00	2012.8	1	ppt
16	数字测图技术	978-7-301-22656-8	赵 红	36.00	2013.6	1	ppt/pdf
17	水泵与水泵站技术	978-7-301-22510-3	刘振华	40.00	2013.5	1	ppt/pdf
18	道路工程测量(含技能训练手册)	978-7-301-21967-6	田树涛等	45.00	2013.2	1	ppt/pdf
19	桥梁施工与维护	978-7-301-23834-9	梁 斌	50.00	2014.2	1	ppt/pdf
20	铁路轨道施工与维护	978-7-301-23524-9	梁 斌	36.00	2014.1	1	ppt/pdf
21	铁路轨道构造	978-7-301-23153-1	梁 斌	32.00	2013.10	1	ppt/pdf
建 筑 设 备 类							
1	建筑设备基础知识与识图(第2版)	978-7-301-24586-6	靳慧征等	47.00	2014.12	2	ppt/pdf/答案
2	建筑设备识图与施工工艺	978-7-301-19377-8	周业梅	38.00	2011.8	4	ppt/pdf
3	建筑施工机械	978-7-301-19365-5	吴志强	30.00	2014.12	5	pdf/ppt
4	智能建筑环境设备自动化	978-7-301-21090-1	余志强	40.00	2012.8	1	pdf/ppt

相关教学资源如电子课件、电子教材、习题答案等可以登录 www.pup6.com 下载或在线阅读。

扑六知识网(www.pup6.com)有海量的相关教学资源和电子教材供阅读及下载(包括北京大学出版社第六事业部的相关资源),同时欢迎您将教学课件、视频、教案、素材、习题、试卷、辅导材料、课改成果、设计作品、论文等教学资源上传到 www.pup6.com,与全国高校师生分享您的教学成就与经验,并可自由设定价格,知识也能创造财富。具体情况请登录网站查询。

如您需要样书用于教学,欢迎登录第六事业部门户网(www.pup6.cn)申请,并可在线登记选题来出版您的大作,也可下载相关表格填写后发到我们的邮箱,我们将及时与您取得联系并做好全方位的服务。

联系方式: 010-62756290, 010-62750667, yangxinglu@126.com, pup_6@163.com, 欢迎来电来信咨询。